新工科人才培养系列丛书

地质大数据与机器学习实战

邱芹军　陶留锋　马　凯　谢　忠 ◎编著

电子工业出版社·
Publishing House of Electronics Industry
北京·BEIJING

内 容 简 介

本书详细介绍了地质大数据挖掘的方法及实现过程。全书分为 8 章，介绍了绪论、机器学习与深度学习、数据清洗与预处理、地质命名实体识别算法及实现、地质实体关系智能抽取算法及实现、地质报告表格检测与内容识别算法及实现、地质图中图例与字符自动识别算法及实现、栅格地质图自动分割算法及实现等内容。

本书内容全面、针对性强，可作为地球科学、地理信息系统、软件工程、测绘等专业本科生和研究生的教材，也可作为地球科学相关专业研究和开发人员的参考书。

未经许可，不得以任何方式复制或抄袭本书之部分或全部内容。

版权所有，侵权必究。

图书在版编目（CIP）数据

地质大数据与机器学习实战 ／ 邱芹军等编著.

北京 ： 电子工业出版社，2025. 2. -- （新工科人才培养系列丛书）. -- ISBN 978-7-121-49655-4

Ⅰ. P628；TP181

中国国家版本馆 CIP 数据核字第 202595T0T2 号

责任编辑：田宏峰

印　　刷：天津画中画印刷有限公司

装　　订：天津画中画印刷有限公司

出版发行：电子工业出版社

　　　　　北京市海淀区万寿路 173 信箱　　　邮编　100036

开　　本：787×1 092　1/16　　印张：13　　字数：332.8 千字　　彩插：3

版　　次：2025 年 2 月第 1 版

印　　次：2025 年 2 月第 1 次印刷

定　　价：88.00 元

凡所购买电子工业出版社图书有缺损问题，请向购买书店调换。若书店售缺，请与本社发行部联系，联系及邮购电话：（010）88254888，88258888。

质量投诉请发邮件至 zlts@phei.com.cn，盗版侵权举报请发邮件至 dbqq@phei.com.cn。

本书咨询联系方式：tianhf@phei.com.cn。

前　言

大数据驱动的地质研究是未来时代下的科研范式，是支撑地质原始创新，实现从已知到未知和从未知到未知的地质知识大发现的重要方法。地质大数据具有海量、分散、多源、异构、时空尺度大等特点，对地质大数据的采集处理、汇聚共享、挖掘学习和准确利用，不仅对推动地质科学研究范式变革具有重要意义，而且对地质学大发现乃至人类科学大发现具有深远影响。然而，系统讲授地质大数据挖掘进展及实战的教材或专著很少见。为此我们自告奋勇地尝试编著《地质大数据与机器学习实战》一书，以满足现在相关专业的本科生和研究生课程学习和工程师进修的需要。

本书十分注重在应用基础层面上讲解地质大数据挖掘、地质知识图谱构建关键技术及基于大模型的地质信息抽取等新的研究方向。在此由衷地感谢我的历届研究生，他们辛勤的努力和丰富的成果为本书的编写提供了大量珍贵的素材，也让本书共同参与并见证了我国地质科学信息领域的发展进程。

本书分为8章：第1～3章的侧重点是地质大数据挖掘的背景、机器学习及深度学习的基础概念、常见的地质大数据挖掘中的数据清洗及预处理等基本理论和基本方法；第4～5章的侧重点是面向地质文本的信息抽取基本理论及基本方法，分别讲述地质命名实体识别、地质实体关系抽取的常见算法及具体实现；第6章的侧重点是面向地质表格的检测及内容识别算法和实现；第7章和第8章的侧重点是面向地质图的信息理解基本理论及方法，分别讲述地质图的自动理解（岩性识别、文字识别等）、栅格地质图的自动分割算法及具体实现。力求便于读者的阅读和参考。

中国地质大学（武汉）计算机学院、地理信息系统国家地方联合工程实验室、自然资源部资源定量评价与信息工程重点实验室、地理信息系统软件及其应用教育部工程研究中心，以及田苗、吴麒瑞、李伟杰、郑诗语、高玉倩、马云霞、詹庆忠、邓钧元等对本书的出版给予了不同形式的支持和帮助。

本书获国家重点研发计划"地球表层系统科学数据挖掘与知识发现关键技术与应用"（2022YFF0711600），"群智协同时空知识图谱与知识服务"（2022YFB3904200），国家自然科学基金（42301492），湖北省自然科学基金（2022CFB640），自然资源部城市国土资源监测与仿真重点实验室开放基金（KF-2022-07-014、KF-2023-08-18）和地质探测与评估教育部重点实验室主任基金（GLAB2023ZR01、GLAB2024ZR08）的联合资助。

对本书中可能存在的笔误、缺陷和问题，敬请读者指正。

编著者

2025年1月

目　　录

第 1 章
绪论

1.1 地质科学研究范式

地质科学是一门涵盖岩石、矿物、地貌、地壳运动和地球历史等多个领域的综合性学科，专注于研究地球的物质组成、内部结构、演化历史及地球表层现象，旨在揭示地球的构造、演化过程及自然环境的多样性与演变。地质科学起源于社会对资源的需求，其初衷在于理性、高效地利用地球资源，保护人类生存环境，其发展自然而然地受到了人类对地球资源渴求的驱动，并逐渐扩展至探讨地球资源的合理利用、资源与环境的相互关系及人类与地球的和谐可持续发展（陶晓风，等，2019；Steffen, et al., 2020）。

在地质科学的发展历程中，研究人员通过不断地实地观察、记录和描述，发现了众多的地质现象，积累了大量的地质数据。这一初步的认知阶段为地质科学的后续发展奠定了基础。随着对地球深层结构和演化过程认知的不断深入，迫切需要更系统性和理论化的方法来解释复杂的地质现象，这就需要简化实验模型、筛选关键因素，运用数学推导的手段，分析地球内部结构、演化过程及各种地质现象。这一阶段的科研成果不仅深化了对地质过程的认识，还为地质理论的建立提供了坚实的基础。随着电子计算机技术的飞速发展，通过计算机技术模拟仿真地质现象，能够推导出更为复杂的地质过程，如地震模拟和资源勘探等。这一阶段的发展使得计算机仿真逐渐成为地质科学研究的常规手段，为地质科学研究提供了更为高效、准确的手段。随着积累的地质科学数据急剧增长，计算机不仅能够进行模拟仿真，还能进行大规模数据的分析和总结，这使得数据密集范式逐渐从第三范式中分离出来（Baumann, et al., 2016；吴冲龙，2022），成为地质科学研究的第四范式（见图 1-1）。

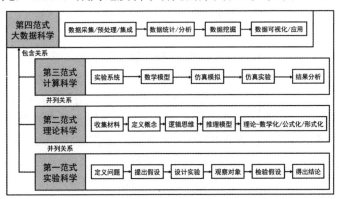

图 1-1　科学研究范式的演化（图灵奖得主 Jim Grey 于 2007 年提出）

地质科学研究的第四范式强调数据密集、跨学科合作。通过大数据驱动的方式更为全面地理解地球的复杂性和演变过程，信息技术在地质研究中的渗透方式、处理方法和应用模式发生了深刻变革（Guo, et al., 2016；Guo, et al., 2017；Wang, et al., 2021）。《国土资源"十三五"科技创新发展规划》（以下简称《规划》）指出，地质科学的未来发展应强调加强地质科学基础研究。这包括对地球深部过程与动力学、地球环境演化与生命过程、矿产资源和化石能源形成机理等方面的深入研究。此外，《规划》中还明确了对地球关键带过程与功能、全球环境变化与地球圈层相互作用、人类活动对环境影响、重大灾害形成机理等领域的强化研究。更为重要的是，《规划》强调深化对地质科学大数据与地球系统知识的研究，为地质科学提供更为全面的认知基础。

地质科学研究的第四范式中，数据驱动、多模态数据整合、模型模拟和预测，以及多学科交叉等特点相互交织、相互促进，共同推动了地质科学前沿研究的进程，使其更加适应当代科技的发展和地球科学的复杂性（董云鹏，等，2022；Tiffany, et al., 2024）。

首先，数据驱动成为主导。地质科学的研究越来越依赖大规模的地质数据。大规模地质数据的收集与分析有助于人们理解更深层次的地质问题，还有助于人们发现隐式的地质现象和关联，为地质科学的创新和发展提供新的视角。在第四范式下，地质科学的数据分析不再局限于传统的统计方法，而是更广泛地应用深度学习和机器学习技术，包括卷积神经网络、循环神经网络等，来挖掘地质数据中的复杂模式和规律（Bergen, et al., 2019；Irrgang, et al., 2021；Sun, et al., 2022）。同时，第四范式强调实时数据的使用，可以通过及时收集和分析地质数据，实现对地质过程的实时监测与评估，这对于灾害预警、资源管理和环境监测等具有重要意义，使得决策者能够更迅速地做出响应。

其次，多模态数据的整合成为必要之举。第四范式的地质研究借助地质科学信息系统和数据平台，使科学家能够更方便地整合和共享来自不同领域的地质数据，从而建立更全面、跨尺度的地质信息系统，能够更清晰地理解地球表层的空间分布，进而推断地下地质结构和演化过程。但地质科学领域涉及的数据来源丰富，包含大量结构化与非结构化数据，为确保这些数据能够互通，数据的标准化和元数据管理变得至关重要。这就需要制定统一的数据标准，确保数据的互通性、可追溯性、可信度。

再次，地质科学模型的模拟和预测变得更为精确。考虑到模型参数和数据的不确定性，高性能计算和先进的数值模拟技术被广泛应用，用以建立更为准确、复杂的地质现象模型，为未来地质现象的预测提供可靠依据。此外，与大规模数据相结合的模型优化成为追求的目标，通过实际观测数据与模型输出数据的比对，及时调整和优化模型，以更好地反映真实地质情况。

最后，多学科交叉成为推动地质科学发展的关键（吴冲龙，等，2019）。地质科学与计算机科学、数学、物理学等学科的广泛交叉，为地质科学提供了更强大的工具和技术支持。此外，人工智能的不断发展，尤其是机器学习和深度学习的应用，如在地质报告文本提取、地质图件识别、勘探优化、地震预测等领域的应用，为地质科学研究开辟了新的视角。

通过更好地理解地球系统、揭示地球演化的规律，第四范式为人类的可持续发展和环境保护提供了科学依据和支持。因此，地质科学的发展不仅深刻影响着学科自身，还在推动解决全球性问题和实现可持续发展目标方面发挥着关键作用（Stephenson, et al., 2020）。

1.2 地质科学大数据的内涵

随着物联网、互联网、云计算的蓬勃发展，当今社会已经逐步进入由数据主导的大数据时代。自 21 世纪以来，地球信息探测技术蓬勃发展，地球观测数据呈现指数级增长的趋势，预计到 2025 年，全球数据总量将达到 181ZB（来源：Statista 官网）。这为地质科学的研究提供了丰富的数据，这种地质科学大数据具有多元、多维、多源异构、长时间维度、相关性、随机性、模糊性、时空不均匀性及过程的非线性等特点。通过对海量数据的分析，人们能够更全面地了解地球的物质组成、地表现象及地球历史的演变，为地质科学的未来发展提供更为全面的支持（Li, et al., 2023）。

地质科学大数据形成了一个庞大而深刻的信息网络，囊括多个方面的地质信息，具有显著的多类、多维、多量、多尺度、多时态和多主题特征，具有科学大数据的"三高"特性（见图 1-2）。虽然地质科学大数据与社会生活和商业活动所产生的大数据有一定差别，但在"4V"特性方面有相同之处（吴冲龙，等，2016；陈建平，等，2017；赵鹏大，2019）。

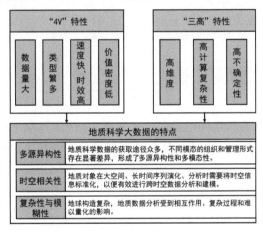

图 1-2　地质科学大数据的特点

在地质科学大数据网络（见图 1-3）中，地质科学大数据有多个来源（周永章，等，2021；吴冲龙，2022）。首先，地质调查与勘探数据为人们提供了地表和地下各种地质特征的详细信息，包括地层、岩石类型和矿产资源等，从而深化了人们对地球物质组成和分布的认识（赵鹏大，等，2021）。其次，通过卫星等多类型地球观测平台，能够进一步捕捉地表形态、温度、植被覆盖等关键信息，为研究地表变化、环境监测和资源勘探提供实时监测数据（韩海辉，等，2022；廉旭刚，等，2023）。再次，地球物理探测和地球化学分析所产生的数据为人们提供了关于地球内部结构和化学成分的信息，如地震数据、重力数据和磁力数据等，为人们了解地球内部特性提供了关键的观测信息（陈昌昕，等，2023）。除此之外，地质过程模拟与数值模拟为研究提供了实验室内难以获得的观测数据，有助于人们理解地球演化和地壳变动等过程。地质监测数据则用于跟踪地质灾害、地壳运动等现象，包括地震监测数据、火山活动监测数据和地表位移监测数据等，为灾害预警和及时应对提供了关键支持（彭建兵，等，2022）。大量的地质图像和卫星图像记录了地表的丰富细节，成为地质学家观测地表特征和地形的有力工具。最后，为有效整合、共享和分析这些海量的地质数据，形成了地质数据库与地质科学信息系统，促进了地质科学研究的深入发展（杨燕，等，2024）。

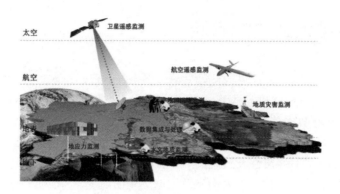

图 1-3   地质科学大数据网络

我国对于地质科学大数据的研究仍处于起步阶段，其发展面临一些挑战。一方面，对于大数据在地球科学观察学科中的适用性仍然需要讨论；另一方面，数据积累和数据共享还未受到重视，这在一定程度上限制了地质科学大数据的进一步发展。此外，大数据研究强调的"相关性"与科学研究中的"因果性"知识发现存在巨大矛盾，这对科学家思维方式的转变提出了挑战（Guo, et al., 2020；Kochupillai, et al., 2019）。

1.3 地质科学大数据挖掘的基本任务

在大数据和科学研究进入第四范式的时代背景下，地质科学领域已经积累了海量的地质资料数据，促使地质科学的研究从定性研究逐渐过渡到定量研究，从数据稀少型研究转为数据密集型研究。运用人工智能、机器学习、模式识别、归纳推理、统计学、数据库、高性能计算、数据可视化等相关方法和技术手段，自动或半自动地从多主题、多模态的地质数据中获取新的可解释的知识，寻找隐藏特征和规律，并将其应用于地质规律研究、成矿预测、资源评价、环境保护和地灾防治等领域（王岩，等，2024），为地质专题研究和应用提供决策支持。目前，数字地质的任务是大力推动地质科学的数据挖掘和数据分析方法的更新，以及解决在巨大但价值密度相对较低的大数据中，有效挖掘和提取信息的关键问题（赵鹏大，等，2021；谭永杰，等，2023）。这就需要针对不同类型的文本、各种格式的地质图件及图文一体化进行基本任务的扩充，对多源异构的地质数据进行综合分析，包括对结构化数据的相关性分析、半结构化数据的信息提取，以及对非结构化数据的分析，以更全面地获取地质信息（周成虎，等，2021；诸云强，等，2023）。地质科学大数据的类型及含义如表 1-1 所示。

表 1-1   地质科学大数据的类型及含义

类型	子类型	含义
结构化数据	地层厚度数据	记录不同地层的厚度，用于分析地层结构和地质历史
	岩石矿物成分数据	包含岩石和矿物的化学和物理性质数据，用于识别地质材料和过程
	地震数据	地震波的速度、方向和强度数据，用于地震监测和地质结构分析
	钻井数据	钻井过程中收集的数据，包括钻进速率、岩石类型和地下流体数据，用于探索地下资源

类型	子类型	含义
非结构化数据	地质图	描述地表或地下地质特征的图纸和图像,用于地质勘探和教育
	卫星图像	从卫星拍摄的地表图像,用于环境监测、资源勘探和地理信息系统搭建
	地质报告	详细描述地质调查结果的文档,包括地质结构、矿物资源和潜在风险等内容
	口述历史	地质事件和变化的口头传述,可能包含无法通过其他方式获取的信息

　　国家地质数据共享服务平台整合多圈层、多专业、多要素的地球科学数据,建设了国家级地球科学核心数据库体系。基于"物理分布,逻辑集中"的分布式架构,实现了 43 家局属单位节点全覆盖和全局核心数据资产大集成,为地质业务人员提供权威、可靠、专业的数据,为管理人员提供宏观分析计算数据,为科研人员提供多维度交叉数据,为社会公众提供可查询、可获取的实体数据。

　　建成的国家级地球科学核心数据库体系涵盖地质调查型数据库和自然资源型数据库。其中,地质调查型数据库包括基础地质、矿产地质、能源地质、水文地质、生态环境地质、工程地质、灾害地质、海洋地质、应用地质、地球物理、地球化学、遥感、钻孔、地质资料、综合支撑等科学研究型地球科学数据库,自然资源型数据库包括矿产资源、能源资源、土地资源、森林资源、草原资源、湿地资源、水资源、海洋资源、地下资源、地表基质、自然资源监测、综合管理等资源型地球科学数据库。国家级地球科学核心数据库体系如表 1-2 所示。

表 1-2　国家级地球科学核心数据库体系

一级分类	二级分类	主库序号	主库名称	分库序号	分库名称
一、地质调查	(一)基础地质	1	国家地质图空间数据库	1	国家 1:5 万地质图空间数据库
				2	国家 1:20 万地质图空间数据库
				3	国家 1:25 万地质图空间数据库
				4	国家 1:50 万地质图空间数据库
				5	国家 1:100 万地质图空间数据库
				6	国家 1:150 万地质图空间数据库
				7	国家 1:250 万地质图空间数据库
				8	国家 1:500 万地质图空间数据库
				9	国家 1:25 万建造构造数据库
		2	国家构造地质数据库	10	全国活动断裂数据库
				11	全国地应力测量与监测数据库
				12	全国深部隐伏地质构造数据库
		3	岩石数据库	13	—
		4	岩石地层单位数据库	14	—
		5	全国岩溶地质数据库	15	—
		6	全国古生物化石数据库	16	—
		7	全国同位素地质年代数据库	17	—
		8	全国地质志数据库	18	—
		9	全国地质剖面数据库	19	—

一级分类	二级分类	主库序号	主库名称	分库序号	分库名称
一、地质调查		10	全国三维地质调查数据库	20	—
		11	极地地质调查数据库	21	—
		12	月球地质图数据库	22	—
	（二）矿产地质	13	国家矿产地质调查数据库	23	全国区域矿产地质调查与评价数据库
				24	全球地质矿产数据库
		14	全国矿产志数据库	25	—
		15	矿产勘查专题数据库	26	金矿勘查专题数据库
				27	全国典型矿床及模型数据库
	（三）能源地质	16	国家油气调查数据库	28	—
		17	国家页岩气调查数据库	29	—
		18	国家天然气水合物调查数据库	30	—
		19	国家地热调查数据库	31	—
		20	全国煤层气调查数据库	32	—
		21	全国页岩油调查数据库	33	—
		22	全国干热岩调查数据库	34	—
		23	全国铀矿地质调查数据库	35	—
	（四）水文地质	24	国家水文地质调查数据库	36	国家1∶5万水文地质调查数据库
				37	国家1∶20万水文地质图空间数据库
	（五）生态环境地质	25	国家生态环境地质调查评价数据库	38	国家生态地质调查与修复数据库
				39	国家城市地质调查数据库
				40	国家地质遗迹调查数据库
				41	全国环境地质调查数据库
				42	全国地质环境承载能力评价成果数据库
				43	全国二氧化碳地质储存适宜性数据库
				44	健康地质调查数据库
		26	国家岩溶地质调查数据库	45	国家岩溶环境调查数据库
				46	全球岩溶关键带数据库
		27	国家矿山地质环境调查与监测数据库	47	全国矿山地质环境调查数据库
				48	全国矿山地质环境现状遥感监测数据库
				49	全国矿山地质环境恢复治理遥感监测数据库
	（六）工程地质	28	国家重大工程建设地质安全风险调查评价数据库	50	—
	（七）灾害地质	29	国家地质灾害数据库（含调查、监测、预警、防治、灾情等）	51	—

续表

一级分类	二级分类	主库序号	主库名称	分库序号	分库名称
一、地质调查	（八）海洋地质	30	国家海洋地质调查数据库	52	国家1：5万海洋地质调查数据库
				53	国家1：25万海洋地质调查数据库
				54	国家1：100万海洋地质调查数据库
				55	全国海岸带地质环境调查数据库
	（九）应用地质	31	国家应用地质调查数据库	56	—
	（十）地球物理	32	国家地球物理测量数据库	57	国家重力调查数据库
				58	国家磁法测量数据库
				59	全国古地磁测量数据库
				60	全国电磁法测量数据库
				61	全国地震测量数据库
				62	全国地球物理测井数据库
				63	全国岩石物性数据库
	（十一）地球化学	33	国家地球化学测量数据库	64	国家区域地球化学调查数据库
				65	国家地球化学基准值数据库
				66	全国地球化学样品数据库
				67	全国地球化学标准物质数据库
				68	全球地球化学调查数据库
				69	全国自然重砂数据库
	（十二）遥感	34	国家遥感影像数据库	70	国家航空遥感影像数据库
				71	全国国产资源卫星影像数据库
	（十三）钻孔	35	国家地质钻孔数据库	72	国家地质钻孔数据库
				73	全国钻探工程数据库
	（十四）地质资料	36	国家馆藏地质资料数据库	74	国家原始与成果地质资料数据库
				75	国家实物地质资料数据库（全国数字岩心数据库）
				76	地质科学文献数据库
	（十五）综合支撑	37	综合支撑数据库	77	全国地质工作程度数据库
				78	地质术语库
				79	地质科学知识库
二、自然资源	（一）矿产资源	38	国家矿产地数据库	80	—
		39	全国重要矿产资源潜力评价数据库	81	—
		40	重要矿产资源节约与综合利用数据库	82	矿产资源及综合利用数据库
				83	全国重要矿山"三率"数据库
				84	全国尾矿综合利用特征数据库
		41	矿产资源国情调查数据库	85	—
		42	全球矿业资源数据库	86	全球矿产资源储量数据库
				87	全球战略性矿产资源投资环境与矿业活动数据库
				88	全球稀土信息数据库

续表

一级分类	二级分类	主库序号	主库名称	分库序号	分库名称
二、自然资源	（二）能源资源	43	国家油气资源数据库	89	—
			全球油气资源数据库	90	—
	（三）土地资源	44	国家土地资源数据库	91	全国土地质量地球化学调查数据库
				92	富硒土地资源数据库
				93	全国土地利用类型遥感解译数据库
				94	东北黑土地关键带数据库
				95	全球黑土地数据库
	（四）森林资源	45	国家森林资源数据库	96	国家森林资源调查数据库
				97	全国森林资源遥感解译数据库
	（五）草原资源	46	国家草原资源数据库	98	国家草原资源调查数据库
				99	全国草原资源遥感解译数据库
	（六）湿地资源	47	国家湿地资源数据库	100	国家湿地资源调查数据库
				101	全国湿地资源遥感解译数据库
	（七）水资源	48	国家水资源数据库	102	国家水资源调查数据库
				103	国家水资源监测数据库
				104	国家地下水资源水质数据库
	（八）海洋资源	49	国家海洋资源数据库	105	—
	（九）地下资源	50	国家地下空间资源数据库	106	—
	（十）地表基质	51	国家地表基质层调查数据库	107	—
	（十一）自然资源监测	52	国家自然资源监测数据库	108	国家自然资源综合调查监测数据库
				109	国家土地质量地球化学监测数据库
				110	国家海岸带地质环境监测数据库
	（十二）综合管理	53	全国国土空间用途管制与督查数据库	111	—

1.3.1　面向多源、多类型文本的挖掘

在地质科学研究过程中，形成了大量地质调查报告、工作记录等非结构化数据。这类数据包含多种类型和碎片化的信息，是非常重要的地质信息来源，是地质学家空间认知结果的一种自然语言的表现形式，比结构化数据包含更丰富的信息，具有更大的潜在价值（邱芹军，等，2023；Chen, et al., 2024）。

然而，对于非结构化文本数据的信息挖掘仍然存在一定的挑战。其中一个挑战是非结构化文本数据的异构性，即不同类型的文本在格式、风格和结构上存在差异，使得统一的处理和分析方法难以适用；另一个挑战是语义理解，机器在理解文本中的隐含意义时仍然面临挑战，尤其是处理不同地质语境下的含义。此外，大数据处理也是一个重要的挑战，因为海量

文本数据的处理需要高效的算法和强大的计算能力。为了有效地管理和分析这些大规模数据集，需要不断改进和优化文本处理算法，以应对日益增长的信息量和越来越复杂的信息内容。这些挑战主要体现在地质文本分类和标注、地质实体识别和关系抽取等信息提取方面。

当前，通过自然语言处理（Natural Language Processing，NLP）的深度学习技术，可实现对地质领域文本的高效精确分类。例如，BERT（Bidirectional Encoder Representations from Transformers）（Devlin, et al., 2018；Ma, et al., 2023）和 GPT（Generative Pre-trained Transformer）（Hu, et al., 2023；Yenduri, et al., 2023）等先进的神经网络模型通过学习大规模语料库，已在文本分类的语义理解和上下文把握方面取得了显著的成果，这为后续的文本挖掘和分析提供了便利。通过文本挖掘技术，可以从地质文本中提取有用的信息和知识，例如，通过实体识别和关系抽取技术，可以提取文本中的地质实体及实体间的关系，如地层、岩石等地质实体及实体间的时空关系、属性关系等，最终构建并形成地质知识图谱。这些任务在地质科学研究中具有重要意义，不仅能够深度解析地球科学信息并提取知识，还可以通过学术文献挖掘、勘探报告与地质调查文本挖掘、实时地质监测文本挖掘、地质图像描述与卫星数据挖掘、社交媒体与公众反馈挖掘等方面的工作来支持地质科学研究和决策。通过构建地质知识图谱，可以实现地质信息的集成和智能检索，为跨学科研究和决策提供知识支持。这些任务的有机融合与应用，将推动地质科学的发展，并在资源勘探、灾害管理等方面发挥重要作用。

1.3.2　面向多类型复杂地质图件的挖掘

地质图件作为地质学领域的重要资料，承载着地表、地下的丰富地质信息，对于资源勘探、环境保护、灾害预防等具有重要意义。随着技术的发展，地质图件呈现多样化的格式，包括传统的纸质图件、数字图件、三维模型等，这些不同格式的海量数据为地质学研究提供了宝贵的资源，也带来了巨大的挑战。

第一，来自不同传感器和数据源的地质图像导致地质相关专题图件的数据格式、分辨率和质量差异明显，增加了处理的复杂性。第二，在异构数据融合方面，如图像和地面测量数据，需要克服异构数据的特性、尺度和空间关系的差异，从而有效整合不同类型的地质数据。第三，地质图往往包含多个层次的信息，从宏观的地层结构到微观的岩石类型，这些不同尺度和层次的信息增加了挖掘的复杂性，因此需要研究人员具备地质学专业的知识，理解地质图上各个元素之间的复杂语义关联，这对于准确挖掘地质信息至关重要。第四，地质图上使用各种符号和标记表示不同的地质特征，这些符号可能因地域和地质条件的不同而有所变化。因此，建立复杂的模型来准确识别和理解这些符号变得至关重要。第五，由于标注困难和监督学习的高成本可能导致标注不准确或成本过高。

应对这些挑战需要深度学习、计算机视觉、地质学知识和大数据处理技术的综合应用。在这一背景下，地质图件的解析和识别不仅依赖于传统的图像处理技术，还融合了机器学习和模式识别等先进方法（Cheng, et al., 2023；Pereira, et al., 2023）。这些方法能够高效识别地质要素，如地层、断层和构造，从而为地质研究和资源勘探提供更准确的基础数据。地质图件的特征提取和分析已经成为挖掘任务的核心，通过深度学习算法，可以从海量的地质数据中提取关键特征，揭示地质图像的主要规律（Han, et al., 2023）。这不仅加深了研究人员对地球内部结构和地质演化历史的理解，还为资源勘探提供了更为精准的支持。数据集成和可视化技术也在不断进步，利用这些技术，可以有效集成不同格式的地质图件数据，并以直观的方式展示，帮助科学家和工程师更深入地理解地质情况。例如，3D 可视化和虚拟现实技术的应用使得地质信息的展示更为生动，为研究人员提供了更加丰富的分析维度。结合人工智能和地质科学的跨学科方法，可以进一步提高地质图件挖掘的效率和准确性。

1.3.3　面向图文数一体化的知识挖掘

在地质科学研究过程中形成了类似地质调查报告类型的图文数一体化数据，涉及计算机视觉、自然语言处理和人工智能等领域。面向图文数一体化的知识挖掘核心在于理解和处理图像和文本数据之间的关系，以及有效地将这两种类型的数据结合起来，从而提取出更深层次、更全面的信息，这一过程主要存在数据异构性、语义鸿沟、模态不对齐等挑战。数据异构性是指地质数据存在多种格式，而语义鸿沟和模态不对齐则意味着图像和文本之间的语义理解和信息不一致（Ma, 2022；Zhang, et al., 2022），应对这些挑战需要深入研究图文关联的复杂性，尤其在地质领域这样多学科交叉的领域。

针对这些挑战，深度学习技术在地质数据中的应用极大地提升了处理图像和文本信息的能力。卷积神经网络（Convolutional Neural Networks，CNN）在提取地质图像的复杂特征方面表现出色（Wang, et al., 2024），而循环神经网络（Recurrent Neural Network，RNN）（Liu, et al., 2022）和 Transformer 模型（Yin, et al., 2024）则在处理地质文本数据，尤其在捕捉文本序列中的长距离依赖关系方面尤为有效。这些模型的结合使用，能够帮助人们更全面地理解和分析地质调查报告中的复杂信息，而借助跨模态融合技术解决图像与文本之间的语义鸿沟问题，可以更好地将图像中的视觉信息与文本中的语义信息相结合，实现信息的相互补充。这种技术的应用不仅增强了数据的表达能力，还提高了地质信息提取的准确性。为了训练和验证这些复杂的模型，构建包含丰富图文样本的地质科学数据集非常必要。这些数据集通常包括大量的地质图像和相关的文本描述，覆盖多种地质现象和特征，通过在这些数据集上进行训练，深度学习模型能够更好地适应地质数据分析的特殊需求。算法可解释性在地质数据分析中同样重要。通过提高模型的透明度和解释能力，研究人员可以更加清晰地理解模型的决策过程，从而提升模型的可信度和有效性，这在诸如地质灾害预测或资源评估等应用中尤为关键。

未来的研究应重点解决图文融合中的细粒度特征对齐、模态之间的迁移学习、不同地质环境下的泛化能力等问题。同时，需要更多地关注数据隐私与安全性，以确保地质信息的保密性。此外，跨学科合作将是推动地质图文数一体化挖掘任务研究的关键，涉及地质学、计算机视觉和自然语言处理等领域。

1.4　常用的数据挖掘工具与软件

1.4.1　Python

Python 中提供了丰富的与数据相关的库，如 NumPy、Pandas 等，可为简单的数据挖掘提供支撑，下面分别对其进行简要介绍。

1．Scikit-learn

Scikit-learn 是一个简单有效的数据挖掘工具，可以供用户在各种环境下重复使用，而且 Scikit-learn 建立在 NumPy、SciPy 和 Matplotlib 的基础之上，对一些常用的算法进行了封装。目前，Scikit-learn 的基本模块主要分为数据预处理、模型选择、分类、聚类、数据降维和回归等 6 个模块。对算法不精通的用户在建模时，并不需要工程师来实现所有的算法，只需要简单地调用 Scikit-learn 库里的模块就可以完成大多数的算法任务。

2．NumPy

NumPy 是 Numerical Python 的简称，是一个 Python 科学计算的基础包。NumPy 主要提供了以下支持：

- 快速高效的多维数组对象 ndarray。
- 用于对数组执行元素级的计算，以及直接对数组执行数学运算的函数。
- 用于读写硬盘上基于数组的数据集的工具。
- 线性代数运算、傅里叶变换及随机数生成。
- 用于将 C、C++、Fortran 代码集成到 Python 的工具。

除了为 Python 提供快速的数组处理能力，NumPy 在数据挖掘方面还有另外一个主要作用，即作为算法支架传递数据的容器。对于数值型数据，NumPy 数组在存储和处理数据时要比内置的 Python 数据结构高效得多。此外，由低级语言（如 C 语言和 Fortran 语言）编写的库可以直接操作 NumPy 数组中数据，无须进行任何数据复制工作。

3．Pandas

Pandas 是一个基于 Python 的数据处理和分析库，它提供了高效、灵活且易于使用的数据结构，特别适用于处理结构化数据。Pandas 的两个主要数据结构是 Series 和 DataFrame。其中，Series 是一维标记数组，类似带有标签的列表，每个元素都有一个索引，可以通过该索引标识和访问数据。Series 能够容纳不同类型的数据，并提供了许多便捷的数据处理方法。DataFrame 是一个二维表格，类似关系数据库中的表格，它由多个 Series 组成，每个 Series 都可以有不同的数据类型。DataFrame 提供了强大的数据操作和分析功能，支持类似 SQL 的操作及合并和重塑数据等。Pandas 主要提供了以下功能。

- 数据清洗和准备：Pandas 提供了丰富的数据处理工具，可以处理缺失数据、重复数据，进行数据变换等。
- 数据分析：Pandas 支持统计分析、聚合、数据切片和切块等功能，使得数据分析变得更加便捷。
- 数据可视化：结合 Matplotlib 和 Seaborn 等库，Pandas 可以用于生成各种图表，助力数据可视化。
- 时间序列处理：对于时间序列数据，Pandas 提供了专门的工具和数据结构，方便时间序列的处理和分析。

Pandas 使得数据分析更加快速、简单、灵活。由于其丰富的功能和易用性，Pandas 成为数据科学与数据分析领域的重要工具。

4．Matplotlib

Matplotlib 是一款用于绘制高质量图表和可视化数据的 Python 2D 绘图库。Matplotlib 的设计目标之一是提供与 MATLAB 类似的绘图接口，以便用户能够轻松将 MATLAB 中的绘图代码迁移到 Python 环境中。该库支持各种图表类型，包括折线图、散点图、柱状图、饼图等，以及各种图形元素的自定义，如标签、标题和轴标尺。

Matplotlib 的核心是 pyplot 模块，它提供了一个命令式的函数接口，使得用户能够通过简单的函数调用创建和定制图表。此外，Matplotlib 也允许使用面向对象的方式创建图表，为用户提供高级的控制选项和自定义选项。同时，Matplotlib 的开放性和社区支持使其成为 Python 数据科学生态系统中不可或缺的一部分，为用户提供了强大的数据可视化工具。

5. Seaborn

Seaborn 是一个建立在 Matplotlib 上的 Python 数据可视化库，专注于提供更简单、更美观的统计图形。它通过高层次接口让用户能够轻松地创建各种各样的统计图表，同时充分发挥 Matplotlib 底层绘图引擎的强大功能。

Seaborn 的设计灵感来自统计学的图形风格，旨在将数据可视化，让用户更容易理解数据的分布、关系和趋势。它提供了对常见统计图表的高级封装，包括直方图、核密度估计图、散点图、箱线图等。这些图表通过 Seaborn 的优化和美化，在呈现复杂统计关系时更具表现力。

Seaborn 的核心功能之一是对数据集中关系的可视化，支持通过色彩、标记和子图等方式展示多维度的数据结构。此外，Seaborn 还提供了内建的颜色主题和绘图风格，使得用户能够轻松地调整图表的外观以适应不同的应用场景。由于其简便的使用方法和出色的美观度，Seaborn 在数据分析、统计建模和机器学习等领域广受欢迎。它可与其他 Python 数据科学库（如 Pandas 和 NumPy）良好集成，为用户提供一套完整的数据可视化工具，助力用户进行更深入的数据理解和分析。

6. Pyecharts

Pyecharts 是一个基于 Echarts JavaScript 库的 Python 数据可视化库，它提供了一种简单而强大的方式来创建交互式的图表。Pyecharts 的主要特点如下。

- ⮃ 多样的图表类型：Pyecharts 支持各种常见的图表类型，包括折线图、柱状图、散点图、饼图等，以及一些特殊类型的图表，如地理地图和热力图。
- ⮃ 丰富的交互功能：用户可以通过 Pyecharts 创建具有交互性的图表，包括缩放、平移、数据筛选等功能，使得用户能够更深入地探索和理解数据。
- ⮃ 简单的使用接口：Pyecharts 提供了简单易用的 API（应用程序接口），使得用户能够轻松创建图表，无须深入了解底层的 JavaScript 代码。
- ⮃ 灵活的主题和样式：用户可以通过 Pyecharts 轻松地切换图表的主题和样式，以满足不同的设计需求。
- ⮃ 与 Jupyter Notebook 集成：Pyecharts 支持在 Jupyter Notebook 中直接展示图表，方便用户进行交互式数据分析和可视化。

由于其简便的使用方法和出色的交互性，Pyecharts 在数据科学、业务报告和 Web 应用开发等场景中都得到了广泛的应用。

7. Scipy

Scipy 是一个建立在 NumPy 上的开源科学计算库，旨在提供一系列高级的科学和工程计算功能。Scipy 的主要特点如下。

- 数学和科学计算：Scipy 提供了大量的数学函数，包括线性代数、傅里叶变换、信号处理、图像处理、积分和微分等，使得科学计算变得更加方便。
- 统计分析：Scipy 包含统计学的功能，如概率分布、假设检验、统计模型等，为用户提供了一套强大的统计分析工具。
- 优化：Scipy 实现了多种优化算法，包括最小化和最大化问题的通用优化算法，使得用户能够解决各种优化问题。
- 信号和图像处理：Scipy 提供了处理信号和图像的功能，包括卷积、滤波、峰值查找等，适用于信号处理、图像处理和计算机视觉等领域。
- 特定领域的算法：Scipy 还包括一些特定领域的算法，如稀疏矩阵的处理、空间数据结构和插值等，为用户提供了更专业的工具。

由于 Scipy 与 NumPy、Matplotlib 等库的良好集成，使其成为 Python 科学计算生态系统的组成部分。Scipy 在科研、工程和数据分析等领域发挥着重要的作用，为用户提供了全面而高效的科学计算功能。

8. WordCloud

WordCloud 是一个用于生成词云图的 Python 库，它能够根据文本数据中单词的频率生成视觉上引人注目的词云图形。这种图形体现了文本中单词的相对重要性，单词的大小和排列方式反映了它们在文本中的出现频率。WordCloud 的主要特点如下。

- 词云生成：WordCloud 通过将文本中的单词按照其出现频率进行可视化，将高频词以更大的字体显示，从而形成一个视觉上吸引人的图形。
- 自定义外观：用户可以根据需要自定义词云的外观，包括颜色、形状、字体等，以便更好地适应不同的应用场景和设计要求。
- 停用词过滤：WordCloud 通常支持停用词的过滤，用户可以排除一些常见但在分析中无关紧要的单词，使生成的词云更有针对性。
- 高度可定制：用户可以调整词云的参数，如形状、背景色、最大单词数等，以满足不同需求，使得生成的词云图更加灵活。

WordCloud 在文本数据可视化中广泛应用，包括对文章、评论、社交媒体数据等的分析。通过呈现关键词的视觉化效果，WordCloud 为用户提供了一种直观而有趣的方式来理解和展示文本中的信息。

9. PySimpleGUI

PySimpleGUI 是一个 Python GUI（图形用户界面）库，旨在简化创建用户界面的过程，因此，即便是对 GUI 编程不够熟悉的开发者也能轻松构建图形化应用。该库提供了一种简单而直观的方式，通过易于理解的 API，使得用户能够快速创建各种窗口、按钮、文本框等 GUI 元素。PySimpleGUI 的主要特点如下。

- 易用性：PySimpleGUI 注重简洁和易用性，采用类似自然语言的 API 设计，使得用户能够以更直观的方式创建和布局 GUI 元素。
- 多平台支持：PySimpleGUI 能够在多个平台上运行，包括 Windows、Linux 和 Mac。这使得用户可以跨平台开发，而无须担心界面在不同操作系统上的兼容性问题。
- 自适应布局：PySimpleGUI 支持自适应布局，使得 GUI 元素能够灵活地适应窗口大小的变化，提供更好的用户体验。

- 事件驱动：PySimpleGUI 基于事件驱动的模型，用户可以轻松地定义和处理各种用户交互事件，如按钮点击、文本输入等。
- 集成性：PySimpleGUI 能够与其他 Python 库和工具集成，如 Matplotlib、Pandas 等，为用户提供更广泛的应用场景。

由于其简便的语法和高度的可定制性，PySimpleGUI 适用于从小型脚本到较大规模应用的各种项目。它为开发者提供了一个快速入门 GUI 编程的途径，使得没有深厚 GUI 编程经验的用户也能够轻松创建各种图形用户界面。

1.4.2　其他常用的数据挖掘建模工具

1. R 语言

R 语言是一种用于统计计算和数据可视化的编程语言。R 语言及其操作方式是受 S 语言启发而来的，也继承了许多其他编程语言的特性。R 语言的主要特点如下。

- 统计分析：R 语言是一门专为数据分析和统计建模而设计的语言。它提供了丰富的统计和数学函数，以及一系列专门用于数据处理和分析的工具。
- 数据可视化：R 语言拥有强大的数据可视化能力，通过包括 ggplot2 在内的图形库，用户可以创建高质量的统计图表，更好地理解数据分布和趋势。
- 扩展性和包管理：R 语言具有丰富的包（Packages）生态系统，用户可以通过安装和加载这些包来扩展 R 语言的功能。这使得 R 语言非常灵活，能够适应各种不同的分析需求。
- 开源和跨平台：R 语言是自由开源软件，遵循 GNU 通用公共许可证。它可以在多个操作系统上运行，包括 Windows、macOS 和 Linux。
- 数据处理：R 语言提供了强大的数据处理和操纵功能，包括数据框（DataFrame）等，让用户能够轻松进行数据清洗和预处理。
- 编程环境：R 语言提供了一个交互式的命令行环境，也支持脚本式编程。用户可以通过 RStudio 等集成开发环境进行更便捷的开发和调试。

2. SAS Enterprise Miner

SAS Enterprise Miner 是 SAS 公司提供的一款用于数据挖掘和机器学习的工具。它旨在帮助用户从大规模数据集中挖掘模式、进行预测分析，并生成可用于决策支持的模型。SAS Enterprise Miner 集成了各种先进的数据挖掘和统计技术，为用户提供了一个全面的数据分析平台，它的主要特点如下。

- 图形化界面：SAS Enterprise Miner 采用直观的图形界面，使用户能够通过拖放操作和可视化编程轻松构建分析流程。这有助于用户更好地理解和调整模型构建的过程。
- 多种建模技术：SAS Enterprise Miner 支持多种建模技术，包括决策树、神经网络、支持向量机、聚类等。用户可以根据任务需求选择适当的建模方法。
- 自动化建模：SAS Enterprise Miner 提供了自动化建模的功能，使用户能够快速创建和比较多个模型，以找到最佳的分析方法。
- 数据预处理：SAS Enterprise Miner 提供了丰富的数据处理功能，包括缺失值处理、变量选择、特征工程等，帮助用户准备用于建模的数据。

- ⊃ 模型评估和部署：SAS Enterprise Miner 支持对模型性能进行评估，并提供部署模型到生产环境的功能，使用户能够将分析结果应用于实际业务决策。
- ⊃ 与 SAS 生态系统集成：SAS Enterprise Miner 可以无缝集成到 SAS 生态系统中，与其他 SAS 产品和工具相互配合，形成一个强大的分析和决策支持系统。

3. IBM SPSS Modeler

IBM SPSS Modeler 是 IBM 公司提供的一款数据挖掘和机器学习工具。它通过直观的图形界面，让用户轻松构建、评估和部署机器学习模型，无须编写代码。IBM SPSS Modeler 支持多种建模技术，包括决策树、回归和聚类等。用户可以利用该工具进行数据预处理，如处理缺失值和异常值，以及进行特征工程，此外，该工具还提供了自动建模的功能，方便用户生成和比较多个模型，同时支持模型评估和部署。IBM SPSS Modeler 被广泛应用于企业和学术界，用于数据分析和预测性建模。

4. SQL Server

SQL Server 是由 Microsoft 公司开发的关系型数据库管理系统，广泛用于企业网站和数据仓库。它支持高性能的数据库访问，提供多层次的数据安全性，并集成了多种服务，如报告服务、集成服务等。SQL Server 具有良好的可扩展性，适用于不同规模和负载的应用场景。通过开发者工具，如 SQL Server Management Studio，用户可以轻松进行数据库开发和管理。

5. MATLAB

MATLAB 是由 MathWorks 公司开发的一款专业的科学计算软件，广泛应用于数学建模、数据分析、信号处理、图像处理和机器学习等领域。其强大的数值计算和矩阵处理能力、丰富的可视化功能及友好的编程环境，使其成为科学研究、数据分析和模型设计的首选工具。MATLAB 还支持各种工具箱和应用程序，可以满足不同领域的计算需求。

6. WEKA

WEKA（Waikato Environment for Knowledge Analysis）是一套用于数据挖掘和机器学习的开源软件工具集。它由新西兰汉密尔顿学院的计算机科学与软件工程系开发，提供了丰富的算法和工具，用于数据预处理、分类、聚类、回归等机器学习任务。WEKA 的用户界面直观易用，也可以通过编程接口进行高级定制。

7. KNIME

KNIME（Konstanz Information Miner）是一款用于数据科学、机器学习和大数据分析的开源工具。它提供了一个图形化界面，允许用户通过拖放操作构建数据分析流程。KNIME 支持丰富的数据处理和建模功能，包括数据清洗、特征选择、模型训练等，还能集成 Python 和 R 语言等编程语言。

8. RapidMiner

RapidMiner 是一款集成式的开源数据科学平台，专注于数据挖掘、机器学习和预测性分析。它提供直观的图形界面，允许用户通过拖动和连接组件的方式轻松构建数据分析流程，无须编写代码。RapidMiner 支持多个数据科学任务，包括数据清洗、特征工程、建模等，也能够集成 Python 和 R 语言等编程语言。由于其易用性和强大的功能，RapidMiner 在业务智能化、数据分析和大数据领域得到广泛应用。

9. TipDM

TipDM 是一款高级数据挖掘平台，使用 Java 语言开发。该平台支持从各种数据源获取数据，集成了数十种预测算法和分析技术，覆盖了国内外主流挖掘系统支持的算法。TipDM 涵盖了数据挖掘流程的主要步骤，包括数据探索（相关性分析、主成分分析、周期性分析）、数据预处理（属性选择、特征提取、坏数据处理、空值处理）、预测建模（参数设置、交叉验证、模型训练、模型验证、模型预测），以及聚类分析、关联规则挖掘等功能。

1.4.3　常用的中文分词工具

1. 中国科学院分词 NLPIR

NLPIR 是一款由中国科学院计算机技术研究所研发的中文分词工具。它基于统计和规则相结合的算法，旨在将中文文本切分成词语，有助于后续的自然语言处理任务。中国科学院分词 NLPIR 具有高效、准确的特点，可以满足中文文本的分词需求，可应用于文本挖掘、信息检索等领域。

> 输入文本：其中青白口纪—寒武纪、泥盆—石炭纪、白垩纪、第四纪地层分布较为集中，蓟县纪、奥陶纪、志留纪、二叠纪、三叠—侏罗纪、古近纪地层分布零散
>
> 输出结果：其中/ 青白/ 口纪/ —/ 寒武纪/ 、/ 泥盆/ —/ 石炭纪/ 、/ 白垩纪/ 、/ 第四纪/ 地层/ 分布/ 较为/ 集中/ ，/ 蓟县/ 纪/ 、/ 奥陶纪/ 、/ 志留纪/ 、/ 二叠纪/ 、/ 三叠/ —/ 侏罗纪/ 、/ 古近纪/ 地层/ 分布/ 零散/

2. Jieba 分词

Jieba 是一款开源的中文分词工具，由刘翔宇（@fxsjy）开发。它基于统计和规则算法，旨在将中文文本切分成词语，支持多种分词模式，包括精确模式、全模式和搜索引擎模式，以满足不同应用场景的需求。Jieba 具有简单易用、高效等特点，可以满足中文文本的分词需求，可广泛应用于自然语言处理、文本挖掘等领域。

> 输入文本：其中青白口纪—寒武纪、泥盆—石炭纪、白垩纪、第四纪地层分布较为集中，蓟县纪、奥陶纪、志留纪、二叠纪、三叠—侏罗纪、古近纪地层分布零散
>
> 输出结果：其中/ 青白/ 口纪/ —/ 寒武纪/ 、/ 泥盆/ —/ 石炭纪/ 、/ 白垩纪/ 、/ 第四纪/ 地层/ 分布/ 较为/ 集中/ ，/ 蓟县/ 纪/ 、/ 奥陶纪/ 、/ 志留纪/ 、/ 二叠纪/ 、/ 三叠/ —/ 侏罗纪/ 、/ 古近纪/ 地层/ 分布/ 零散/

3. HanLP

HanLP 是一个由我国开发者何晗于 2014 年开发的自然语言处理库。作为一款全面、高效的工具，HanLP 提供了分词、词性标注、命名实体识别、依存句法分析等多项功能，支持多种领域的预训练模型及模块化设计，具有简便易用的 API。

> 输入文本：其中青白口纪—寒武纪、泥盆—石炭纪、白垩纪、第四纪地层分布较为集中，蓟县纪、奥陶纪、志留纪、二叠纪、三叠—侏罗纪、古近纪地层分布零散
>
> 输出结果：其中/ 青白/ 口纪/ —/ 寒武纪/ 、/ 泥盆/ —/ 石炭纪/ 、/ 白垩纪/ 、/ 第四纪/ 地层/ 分

布/ 较为/ 集中/，，蓟县/ 纪/ 、/ 奥陶纪/ 、/ 志留纪/ 、/ 二叠纪/ 、/ 三叠/ 一/ 侏罗纪/ 、/ 古近纪/ 地层/ 分布/ 零散/

4. FudanNLP

FudanNLP 是由复旦大学计算机学院研发的中文自然语言处理工具。FudanNLP 注重学术创新，其工具集整合了最新的研究成果和先进的算法。同时，FudanNLP 在预训练模型方面具有独特优势，涵盖了多个领域的高质量模型，适用于不同应用场景。此外，它提供方便易用的 API，使研究者和开发者能够轻松地将这些先进的自然语言处理功能集成到他们的应用中。

> 输入文本：其中青白口纪—寒武纪、泥盆—石炭纪、白垩纪、第四纪地层分布较为集中，蓟县纪、奥陶纪、志留纪、二叠纪、三叠—侏罗纪、古近纪地层分布零散
> 输出结果：其中/ 青白/ 口纪/ 一/ 寒武纪/ 、/ 泥盆/ 一/ 石炭纪/ 、/ 白垩纪/ 、/ 第四纪/ 地层/ 分布/ 较为/ 集中/，，蓟县/ 纪/ 、/ 奥陶纪/ 、/ 志留纪/ 、/ 二叠纪/ 、/ 三叠/ 一/ 侏罗纪/ 、/ 古近纪/ 地层/ 分布/ 零散/

5. LTP

LTP（Language Technology Platform）是由哈尔滨工业大学社会计算与信息检索研究中心研发的中文自然语言处理工具。LTP 的特点在于其稳定性和高性能。它采用了先进的深度学习技术，通过大规模语料的训练，提高了中文自然语言处理的准确性和效率。LTP 还提供了方便的 API，使用户能够轻松地将这些功能集成到自己的应用中。

> 输入文本：其中青白口纪—寒武纪、泥盆—石炭纪、白垩纪、第四纪地层分布较为集中，蓟县纪、奥陶纪、志留纪、二叠纪、三叠—侏罗纪、古近纪地层分布零散
> 输出结果：其中/ 青白/ 口纪/ 一/ 寒武纪/ 、/ 泥盆/ 一/ 石炭纪/ 、/ 白垩纪/ 、/ 第四纪/ 地层/ 分布/ 较为/ 集中/，，蓟县/ 纪/ 、/ 奥陶纪/ 、/ 志留纪/ 、/ 二叠纪/ 、/ 三叠/ 一/ 侏罗纪/ 、/ 古近纪/ 地层/ 分布/ 零散/

1.4.4　数据标注平台

1. EasyData 智能数据服务平台

EasyData 是百度大脑推出的智能数据服务平台，是一种为各行各业有 AI 开发需求的企业用户及开发者提供一站式数据服务的工具，其主要为 AI 开发过程中所需要的数据采集、数据清洗、数据标注等业务需求提供完整的数据服务。EasyData 为数据标注提供了丰富的模板及工具，以及智能化的数据清洗及加工服务，为 AI 开发提供了高质量的训练数据。EasyData 提供了命名实体识别、关系抽取等多种文本标注功能。EasyData 的功能特点如下。

（1）快速导入已有数据集：支持导入文本实体抽取无标注数据。该平台可以通过"本地上传"功能上传数据集，包括三种上传方式，分别为上传文本文件、上传压缩包、上传表格文件，上传后支持对数据自动去重。EasyData 的数据集界面如图 1-4 所示。

（2）在线标注：在网页平台上快速对数据集进行标注。标注实体时可以在文中划选需要标注的文本，然后在弹出的下拉标签栏中选择需要标注的标签，完成标注后的效果如图 1-5 所示。

图 1-4 EasyData 的数据集界面

图 1-5 EasyData 的在线标注界面

（3）智能标注：智能标注提供人机交互协作标注功能，最高可降低 90% 的标注成本。智能标注是指提供少量人工标注数据和大量无标注数据，通过文本智能标注功能进行自动标注，并将需要人工优先复审的样本筛选出来，辅助快速完成数据标注工作。最终可获得大规模的智能标注数据，并将数据用于模型的训练。EasyData 的智能标注界面如图 1-6 所示。

（4）多人标注：多人标注是指通过团队协作完成标注任务，从而提高标注效率。任务发起后，系统会向团队成员自动分发标注任务，成员提交任务后，管理员可以进行标注结果验收。EasyData 的多人标注界面如图 1-7 所示。

图 1-6　EasyData 的智能标注界面

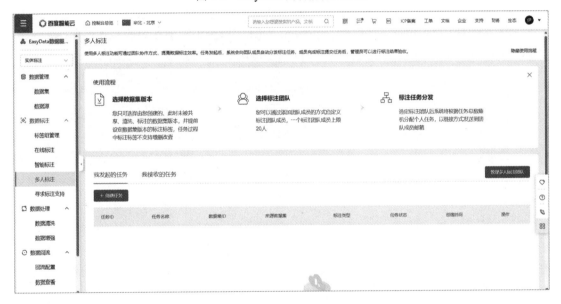

图 1-7　EasyData 的多人标注界面

2．Label Studio

Label Studio 是由 Heartex Labs 研发的一款开源数据标注工具。它从一开始就以开源的形式开发，目前已成长为机器学习和深度学习领域最流行的开源数据标注平台之一。Label Studio 网站主页如图 1-8 所示。

Label Studio 的主要特点如下。

➲　模块化设计，支持定制各种复杂的标注任务。

➲　Web 界面优雅简洁，标注效率高。

➲　数据存取支持多种格式，包括 json、xml、csv 等。

➲　支持分布式和多用户协作标注。

图 1-8　Label Studio 网站主页

➲　支持使用多种语言，如汉语、英语等进行标注。

➲　开源许可证，允许商业应用。

命名实体识别（Named Entity Recognition，NER）用于识别文本中的实体名称，如人名、地名、时间等，给它们标注上类型标签。Label Studio 的实体抽取标注示例如图 1-9 所示。

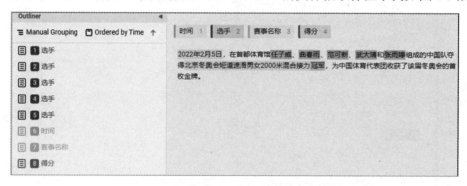

图 1-9　Label Studio 的实体抽取标注示例

实体关系抽取（Entity Relation Extraction）用于识别文本中的实体间关系，如 A 歌曲属于专辑 B，将关系类型标注为"所属专辑"。Label Studio 的关系抽取标注示例如图 1-10 所示。

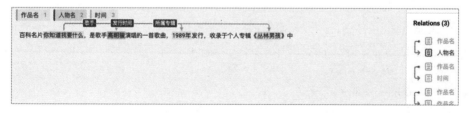

图 1-10　Label Studio 的关系抽取标注示例

3. Doccano

Doccano 是一个开源的文本标注工具，用于协作进行文本分类、命名实体识别、关系抽取等任务的标注和注释。它提供了一个用户友好的网站界面（见图 1-11），使团队成员可以轻松地在同一个平台上进行标注工作。Doccano 由日本的软件工程师 Hironsan 个人在 2019 年开发，并将其作为开源项目发布在 GitHub 上。Doccano 的开发得到了全球开发者社区的支持。

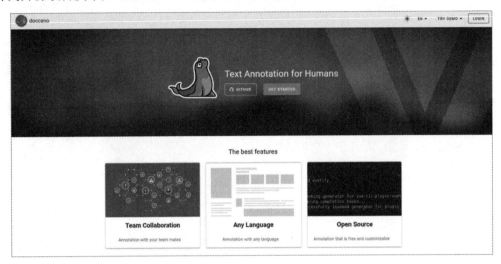

图 1-11　Doccano 网站界面

Doccano 的主要特点如下。

（1）支持多种标注任务：Doccano 支持多种常见的文本标注任务，如文本分类、命名实体识别、关系抽取等。用户可以根据自己的需求选择适合的任务类型。

（2）协作标注：多个用户可以同时使用 Doccano 进行标注工作，实现团队协作。用户可以对标注结果进行版本控制和审查，以确保标注的准确性和一致性。

（3）自定义标注模式：Doccano 允许用户自定义标注模式，包括定义标签、标注样式和标注规则等。这使得 Doccano 可以适应不同的标注需求和任务。

（4）数据导入和导出：Doccano 支持从不同的数据源导入数据，如 csv 文件、json 文件等。同时，它也提供了多种数据导出格式，方便将标注结果导出到其他系统或工具中。

（5）可扩展性：Doccano 是基于 Python 和 Django 开发的，具有良好的可扩展性。用户可以根据自己的需求进行二次开发和定制，以满足特定的标注需求。

Doccano 的命名实体识别、实体关系抽取示例如图 1-12 所示。

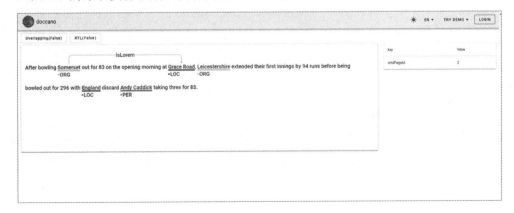

图 1-12　Doccano 的命名实体识别、实体关系抽取示例

4．Labelbox

Labelbox 是一个功能强大的数据标注平台，支持文本分类、命名实体识别、关系抽取等多种标注任务，它由一家名为 Labelbox 的公司开发，Labelbox 公司成立于 2018 年，总部位于美国加利福尼亚州旧金山。他们专注于开发和提供高效的数据标注平台，帮助机器学习团队和数据科学家进行数据标注和模型训练。Labelbox 的网站主页如图 1-13 所示。

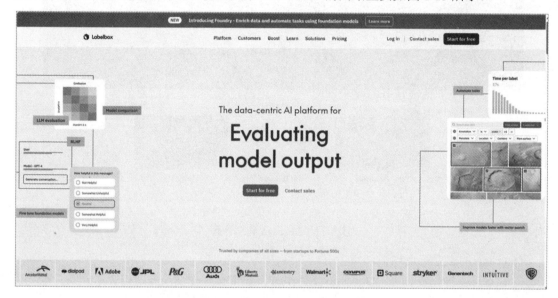

图 1-13　Labelbox 的网站主页

Labelbox 为文本标注提供了一系列功能，以帮助用户进行高效和准确的文本标注。Labelbox 的数据集管理界面如图 1-14 所示，以下是 Labelbox 在文本标注方面的一些主要功能。

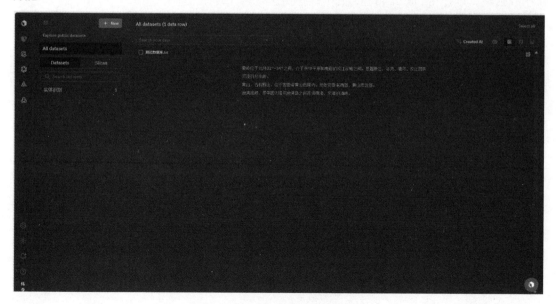

图 1-14　Labelbox 的数据集管理界面

（1）文本分类：Labelbox 支持文本分类任务，使用户能够为文本数据分配预定义的类别或标签。用户可以定义自己的类别集合，并为每个文本样本分配适当的类别。

（2）命名实体识别：Labelbox 提供了对命名实体识别任务的支持。用户可以标注文本中的实体，如人名、地名、组织机构等，并为每个实体分配相应的标签。

（3）关系抽取：Labelbox 允许用户进行关系抽取任务的标注。用户可以标注文本中实体之间的关系，并为每个关系分配适当的标签。

（4）序列标注：Labelbox 支持序列标注任务，如词性标注、分块标注等。用户可以为文本中的每个词或短语分配相应的标签。

（5）文本标注工具：Labelbox 提供了丰富的文本标注工具，如文本框、下拉菜单、单选按钮等，以满足不同标注任务的需求。用户可以根据任务类型选择适当的标注工具。

（6）标注协作和审查：Labelbox 支持多用户协作进行标注工作。团队成员可以同时进行标注，并进行标注结果的审查和校对，以确保标注的准确性和一致性。

（7）数据管理和版本控制：Labelbox 提供了数据管理和版本控制功能，使用户能够有效地组织和管理标注数据。用户可以跟踪和管理不同版本的标注数据，并进行数据的导入和导出。

参考文献

陈昌昕，严加永，史大年，等，2023. 成矿系统多尺度地球物理探测[J]. 地质论评，69(S1)：347-348. DOI: 10. 16509/j. georeview. 2023. s1. 155.

陈建平，李靖，谢帅，等，2017. 中国地质大数据研究现状[J]. 地质学刊，41(3)：353-366.

诸云强，孙凯，王曙，等，2023. 顾及复杂时空特征及关系的地球科学知识图谱自适应表达模型[J]. 中国科学：地球科学，53(11)：2609-2622.

董云鹏，任建国，张志飞，等，2022. 地质学科未来 5～10 年发展战略：趋势与对策[J]. 科学通报，67(23)：270-2718.

韩海辉，李健强，易欢，等，2022. 遥感技术在西北地质调查中的应用及展望[J]. 西北地质，55(3)：155-169. DOI: 10. 19751/j. cnki. 61-1149/p. 2022. 03. 012.

廉旭刚，韩雨，刘晓宇，等，2023. 无人机低空遥感矿山地质灾害监测研究进展及发展趋势[J]. 金属矿山(1)：17-29.DOI: 10.19614/j. cnki. jsks. 202301003.

彭建兵，李振洪，2022. 地学大数据可否助力地质灾害预报？[J]. 地球科学，47(10)：3900-3901.

邱芹军，田苗，马凯，等，2023. 区域地质调查文本中文命名实体识别[J]. 地质论评，69(4)：1423-1433.DOI: 10.16509/j. georeview. 2023. 01. 085.

陶晓风，吴德超，2019. 普通地质学[M]. 3 版. 北京：科学出版社.

谭永杰，刘荣梅，朱月琴，等，2023. 论地质大数据的特点与发展方向[J]. 时空信息学报，30(3)：313-320. DOI: 10.20117/j. jsti. 202303003.

吴冲龙，2022. 大数据和地质信息学能促进地质学定量化进入新阶段吗？[J]. 地球科学，47(10)：3913-3914.

吴冲龙，刘刚，2019．大数据与地质学的未来发展[J]．地质通报，38(7)：1081-1088．

吴冲龙，刘刚，张夏林，等，2016．地质科学大数据及其利用的若干问题探讨[J]．科学通报，61(16)：1797-1807．

王岩，王登红，王成辉，等，2024．基于地质大数据的中国金矿时空分布规律定量研究[J]．地学前缘，31(4)：438-455.DOI: 10.13745/j. esf. sf. 2023. 9. 6．

杨燕，刘荣梅，孙涵睿，等，2024．地质大数据资产化管理探索与实践[J]．地质通报，43(1)：191-196．

周成虎，王华，王成善，等，2021．大数据时代的地学知识图谱研究[J]．中国科学：地球科学，51(7)：1070-1079．

赵鹏大，2019．地质大数据特点及其合理开发利用[J]．地学前缘，26(4)：1-5．DOI: 10.13745/j. esf. sf. 2018. 9. 8．

赵鹏大，陈永清，2021．数字地质与数字矿产勘查[J]．地学前缘，28(3)：1-5+434-435．DOI: 10. 13745/j. esf. sf. 2021. 1. 22．

周永章，左仁广，刘刚，等，2021．数学地球科学跨越发展的十年：大数据、人工智能算法正在改变地质学[J]．矿物岩石地球化学通报，40(3)：556-573．DOI: 10. 19658/j. issn. 1007-2802. 2021. 40. 038．

BAUMANN P，MAZZETTI P，UNGAR J，et al，2016．Big data analytics for earth sciences：the EarthServer approach[J]．International journal of digital earth，9(1)：3-29．

BERGEN K J，JOHNSON P A，DE HOOP M V，et al，2019．Machine learning for data-driven discovery in solid Earth geoscience[J]．Science，363(6433)：eaau0323．

CHENG H，ZHENG Y，WU S，et al，2023．GIS-based mineral prospectivity map using machine learning methods：a case study from Zhuonuo ore district，Tibet[J]．Ore Geology Reviews：105627．

CHEN Y，TIAN M，WU Q，et al，2024．A deep learning-based method for deep information extraction from multimodal data for geological reports to support geological knowledge graph construction[J]．Earth Science Informatics：1-21．

DEVLIN J，CHANG M-W，LEE K，et al，2018．Bert：Pre-training of deep bidirectional transformers for language understanding [J]．arXiv preprint arXiv：181004805．

GUO H，LIU Z，JIANG H，et al，2017．Big Earth Data：A new challenge and opportunity for Digital Earth's development[J]．International Journal of Digital Earth，10(1)：1-12．

GUO H，NATIVI S，LIANG D，et al，2020．Big Earth Data science：an information framework for a sustainable planet[J]．International Journal of Digital Earth，13(7)：743-767．

GUO H，WANG L，LIANG D，2016．Big Earth Data from space：A new engine for Earth science[J]．Science Bulletin，61(7)：505-513．

HAN W，ZHANG X，WANG Y，et al，2023．A survey of machine learning and deep learning in remote sensing of geological environment：Challenges，advances，and opportunities[J]. ISPRS Journal of Photogrammetry and Remote Sensing，202：87-113．

HU Y，MAI G，CUNDY C，et al，2023．Geo-knowledge-guided GPT models improve the extraction of location descriptions from disaster-related social media messages[J]．International Journal of Geographical Information Science，37(11)：2289-2318．

IRRGANG C，BOERS N，SONNEWALD M，et al，2021．Towards neural Earth system modelling by integrating artificial intelligence in Earth system science[J]．Nature Machine Intelligence，3(8)：667-674．

KOCHUPILLAI M，KAHL M，SCHMITT M，et al，2022．Earth observation and artificial intelligence：Understanding emerging ethical issues and opportunities[J]．IEEE Geoscience and Remote Sensing Magazine，10(4)：90-124．

LIU H，QIU Q，WU L，et al，2022．Few-shot learning for name entity recognition in geological text based on GeoBERT[J]．Earth Science Informatics，15(2)：979-991．

LI X，FENG M，RAN Y，et al，2023．Big Data in Earth system science and progress towards a digital twin[J]．Nature Reviews Earth & Environment，4(5)：319-332．

MA K，TIAN M，TAN Y，et al，2023．Ontology-based BERT model for automated information extraction from geological hazard reports[J]．Journal of Earth Science，34(5)：1390-1405．

MA X，2022．Knowledge graph construction and application in geosciences：A review[J]．Computers & Geosciences，161：105082．

PEREIRA J，PEREIRA A，Gil A，et al，2023．Lithology map with satellite images，fieldwork-based spectral data，and machine learning algorithms：The case study of Beiras Group (Central Portugal)[J]．Catena，220：106653．

STEFFEN W，RICHARDSON K，ROCKSTRÖM J，et al，2020．The emergence and evolution of Earth System Science[J]．Nature Reviews Earth & Environment，1(1)：54-63．

STEPHENSON M H，CHENG Q，WANG C，et al，2020．Progress towards the establishment of the IUGS Deep-time Digital Earth (DDE) program[J]．Episodes Journal of International Geoscience，43(4)：1057-1062．

SUN Z，SANDOVAL L，CRYSTAL-ORNELAS R，et al，2022．A review of earth artificial intelligence[J]．Computers & Geosciences，159：105034．

TIFFANY C，VANCE，et al，2024．Big data in Earth science：Emerging practice and promise[J].Science，383：eadh9607．DOI：10.1126/science. adh9607．

WANG C，HAZEN R M，CHENG Q，et al，2021．The Deep-Time Digital Earth program：data-driven discovery in geosciences[J]．National Science Review，8(9)：nwab027．

WANG Z，ZUO R，2024．An Evaluation of Convolutional Neural Networks for Lithological Map Based on Hyperspectral Images[J]．IEEE Journal of Selected Topics in Applied Earth Observations and Remote Sensing，17：6414-6425．

YENDURI G，SRIVASTAVA G，MADDIKUNTA P K R，et al，2023．Generative Pre-trained Transformer：A Comprehensive Review on Enabling Technologies，Potential Applications，Emerging Challenges，and Future Directions [J]．arXiv preprint arXiv：230510435．

YIN C，LONG Y，LIU L，et al，2024．Map Ni-Cu-Platinum Group Element-Hosting，Small-Sized，Mafic-Ultramafic Rocks Using WorldView-3 Images and a Spatial-Spectral Transformer Deep Learning Method[J]．Economic Geology，119(3)：665-680．

ZHANG X，HUANG Y，ZHANG C，et al，2022．Geoscience knowledge graph (GeoKG)：Development，construction and challenges[J]．Transactions in GIS，26(6)：2480-2494．

第2章
机器学习与深度学习

2.1 机器学习发展史

20 世纪 50 年代至 60 年代是机器学习发展的早期阶段，当时人们开始思考如何使计算机具有学习的能力，艾伦·图灵（Alan Turing）是机器学习领域的先驱之一，提出了"图灵测试"的概念，并研究了机器能否模拟人类智能（Turing, 1948）。1956 年，在达特茅斯会议上，John McCarthy 等人首次提出了"人工智能"（Artificial Intelligence，AI）的概念，这标志着机器学习正式进入科学领域。

20 世纪 60 年代至 70 年代，随着知识符号系统的出现，机器学习主要侧重于符号推理和专家系统的开发，使用规则和符号表示知识。代表性的工作包括 Dendral 系统，它能够分析质谱数据并进行化学推理（Lindsay, et al., 1993）。

20 世纪 80 年代至 90 年代，连接主义和神经网络开始出现，连接主义强调神经网络和学习算法的应用，这一时期出现了多层感知机和反向传播算法，促进了神经网络的发展，Hopfield 网络（Hopfield, 2007）和 Boltzmann 机（Hinton, 2007）等模型也在这一时期得到了发展。

20 世纪 90 年代至 21 世纪初，统计学习理论在这个时期崭露头角，强调通过从数据中学习潜在规律来实现预测。支持向量机（Support Vector Machine，SVM）等算法在模式识别和分类领域取得了显著的成就。

21 世纪初至今，大规模数据集的出现推动了机器学习的发展，特别是深度学习。深度学习利用深层神经网络进行特征学习和表示学习，在图像识别、自然语言处理等领域取得了显著成就。开放源代码框架如 TensorFlow 和 PyTorch 的出现促进了深度学习的普及和应用。各种机器学习类型逐渐兴起，例如，迁移学习关注如何将在一个领域中学到的知识迁移到另一个领域，以提高模型的泛化能力；强化学习强调通过与环境的交互学习，实现目标并最大化奖励；自监督学习强调从未标记的数据中学习有用的表示，而不依赖于人工标签；元学习旨在让模型具备学习新任务的能力，通过从一系列任务中学到的知识来加速学习新任务。

2.2 机器学习的分类

机器学习可根据学习任务的性质和目标进行分类。机器学习的主要分类如下。

1．监督学习

在监督学习（Supervised Learning）中，模型从带有标签的训练数据中学习，学习输入与输出之间的映射关系。训练数据包含输入和相应的输出标签，目的是使模型能够对新的、未标记的数据进行准确预测。监督学习的起点是一个包含标签样本的训练数据集，每个样本都包括输入特征和相应的标签，输入特征表示数据的各个方面，而标签则是希望模型预测或分类的目标。可以根据数据的因变量是连续值还是离散值，将监督学习问题分为分类问题和回归问题，其中，分类问题的标签是离散值，回归问题的标签是连续值，如图 2-1 所示。

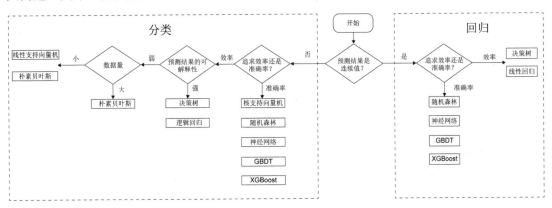

图 2-1　监督学习模型检测表

2．无监督学习

无监督学习（Unsupervised Learning）是指模型从未标记的数据中学习，不使用输出标签，其目标可能是发现数据的内在结构、聚类相似样本或降维以减少特征维度。常见的无监督学习算法包括聚类、降维、关联规则学习和生成模型等。其中，聚类（Clustering）通过将数据点组织成不同的类别或簇，可以识别数据中的潜在模式，K 均值聚类、层次聚类和 DBSCAN 是常见的聚类算法，在市场分割（苏浩，2017）、社交网络分析（裘晨曦，等，2014）等领域有广泛应用。降维（Dimensionality Reduction）则通过保留数据的关键特征，在减少数据维度的同时不损失太多信息，常用的技术包括主成分分析（PCA）和 t 分布邻域嵌入（t-SNE），在可视化、特征提取等方面有应用。关联规则学习（Association Rule Learning）可以发现数据中的关联模式，Apriori 算法（Hegland, 2007）和 FP-growth 算法（Borgelt, 2005）是常见的关联规则学习算法。生成模型（Generative Models）主要用于学习数据的生成过程，可以生成与原始数据类似的新数据，自编码器（Autoencoders）、变分自编码器（Variational Autoencoders）和生成对抗网络（Generative Adversarial Networks，GAN）是常见的生成模型。

因为没有明确的标签或目标来指导学习，所以无监督学习没有明确的目标函数来衡量性能，评估模型的难度较大，对结果的解释性相对较弱。但无监督学习适用于大量无标记数据的场景，可发现数据中的隐藏结构和模式，有助于提取数据中的特征，并帮助监督学习或强化学习进行预处理，因此，无监督学习的应用场景有很多，如用户细分和推荐系统等。

3．半监督学习

半监督学习（Semi-supervised Learning）介于监督学习和无监督学习之间，训练数据中只有一部分样本有标签。模型尝试利用有标签的和无标签的样本来学习，并在测试时对无标签的样本进行预测。半监督学习的核心思想是，尽管标记数据可能昂贵或难以获取，但它仍然包含有关问题的宝贵信息。因此，半监督学习试图通过最大程度地利用有限的标记数据来提高模型的泛化能力。半监督学习适用于真实世界的问题，在许多实际场景中，获取大量标记数据可能是昂贵且耗时的，半监督学习可以在这种情况下发挥作用，通过充分利用无标记数据来提高模型的性能。半监督学习也可以用于自动化标记（自动标注）过程，模型使用无标记数据进行预训练，然后在有限的标记数据上进行微调。

常见的半监督学习方法和模型如下。

（1）自训练（Self-training）：自训练是一种简单而直观的方法，其模型首先在有标记的数据上进行训练，然后使用该模型对无标记数据进行预测，并将置信度较高的样本添加到训练集中反复迭代。

（2）半监督生成模型：利用生成模型（如生成对抗网络）来生成与真实数据分布相似的样本，从而扩展训练集。

（3）协同训练（Co-training）：在协同训练中，模型基于不同的特征集进行训练，然后相互"教"对方，以提高性能。

（4）标签传播（Label Propagation）：通过图模型或核方法使用有标记样本的信息来推断无标记样本的标签。

半监督学习还可以分为半监督分类（Semi-Supervised Classification）、半监督回归（Semi-Supervised Regression）、半监督聚类（Semi-Supervised Clustering）、半监督降维（Semi-Supervised Dimensionality Reduction），半监督学习方法的分类图如图2-2所示。

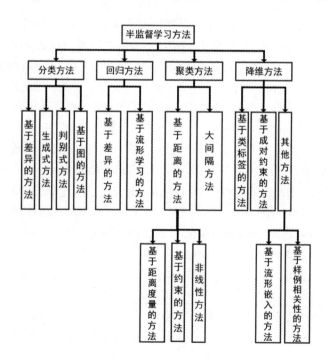

图2-2　半监督学习方法的分类图

半监督学习利用了大量无标记数据，提高了模型的泛化性能。在标记数据有限的情况下，仍然能够构建强大的模型。但无标记数据的质量对模型性能的影响不可预测。在某些情况下，错误的标记可能会被引入模型，影响模型的性能。半监督学习在实际问题解决过程中具有潜在价值，因为它允许利用更多的数据资源，尤其在标记数据有限的情况下。

4. 强化学习

强化学习（Reinforcement Learning）是指智能体（Agent）与环境进行交互，并通过尝试最大化累积奖励来学习适当的行为。智能体根据执行的动作和接收的奖励来调整其策略，目标是学会在不同环境下采取最佳行动。

智能体是进行学习和决策的实体，在强化学习中，智能体通过观察环境状态并执行动作来影响环境。环境（Environment）指智能体进行学习和决策的外部系统，环境的状态会随着智能体的行动而改变，同时环境会反馈奖励信号。状态（State）是描述环境的一组特征，用于定义问题的当前情况。状态是智能体做出决策的基础。动作（Action）指智能体可以执行的操作或策略，影响环境的变化。奖励（Reward）是指在每一时间步，环境向智能体提供的数值反馈，用于评估智能体的行为。智能体的目标是通过调整策略最大化累积奖励。策略（Policy）定义了智能体在特定状态下选择动作的规则或映射。价值函数（Value Function）用来衡量在特定状态或状态动作对下，智能体可以获得的未来累积奖励，分为状态值函数和动作值函数。强化学习中的一个核心挑战是在探索未知领域和利用已知信息之间取得平衡，以找到最优的策略。

强化学习的基本流程如图 2-3 所示。

（1）观察状态：智能体观察环境的当前状态。

（2）选择动作：根据当前状态和学到的策略，智能体选择一个动作。

（3）执行动作：智能体执行选择的动作，导致环境状态的改变。

（4）接收奖励：环境返回一个奖励，用于评估智能体的行为。

（5）更新策略：智能体使用奖励信号来更新其策略，以优化未来的行为。

（6）重复迭代：不断重复上述步骤，直到智能体学到一个优秀的策略。

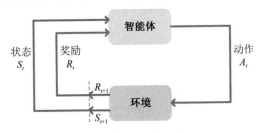

图 2-3　强化学习的基本流程

5. 自监督学习

自监督学习（Self-Supervised Learning）是无监督学习的一种，其模型通过从输入数据中生成自己的标签进行学习。例如，模型可以通过将输入图像的一部分作为输入，预测图像的其他部分，从而学习有用的表示。

在自监督学习中，人们会设计一些基于输入数据本身生成标签的任务，例如，可以将输入图像中的某些部分遮挡，然后让模型学会恢复被遮挡的部分，这种任务称为遮挡恢复任务。数据增强是自监督学习中常用的手段，通过对输入数据进行变换、旋转、裁剪等操作，可以生成更多的训练样本，从而提高模型的泛化能力。对比学习是自监督学习中的一种重要方法，该方法通过比较样本中的不同视图或转换，使模型学到数据中的有用表示，Siamese Networks 和 Triplet Networks 是对比学习中常用的网络结构。利用生成模型，如生成对抗网络或变分自编码器可以进行自监督学习。生成模型通过学习数据的分布来生成与原始数据相似的样本，从而推动模型学习数据的表示。将一个任务的输出用作另一个任务的输入，构建多任务学习框架。这样的框架可以通过多个任务之间的关联性来提高模型的性能。

自监督学习方法通常可以分为以下三类。

（1）基于生成的方法：这种方法先使用编码器将输入 x 映射到表示 z，然后使用解码器从 z 重构 x，如图 2-4（a）所示。训练目标是最小化原始输入和重构输入之间的重构误差。一个常见的基于生成的自监督学习的例子是自编码器，它通过最小化原始输入和重构输入之间的误差来学习输入数据的有效表示。

（2）基于对比的方法：这是广泛使用的自监督学习策略之一，它通过数据增强或上下文采样构建正样本和负样本，然后通过最大化两个正样本之间的互信息（Mutual Information）来训练模型，如图 2-4（b）所示。对比方法通常使用对比相似度度量，如 InfoNCE loss。著名的基于对比方法的例子是 SimCLR（Chen, et al., 2020），它通过对比原始图像和增强图像的表示来学习有效的图像表示。

（3）基于对抗的方法：这种方法通常由一个生成器和一个判别器组成。生成器生成假样本，而判别器用来区分它们和真实样本，如图 2-4（c）所示。这种方法的一种典型应用是生成对抗网络，通过对抗过程在生成器和判别器之间找到平衡，以生成逼真的假样本并改进生成器的性能。

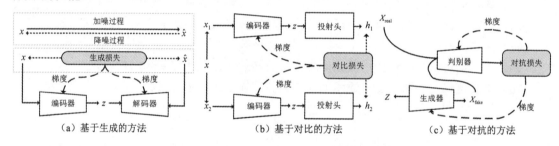

（a）基于生成的方法　　　　　（b）基于对比的方法　　　　　（c）基于对抗的方法

图 2-4　监督学习的方法

自监督学习可以用于学习数据的有用表示，而且不需要人工标注的标签。这在许多领域中，尤其在标注数据难以获得时，非常有价值。在大规模自监督学习任务上预训练模型，可以将学到的表示迁移到其他任务上，从而提高模型在新任务上的性能。在计算机视觉和自然语言处理领域，自监督学习已经取得了很大的成功。例如，图像中的颜色化、图像补全等任务，或者文本词语掩码、上下文预测等任务都可采用自监督学习。

6. 元学习

元学习（Meta-Learning）是一种学习如何学习的方法。在元学习中，模型通过在多个任务中学习，能够快速适应新任务。元学习在训练时一般通过模拟多个任务的方式来训练模型。通常情况下，机器学习模型需要大量的数据和迭代才能学习到某个特定任务的知识，但元学习的目标是让模型通过少量的样本或任务快速适应新任务或新环境。

元学习框架旨在让模型能够通过观察并学习多个任务的模式、规律或特征，更快地适应新任务。这些任务通常被称为"元任务"。元学习模型会学习到关于如何学习的元知识，包括学习新任务的方式、捕捉任务间的共同特征、快速调整模型参数等。元学习的目标之一是使模型能够从少量样本或有限的训练迭代中快速学习，并且在新任务上表现良好。

元学习中的训练过程又称元训练（Meta-Training），测试过程又称元测试（Meta-Testing），如图 2-5 所示。

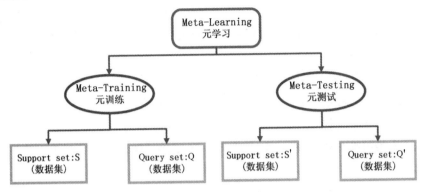

图 2-5　元学习的构成

区别于一般神经网络端到端的训练方式，元学习的训练过程和测试过程各需要两类数据集（Support/Query set），其构建方式如图 2-6 所示。先从测试数据中随机选出 N 类。再从这 N 类中按照类别依次随机选出 $k+x$ 个样本（x 代表可以选任意一个），其中的 k 个样本将被用于构建 Support set S'，另外的 x 个样本将被用于构建 Query set Q'。数据集 S 和 Q 的构建同理，不同的是，对从训练数据中选择的样本类别和每类样本的数量均不作约束。N 代表选择的测试数据中样本的种类，k 代表选择的 N 类测试数据中每类样本的数量，一般来说，N 小于测试数据的总类别数。

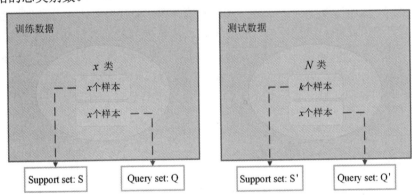

图 2-6　数据集的构建方式

在元学习中，模型参数需要进行设计，让模型的初始状态更容易适应新任务，例如，使用基于先前任务学到的参数初始化模型。元学习包含多种算法，如 MAML（Model-Agnostic Meta-Learning）（Finn, et al., 2017）、Reptile（Nichol, et al., 2018）、ProtoNets（Snell, et al., 2017）、Prototype Networks 等，这些算法致力于在训练中优化模型，使其能够在新任务上快速适应。元学习架构是指某些模型架构（如循环神经网络、注意力机制等）被设计用于捕捉任务间的相似性或共同特征，以提高模型在新任务上的泛化能力。基于梯度的方法即 MAML 是一种通过任务集合上的梯度来调整模型参数，使其能够快速适应少量样本的方法。

元学习在以下领域和场景中具有应用价值。

（1）小样本学习：元学习对小样本学习任务非常有用，能够在样本比较少的情况下，帮助模型学习新任务。

（2）机器人控制：在机器人领域，元学习可帮助机器人根据少量尝试快速适应新任务或新环境。

（3）超参数调整：元学习可以用于自动调整模型的超参数，以适应不同类型的数据或任务。

（4）优化问题：在优化问题中，元学习被用来快速寻找最优解。

7．迁移学习

传统机器学习（主要指监督学习）基于同分布假设，需要大量标注数据，然而实际使用过程中不同数据集可能存在一些问题，如数据分布差异及标注数据过期等。为了能够充分利用之前标注好的数据（废物利用），同时保证模型在新任务上的精度，就有了对迁移学习（Transfer Learning）的研究。迁移学习是指将从一个任务中学到的知识应用到另一个相关的任务中，特别是当目标任务的标注数据有限时，迁移学习可以改善模型在目标任务上的性能。

迁移学习中通常有两个关联的领域，一个是源领域（Source Domain），另一个是目标领域（Target Domain）。源领域是模型已经学到知识的领域，而目标领域是希望改善性能的新领域。迁移学习的核心思想是共享源领域学到的知识。这可以通过共享模型的参数、特征提取器，或者其他层面的知识表示来实现。由于源领域和目标领域可能存在分布差异，领域适应方法试图通过调整模型以适应目标领域的特点，从而提高模型的性能。

迁移学习的参数初始化是指将源领域学到的模型参数用作目标领域模型的初始参数，然后在目标领域进行微调。特征提取器共享是指将源领域的特征提取器应用于目标领域，只调整模型的输出层。这在深度学习中常用于图像处理任务。多任务学习是指同时在源领域和目标领域中学习，通过共享一些层次的特征提取器，使得模型能够更好地在新任务中应用。使用领域适应方法，如对抗训练（Adversarial Training）或领域对齐（Domain Alignment），可以减小源领域和目标领域之间的分布差异。预训练模型是指在大规模数据上对模型进行预训练，然后将学到的知识迁移到目标任务上，这在自然语言处理和计算机视觉应用中很常见。

2.3 典型的机器学习算法

2.3.1　支持向量机

支持向量机是一种监督学习算法，用于二分类和多分类问题。其基本原理是在特征空间中找到一个最优超平面，以有效地将不同类别的样本分开。支持向量机的目标是找到一个决策边界，使得两个类别的样本与该边界的间隔尽可能大。支持向量机的学习策略就是间隔最大化，可以转化为求解凸二次规划的问题，也可以转化为正则化的合页损失函数的最小化问题。支持向量机学习算法就是求解凸二次规划问题的最优化算法。

首先，支持向量机的优点在于它能有效处理高维数据，在高维空间中表现良好，适用于解决特征维度较高的问题，如文本分类和图像识别。其次，支持向量机的泛化能力也很强，通过最大化间隔，使模型更好地应用于新样本。支持向量机还具有核技巧，使用核函数可以将支持向量机应用于非线性问题，提高了模型的表达能力。但支持向量机对大型数据集和高维数据的训练计算开销较大。另外，由于支持向量机的性能好坏依赖于核函数的选择和参数的调整，所以它对参数调整敏感，这对于初学者来说可能是一个挑战。支持向量机也不适用于非平衡数据集，因为类别不平衡的情况可能会导致模型偏向样本数较多的类别。

支持向量是决定超平面位置的关键要素，其示意图如图 2-7 所示，它们是训练数据中距离超平面最近的数据点，决定了超平面的位置和方向。支持向量机的目标是找到一个能够最大化间隔并且正确分隔不同类别数据的超平面。在这个过程中，只有少数的训练数据点对于定义超平面是至关重要的，这些数据点就是支持向量。

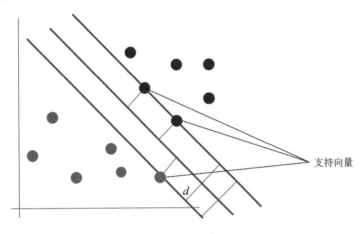

图 2-7　支持向量示意图

支持向量所具备的特性如下。

（1）它们是离超平面最近的数据点。

（2）它们决定超平面的位置和方向，移除或改变支持向量可能会影响超平面的位置。

（3）在间隔边界上或在被错分的样本边界上，它们对于定义间隔起到关键作用。

（4）它们决定了分类器对于异常值的鲁棒性。

在训练完成后，超平面的位置和方向由支持向量确定，而大部分数据样本都与最终决策边界无关。这个特性使得支持向量机在处理大量数据时非常高效，因为只有少数支持向量需要在分类过程中保留和使用。

支持向量机的最优化问题是指找到一个最优的超平面，以便最大化分类间隔。这个问题可以转化为凸优化问题，通常使用拉格朗日乘子法进行求解。这个优化问题可以通过求解拉格朗日函数的对偶问题来解决，以获得支持向量机模型的最优参数。最优化问题可以根据目标函数和约束条件的类型进行分类：

（1）如果目标函数和约束条件都为变量的线性函数，就称该最优化问题为线性规划。

（2）如果目标函数为变量的二次函数，约束条件为变量的仿射函数，就称该最优化问题为二次规划。

（3）如果目标函数或者约束条件为变量的非线性函数，就称该最优化问题为非线性规划。

2.3.2 决策树

决策树是一种基于树形结构的监督式学习算法，用于解决分类问题和回归问题。它通过对数据集进行递归分割，构建一个树形结构，每个内部节点代表一个特征/属性上的测试，每个分支代表测试结果的一个可能取值，而每个叶节点代表一个类别标签或者一个数值。在预测时，从根节点开始，根据特征的测试结果，沿着树的分支逐步向下移动，直到到达叶节点，最终确定样本的类别或数值。

决策树的构建过程一般包括以下步骤。

（1）特征选择。选择最佳的特征作为节点进行数据分割。常用的特征选择指标有信息增益、信息增益比、基尼指数等。

（2）节点分裂。根据选定的特征，将数据集划分为不同的子集。这个过程不断递归进行，直到满足停止条件，如达到最大深度、节点样本数低于阈值等。

（3）树的构建。递归建立节点和分支，直到满足停止条件。

（4）剪枝，防止过拟合。可以在构建完成后对树进行剪枝，删除部分节点或合并叶节点，以提高模型泛化能力。

常见的决策树剪枝策略如下。

（1）预剪枝（Pre-Pruning）：在树的构建过程中，在节点分裂前进行判断，如果分裂后不能提高树的泛化性能，则停止分裂，将当前节点标记为叶节点。预剪枝通常根据节点的深度、样本数量等条件来进行判断。

（2）后剪枝（Post-Pruning）：首先构建完整的决策树，然后自下而上地剪枝。具体做法是对每个非叶节点，用其子树在验证集上的性能来衡量是否剪枝。如果剪枝后性能提高或没有显著下降，就进行剪枝。这个过程一直进行，直到不能再剪枝为止。

（3）成本复杂度剪枝（Cost-Complexity Pruning）：这是后剪枝的一种形式，它引入一个代价复杂度参数，通过调整代价复杂度参数来平衡树的复杂度及其在训练数据上的拟合程度。代价复杂度（Cost Complexity）定义为误差（如基尼不纯度）与树的叶节点数量的线性组合。成本复杂度剪枝通过选择具有最小代价复杂度的子树来进行剪枝。

（4）最小叶节点样本数（Min Samples Leaf）：限制叶节点上的最小样本数量，如果一个叶节点上的样本数量小于设定的阈值，就剪枝。这有助于防止对小样本过度拟合。

（5）最大深度（Max Depth）：限制树的最大深度，防止树生长得过于复杂。如果树的深度达到设定的最大深度，则进行剪枝。

图2-8所示为生成决策树的基本流程图，首先在开始位置，将所有数据划分到一个节点，即根节点。然后进行两个判断步骤，菱形框内为判断条件：若数据为空集，返回 Null；如果该节点是中间节点，将该节点标记为训练数据中类别最多的类，若样本都属于同一类，则跳出循环，节点标记为该类别；如果经过所有判断条件后没有跳出循环，则考虑对该节点进行划分。经历以上步骤后，生成新的节点，然后循环判断条件，不断生成新的分支节点，直到所有节点都跳出循环，这样便会生成一棵决策树。

决策树的优点包括易于理解和解释，能够处理数值型和类别型数据，对缺失值不敏感等。然而，决策树也存在一些缺点，如容易过拟合、对数据中的噪声敏感、不稳定等。为了改正决策树的缺点，还有许多变体和改进的算法，如随机森林、梯度提升树等，它们通过多个决策树的集成来提高预测性能和鲁棒性。

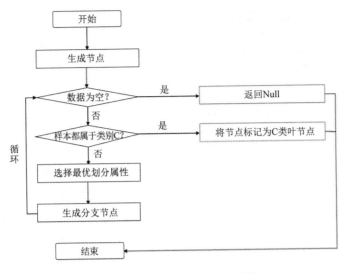

图 2-8　生成决策树的基本流程图

2.3.3　人工神经网络

人工神经网络（Artificial Neural Networks，ANN）受到生物神经系统结构的启发，是一种机器学习算法。它由大量人工神经元组成，这些神经元相互连接，形成层次结构，并能够学习数据之间的复杂关系。其中，神经元模型是指人工神经元模拟生物神经元的工作原理，每个神经元接收多个输入，并将这些输入加权求和，经过激活函数处理后输出。人工神经网络模型主要包含三层，即输入层、隐藏层和输出层（见图 2-9），输入层接收原始数据，隐藏层用于学习数据的特征表示，输出层产生最终的预测或分类结果。前向传播是指从输入层到输出层的信息传递过程，用于生成预测结果。而反向传播是指通过计算预测误差来调整网络中的权重，以便逐步优化网络模型。

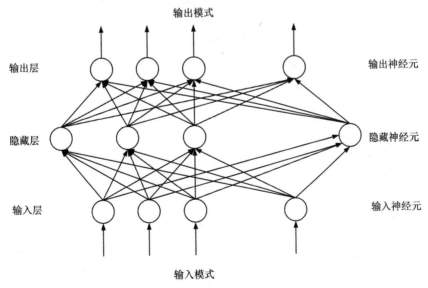

图 2-9　典型的人工神经网络模型结构

2.4 典型的深度学习算法

2.4.1　现代卷积神经网络

卷积神经网络是由纽约大学的 Yann LeCun 教授等在 1989 年提出的，它是一种比较善于处理高维网格数据的人工神经网络。卷积神经网络的前几层通常包含多个卷积层和池化层的任意组合，然后是一个或多个全连接层，如标准的多层神经网络。卷积神经网络的体系结构被设计为利用输入图像（或其他 2D 输入，如语音信号）的 2D 结构。卷积神经网络在图像数据处理领域十分受科研人员的青睐，并且多数科研人员利用卷积神经网络取得了非常不错的成绩。尤其在 2012 年的 ILSVRC（大规模图像识别挑战）竞赛中，Alex Krizhevsky 等人（2012）基于卷积神经网络设计的模型在比赛中以压倒性的优势取得了冠军，该模型的成功在一定程度上说明了卷积神经网络在图像识别与分类等领域中的巨大优势。

对于普通的神经网络，接收的输入是一个个单独的输入向量，需要通过一系列的隐藏层对其进行相应的转换。一般的神经网络虽然层与层之间是全连接的，但每层网络内部的神经元之间是不共享连接的，各个神经元相互独立工作。这种结构的神经网络不能很好地扩展成完整的图像。因为即便是处理 CIFAR-10 数据集中的小图像，每张图像都是 32×32×3（宽 32 像素，高 32 像素，RGB3 色通道）的，对于这种结构的普通神经网络，第一个隐藏层的神经元就有 32×32×3=3072 个，而权值参数也有 3072 个。如果是图 2-10 所示的 1000×1000×3 的图像或更大的图像的话，权重参数会更多，这样整个模型的计算将是海量的。模型计算将需要更多的数据和更多的迭代次数，导致参数过多、收敛速度过慢等问题。

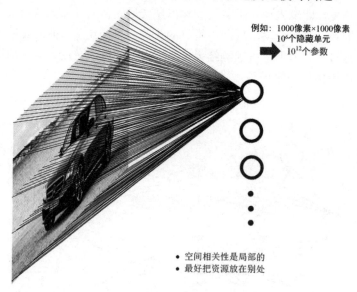

例如：1000像素×1000像素
10^6个隐藏单元
10^{12}个参数

● 空间相关性是局部的
● 最好把资源放在别处

图 2-10　用全连接的神经网络处理图像导致参数爆炸

从图像的语义上来理解存在同样的问题。全连接的神经网络内部结构同等对待每一个像素，即便两个像素的位置相隔很远也会被同等对待，这样并没有考虑图像内容的空间结构。从人类看图像的角度来说，人类看的并不是一个个像素，而是连续的线条、相同或不同的色块及具有某些特征的图块。如果直接用全连接的网络结构去处理图像的话，相当于让计算机从零开始学习，这个过程会十分漫长，并且结果是未知的。在这种情况下，卷积神经网络的提出是必然的，所有结构的卷积神经网络中最少包含一个的卷积层，所以卷积层才是该网络模型的核心，它充分利用了图像相邻像素或区域间的信息，通过稀疏矩阵和参数共享的方式最大程度地减小了参数矩阵的规模。

　　每年的 ILSVRC 大赛上都会出现经典卷积神经网络模型的身影，并且这些模型的识别精确率也一再地被刷新。其中最有代表性的模型有 AlexNet（Krizhevsky, et al., 2012）、GoogleNet（Szegedy, et al., 2015）和 VGGNet（Simonyan, et al., 2014）等。

　　AlexNet 是由 Geoffrey Hinton 教授的学生 Alex Krizhevsky 提出并实现的，因此该模型以 Alex 的名字命名，AlexNet 出现之前神经网络和深度学习一直处在瓶颈期，AlexNet 以压倒性的优势战胜了所有的对手，所以 AlexNet 是一个具有突破性意义的模型。AlexNet 的网络结构由 8 层网络组成，其中前 5 层是卷积层，卷积层负责特征的提取，后 3 层是全连接层，全连接层用于图像的分类（见图 2-11）。

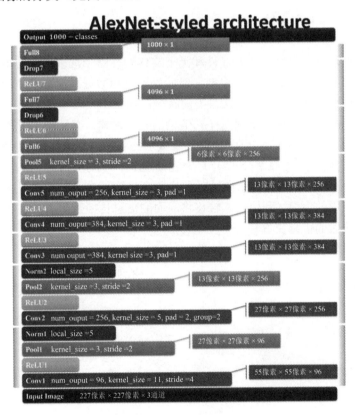

图 2-11　AlexNet 的网络结构

　　GoogleNet 和 VGGNet（见图 2-12）是 2014 年 ILSVRC 竞赛中大放异彩的两个模型。两个模型都属于层次结构相对比较深的卷积神经网络，其中，VGGNet 网络结构是由牛津大学的视觉几何组（Visual Geometry Group）设计实现的，VGGNet 是以 AlexNet 为基础建立的一个层次更多的网络结构。与 GoogleNet 的区别是，VGGNet 的每个卷积层不只执行一次卷积操作，而是执行 2～4 次卷积操作。GoogleNet 从名字就可以看出是出自 Google 之手，GoogleNet 与 VGGNet 可谓平分秋色，GoogleNet 是图像分类组的冠军，其优势在于其内存和计算资源的消耗较少，因为 GoogleNet 的参数比其他模型少很多。

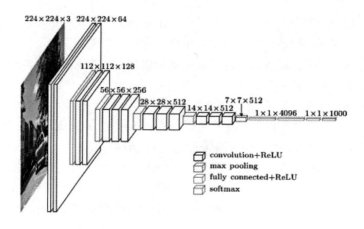

图 2-12　VGGNet 的网络结构

2.4.2　现代循环神经网络

在自然语言处理领域，信息的时序性和上下文依赖性对于准确理解文本内容至关重要。循环神经网络是一类重要的深度学习模型，能够处理序列数据并捕捉其中的时序依赖关系。循环神经网络通过循环连接的方式，使得当前时刻的输出不仅取决于当前时刻的输入，还取决于前一时刻的隐藏状态，从而实现对序列信息的有效建模，其结构示意图如图 2-13 所示。图中通过输入的词向量 x 与权重矩阵 U 得到隐藏层的状态向量 h，再利用状态向量 h 与权重矩阵 W 计算得到输出层的概率分布 o，V 为隐藏层上一时间步到下一时间步的状态转移矩阵。具体而言，循环神经网络按照单向的时间步顺序将输入文本中的单词进行编码，通过状态向量存储前面有用的信息，利用状态转移将前面的信息传播到后面，使得模型具备了记忆能力，可以根据前面的信息更好地理解文本。

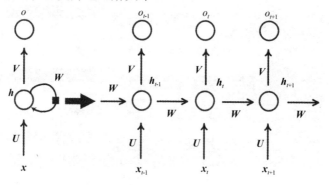

图 2-13　循环神经网络的结构示意图

传统的循环神经网络在处理长序列时容易遇到梯度消失或梯度爆炸的问题，导致无法捕捉长距离依赖关系。为解决这个问题，长短时记忆网络（Long Short-Term Memory，LSTM）被提出。LSTM 通过引入门控机制和记忆单元，能够更好地捕捉长距离依赖关系，并在处理长序列时保持稳定的性能，通过对文本信息的学习，可以保留重要信息，丢弃不重要的信息，也在一定程度上改善了梯度消失和梯度爆炸的问题。

LSTM 与循环神经网络控制数据流的方式类似，在处理数据过程中都采用前向传播方式，区别在于状态向量计算部分。相比于循环神经网络，LSTM 利用门控机制来控制当前存储中上一时间步状态记忆的多少。LSTM 单元结构图如图 2-14 所示，其中 c_t 状态相当于传输相关信息的状态向量，门控机制为激活函数 Sigmoid 的神经网络层，门的输出值在 0～1，通过门的取值向量和目标数据按位相乘达到控制数据流通的效果。LSTM 单元中有三种调节信息流的门控结构，分别为遗忘门、输入门和输出门。

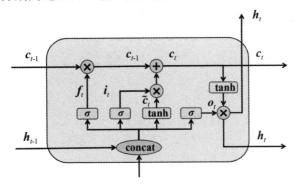

图 2-14　LSTM 单元结构图

遗忘门决定从上一个时间点的 c_{t-1} 状态中丢弃哪些信息。对于上一个时间点的隐藏状态 h_{t-1} 和当前的输入信息 x，由 Sigmoid 激活函数的输出结果决定忘记多少上一个 cell 状态的信息，Sigmoid 输出值越接近 0，表示忘记的上一个 cell 状态的信息越多。

2.4.3　大语言模型

大语言模型（Large Language Model，LLM）是一种具有大量参数和复杂结构的深度学习模型，它能够根据上下文生成自然语言文本，或者对给定的文本进行理解、分析、回答等（Zhao, et al., 2023），图 2-15 所示为 2019—2023 年大语言模型的发展时间轴。但大语言模型并不是一个新概念，如 OpenAI 公司推出的 GPT 系列模型，能根据用户提出的问题，生成准确、详细的答案，可应用于情感分析、代码生成、机器翻译等一系列复杂场景（Radford, et al., 2018）。

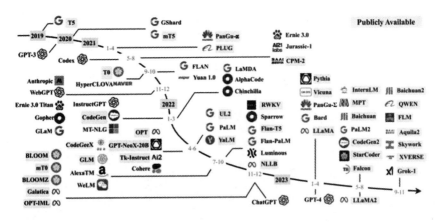

图 2-15　2019—2023 年大语言模型的发展时间轴

大语言模型通常具有以下几种特性（Zhao, et al., 2023；舒文韬，等，2024）。

（1）通常采用深层的 Transformer 结构，这种结构能够有效地捕捉长距离的依赖关系和上下文信息。

（2）需要大量的训练数据，通常是从互联网上收集的各种类型、不同领域和语言的数据，如新闻、社交媒体、百科全书、小说、对话等。这些数据可以覆盖人类知识和经验的各个方面，使得大语言模型具有很强的通用性和适应性。

（3）使用预训练和微调的策略，即先在大规模的无标注数据上进行无监督的预训练，学习文本的统计规律和语义表示，然后在特定的有标注数据上进行有监督的微调，以适应不同的下游任务，如文本生成、文本分类、问答、机器翻译等。

（4）具有强大的生成能力，可以根据给定的上下文或者提示，生成连贯、流畅、有意义的文本。这些文本可以具有任何形式和风格，如故事、诗歌、歌词、代码、广告等。大语言模型还可以根据用户的反馈或者目标进行动态调整和优化。

大语言模型是人工智能发展的一个重要方向和前沿领域，不仅可以提高自然语言处理的效率、效果和价值，拓展自然语言处理的应用范围，还可以与其他领域和技术相结合，如计算机视觉、知识图谱、强化学习等，完成更高层次和更复杂的智能任务。这一新技术浪潮有望带来基于大语言模型的繁荣的应用程序生态系统，如自动化办公系统和多模态对话系统。

2.5 Python 算法的实现

2.5.1　基于支持向量机的地质命名实体识别

基于支持向量机的地质命名实体识别是指利用支持向量机算法，从文本中识别和提取与地质领域相关的特定实体（如地层、岩石、矿物等）。

支持向量机是一种监督学习算法，用于分类和回归分析。在分类任务中，支持向量机的目标是找到一个最优的超平面，将数据点划分为不同的类别，使得不同类别之间的间隔最大化。在地质命名实体识别中，支持向量机可以学习如何将文本中的地质实体与其他文本内容分开。先收集和准备包含地质领域文本的数据集，可以是地质文献、报告、论文等。之后对文本进行预处理，包括分词、去除停用词、词干化等操作。为了将文本数据转换为机器学习算法可以处理的格式，需要进行特征提取。在地质命名实体识别中，特征包括词袋模型（Bag of Words Model）、词嵌入（Word Embeddings）、词性标注等，用来捕捉文本中地质实体的关键信息。将数据集划分为训练集和测试集，并使用 TF-IDF（Term Frequency-Inverse Document Frequency）技术来进行特征提取。具体代码如下：

```
#train_test_split 函数将数据集分割为训练集和测试集
train_data, test_data, train_labels, test_labels = train_test_split(df['Text'], df['Label'], test_size=0.2, random_state=42)
#创建 tfidf-vectorizer 对象，用于将文本数据转换为 TF-IDF 特征向量
tfidf_vectorizer = TfidfVectorizer()
#使用训练集的文本数据进行拟合和转换操作，生成训练集的 TF-IDF 特征向量表示
X_train = tfidf_vectorizer.fit_transform(train_data)
#使用训练好的 tfidf_vectorizer 对象对测试集的文本数据进行转换操作，生成测试集的 TF-IDF 特征向量表示
X_test = tfidf_vectorizer.transform(test_data)
```

首先，对准备好的数据集进行人工标注，标注每个词语是否属于地质实体，数据集的部分展示如图 2-16 所示，该数据集是通过一个包含两个字段的字典来表示的，两个字段如下。

（1）Text 字段：包含地质文本的字段，其中每个文本表示一个句子或短语。例如："地层学研究是地质学的重要分支之一。""该区域发现了富含金矿的地质构造。""岩石的组成对于地质过程具有重要意义。"等。

（2）Label 字段：包含相应文本的标签，用于表示文本是否包含地质实体。在图 2-16 所示的内容中，1 表示地质实体，0 表示非地质实体。

```
data = {'Text': ['地层学研究是地质学的重要分支之一。',
                 '该区域发现了富含金矿的地质构造。',
                 '岩石的组成对于地质过程具有重要意义。'],
        'Label': [1,1,0]}
```

图 2-16　数据集的部分展示

其次，使用标注好的数据集训练支持向量机模型。支持向量机在文本分类问题中通常采用线性核函数或更复杂的核函数，在本例中使用线性核函数，以在高维空间中找到最优的超平面来区分地质实体和非地质实体，具体代码如下：

```
svm_model = SVC(kernel='linear')        #使用线性核函数
svm_model.fit(X_train, train_labels)    #使用训练集的特征向量 X_train 和对应的训练标签 train_labels
来训练支持向量机模型
```

再次，通过使用独立的测试集来评估训练好的模型的性能，输出分类报告，具体代码如下。常见的评估指标包括精确率（Precision）、召回率（Recall）、F1 指数等。之后根据评估结果对模型进行调优，可能涉及调整超参数、尝试不同的特征提取方法或模型结构等。另外，使用训练好的模型对新的文本进行地质命名实体的识别，可以将该模型集成到其他地质信息处理系统中，以提高自动化程度。

```
#使用训练好的支持向量机模型 svm_model 对测试集的特征向量 X_test 进行预测
predictions = svm_model.predict(X_test)
```

最后，主要使用 classification_report 函数来生成分类报告。分类报告提供了模型在测试集上的精确率、召回率、F1 指数等指标，用于评估模型性能。输出的分类报告如图 2-17 所示，其中精确率是预测为正类别的样本中，实际为正类别的比例，对于标签 0 和 1，分别为 1.00 和 0.67。召回率是实际为正类别的样本中，被正确预测为正类别的比例，对于标签 0 和 1，分别为 0.00 和 1.00。F1 指数指精确率和召回率的调和平均数，对于标签 0 和 1，分别为 0.00 和 0.80。Support 是测试集中每个类别的样本数量。准确度（Accuracy）为正确预测的样本占总样本的比例，对于整个测试集，为 0.67。

	精确率	召回率	F1指数	每个类别的样本数量
0	1.00	0.00	0.00	1
1	0.67	1.00	0.80	2
准确度			0.67	3
宏平均值	0.83	0.50	0.40	3
加权平均值	0.78	0.67	0.53	3

图 2-17　分类报告

输出结果是模型对每个输入文本中的词语进行标签预测的结果。每个预测的标签对应一个词语，表示模型认为该词语属于哪个类别。这个分类报告表明模型在测试集上的表现并不理想。对于标签 0，模型的召回率和 F1 指数都为 0.00，这意味着模型未能正确预测任何标签为 0 的样本。对于标签 1，模型的表现略好，但仍有改进空间，特别是在召回率方面。总的来说，模型需要改进才能更好地识别地质命名实体。

2.5.2　基于决策树的地质命名实体识别

决策树是一种机器学习算法，通常用于分类和回归问题。在自然语言处理领域，决策树可以用于诸如命名实体识别、情感分析等任务。决策树基于特征对数据进行分割，并根据分割后的数据进行决策。对于地质命名实体识别，特征包括词汇信息、上下文关系等。地质命名实体识别的发展通常是在自然语言处理和信息提取等领域发展的背景下进行的。研究者不断提出新的模型和方法，以改进对地质领域文本中命名实体的识别效果。决策树作为一个经典的机器学习算法，在自然语言处理任务中得到了广泛的应用。

想要实现基于决策树的地质命名实体识别，需要先收集与地质领域相关的文本数据并进行标注，以标明文本中的地质命名实体。标注数据通常包括实体的起始位置和实体类型。本例中使用的部分数据集如图 2-18 所示。

```
{‘text’：‘沉积岩是地质学中的一个重要概念。’，‘label’：‘地质学’}，
{‘text’：‘在该区域，我们发现了一座新的火山口。’，‘label’：‘火山’}，
```

图 2-18　部分数据集

然后从文本数据中提取与地质命名实体相关的特征。这些特征包括词汇特征（如词性、词根）、上下文信息（如上下文的词语、句子结构等）、语法特征等。本例使用了最简单的特征——将文本划分成单词，并将每个单词作为特征。随后对标注的数据进行预处理，包括去除噪声、处理缺失数据、进行分词等操作，以保证输入数据的质量。本例中提取数据集的特征和标签，用 DictVectorizer 将特征转换成可用于训练的格式，并将数据划分为训练集和测试集，具体代码如下：

```
#将文本数据中的每个单词转换为小写，并以字典的形式存储在列表 X 中
X = [{'word': word.lower()} for sent in data for word in sent['text'].split()]
y = [sent['label'] for sent in data]
vec = DictVectorizer()
#将列表 X 中的字典特征转换为稀疏矩阵表示
X = vec.fit_transform(X)
X_train, X_test, y_train, y_test = train_test_split(X, y, test_size=0.2, random_state=42)
```

接下来使用已标注的数据训练决策树模型。决策树具有树形结构，每个节点代表一个特征，每个分支代表一个决策，最终的叶节点表示一个类别（地质命名实体的类型）。使用测试集评估模型的性能，可以使用各种指标，如精确率、召回率、F1 指数等。根据评估结果对模型进行调优，可能需要调整特征的选择、树的深度等，具体代码如下：

```
#创建一个决策树分类器对象 clf
clf = DecisionTreeClassifier()
#训练决策树分类器
```

```
clf.fit(X_train, y_train)
#对特征矩阵 X_test 进行预测
y_pred = clf.predict(X_test)
```

上述例子的输出结果是模型在测试集上对地质命名实体的预测标签，每个元素表示相应文本的预测结果，是地质学领域的一个命名实体类别，这些类别是模型根据训练数据学到的地质学术语或命名实体的标签。例如，假设输出结果是['地质学','火山','地质学',...]，这表示模型认为第一个文本中的命名实体属于"地质学"类别，第二个文本中的命名实体属于"火山"类别，第三个文本中的命名实体属于"地质学"类别，以此类推。这些预测结果可以用于评估模型的性能，如计算精确率、召回率、F1 指数等指标。

2.5.3　基于人工神经网络的地质命名实体识别

在自然语言处理的早期阶段，人工神经网络的应用主要集中在传统的文本分类和语言模型任务上。基于神经网络的方法在文本处理中取得了一些成功，但地质领域的特殊性和专业性使得命名实体识别面临一些挑战。随着自然语言处理技术的进步，研究者开始尝试将人工神经网络应用于特定领域，包括地质学，使用预训练的语言模型（如 Word2Vec、GloVe、BERT等）来捕捉地质文本中的语义信息。地质命名实体识别的发展离不开大量的地质领域标注数据集的构建，研究者开始逐渐创建适用于地质命名实体识别任务的数据集，这些数据集包含了地质文本及相应的命名实体标注。

想要实现基于人工神经网络的地质命名实体识别，首先，需要收集并整理地质学相关的文本数据，包括研究论文、地质学书籍、报告等，对文本数据进行分词、去停用词、标点符号处理等预处理操作，并对预处理后的文本中包含的地质命名实体进行标注，形成训练集和测试集，标注的部分数据集如图 2-19 所示。

1. 文本："奥陶纪是地质年代的一个重要时期，标志着古生代的开始。"
   标注：["B-时期", "O", "O", "O", "O", "O", "O", "B-时期", "O", "O", "O"]

2. 文本："该地区的岩石主要由页岩和石灰岩组成，属于寒武纪地层。"
   标注：["O", "O", "O", "B-岩石", "I-岩石", "O", "O", "B-地层", "O"]

3. 文本："研究表明，这个地区的沉积物中含有丰富的三叶虫化石。"
   标注：["O", "O", "O", "O", "O", "O", "O", "B-沉积物", "O", "O", "O", "B-化石", "O"]

4. 文本："地震活动可能影响地层的稳定性。"
   标注：["O", "O", "O", "O", "B-地震", "O", "B-地层", "O"]

图 2-19　标注的部分数据集

其次，构建词汇表，将所有文本数据中的词语组成词汇表，并为每个词语分配一个唯一的索引。这有助于将文本转换为模型可接受的输入格式。这里假设只有地层和化石两类实体，具体代码如下：

```
all_words = [word for sentence, _ in training_data for word in sentence.split()]
vocab = list(set(all_words))
word_to_index = {word: idx for idx, word in enumerate(vocab)}
tag_to_index = {"O": 0, "B-地层": 1, "I-地层": 2, "B-化石": 3, "I-化石": 4}
```

再次，设计一个适用于地质命名实体识别的神经网络模型。常见的模型包括循环神经网络、LSTM、门控循环单元（GRU）或者更先进的模型，如 Transformer。本例中自定义一个简单的神经网络模型，并初始化模型、损失函数和优化器，具体代码如下：

```
class NERModel(nn.Module):
    def __init__(self, vocab_size, embedding_dim, hidden_dim, output_size):
        super(NERModel, self).__init__()
        self.embedding = nn.Embedding(vocab_size, embedding_dim)
        self.lstm = nn.LSTM(embedding_dim, hidden_dim)
        self.hidden2tag = nn.Linear(hidden_dim, output_size)

    def forward(self, sentence):
        embeds = self.embedding(sentence)
        lstm_out, _ = self.lstm(embeds.view(len(sentence), 1, -1))
        tag_space = self.hidden2tag(lstm_out.view(len(sentence), -1))
        tag_scores = torch.log_softmax(tag_space, dim=1)
        return tag_scores

model = NERModel(len(vocab), EMBEDDING_DIM, HIDDEN_DIM, len(tag_to_index))
loss_function = nn.NLLLoss()
optimizer = optim.SGD(model.parameters(), lr=0.1)
```

然后，使用标注好的训练集对神经网络模型进行训练。在训练过程中，模型会从输入文本中提取地质命名实体的特征。此过程包括清空梯度、构造输入数据集、前向传播、计算损失，以及反向传播和优化，具体代码如下：

```
for epoch in range(EPOCHS):
    for sentence, tags in training_data:
        model.zero_grad()
        sentence_in = torch.tensor([word_to_index[word] for word in sentence.split()], dtype=torch.long)
        targets = torch.tensor([tag_to_index[tag] for tag in tags], dtype=torch.long)
        tag_scores = model(sentence_in)
        loss = loss_function(tag_scores, targets)
        loss.backward()
        optimizer.step()
```

最后，利用测试集对训练好的模型进行评估，计算模型的精确率、召回率、F1 指数等指标，以确保模型在新数据上的泛化能力，其输出的部分结果如图 2-20 所示。"奥陶纪"被预测为"B-时期"，表示这是一个时期的开头；"是"被预测为"O"，表示在上下文中没有特定的标签；"地质年代"也被预测为"O"。以此类推，模型对输入的每个词语进行了标注的预测。

输入句子：奥陶纪是地质年代的一个重要时期, 标志着古生代的开始。
预测的标注：['B-时期','O','O','O','O','O','B-时期','O','O','O']

图 2-20　输出的部分结果

2.5.4　基于现代卷积神经网络的地质命名实体识别

现代卷积神经网络是一种适合处理网络结构数据的神经网络，如图像、视频和音频等数据。现代卷积神经网络通过层层堆叠的卷积和池化操作，逐步提取数据的特征并实现对数据的高效表示和分类。现代卷积神经网络的核心思想源自生物视觉系统，具有视觉感知的局部性、权重共享和分层抽象等特点。

基于现代卷积神经网络的地质命名实体识别方法相对于传统的基于规则的方法而言，具有更强的自动化和泛化能力。传统的方法往往需要人工定义大量的规则，并且难以覆盖所有的情况，容易受到语言变化和不确定性的影响。而现代卷积神经网络能够自动学习数据的特征表示，无须手动设计复杂的规则，可以有效地处理复杂的地质命名实体。

1．IDCNN+CRF 模型

IDCNN（Yu, et al., 2020）是指递归神经网络（Iterated Dilated Convolutional Neural Network），它是一种基于现代卷积神经网络的网络结构，用于处理序列数据，如文本、时间序列等。它通过堆叠多个卷积层实现特征提取，并通过增加空洞卷积（Dilated Convolution）操作来扩大感受野，捕捉更广泛的上下文信息。条件随机场（Conditional Random Field，CRF），作为一种概率图模型，常用于序列标注任务。CRF 可以为输入序列中相邻标签之间的依赖关系建模，并在给定输入序列的条件下，对输出序列进行联合概率建模。

IDCNN+CRF 模型是一种用于序列标注任务的深度学习模型，能够解决地质命名实体识别等问题。该模型首先利用嵌入层将输入的词索引转换为词向量表示，其次通过一系列的卷积层进行特征提取。这些卷积层旨在补充文本数据中的局部特征，包括两个常规的一维卷积层和一个空洞卷积层。通过这些卷积层，模型能够有效地从文本中提取重要的特征信息，并逐步扩大感受野，以捕获更广泛的上下文信息。

再次，该模型通过引入 Dropout 层来减少过拟合的可能性，然后经过全连接层输出特征映射。最后，为了处理序列标注任务中的依赖关系，该模型采用了 CRF 层。CRF 层结合了上下文信息，能够更好地对序列标注任务进行建模，同时提高模型性能。IDCNN+CRF 模型架构如图 2-21 所示。

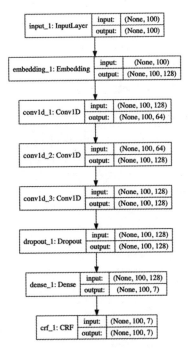

图 2-21　IDCNN+CRF 模型架构

2．IDCNN+CRF 模型实现代码

```python
class IDCNNCRF(object):
    def __init__(self,
                 vocab_size: int,              #词的数量（词表的大小）
                 n_class: int,                 #分类的类别（本代码样本中包括 7 个小类别）
                 max_len: int = 100,           #句子的最大长度
                 embedding_dim: int = 128,     #词向量编码长度
                 drop_rate: float = 0.5,       #dropout 比例
                 ):
        self.vocab_size = vocab_size
        self.n_class = n_class
        self.max_len = max_len
        self.embedding_dim = embedding_dim
        self.drop_rate = drop_rate
        pass

    def creat_model(self):
        """
        网络结构概述：
            采用了嵌入层（Embedding）
            直接进行两次常规一维卷积操作
            接上一次空洞卷积操作
            连接全连接层
            最后连接 CRF 层

        kernel_size：2、3、4

        卷积神经网络特征层数: 64、128、128
        """

        inputs = Input(shape=(self.max_len,))
        x = Embedding(input_dim=self.vocab_size,output_dim=self.embedding_dim)(inputs)
        x = Conv1D(filters=64,kernel_size=3,activation='relu',padding='same',dilation_rate=1)(x)
        x = Conv1D(filters=128,kernel_size=3,activation='relu',padding='same',dilation_rate=1)(x)
        x = Conv1D(filters=128, kernel_size=3, activation='relu', padding='same', dilation_rate=2)(x)
        x = Dropout(self.drop_rate)(x)
        x = Dense(self.n_class)(x)
        self.crf = CRF(self.n_class, sparse_target=False)
        x = self.crf(x)
        self.model = Model(inputs=inputs, outputs=x)
        self.model.summary()
        self.compile()
        return self.model

    def compile(self):
        self.model.compile('adam', loss=self.crf.loss_function, metrics=[self.crf.accuracy])
```

3．IDCNN+CRF2.0 模型

IDCNN+CRF2.0 模型在 IDCNN+CRF 模型的基础上进行了改进和优化，以提升模型的性能和效果。首先，该模型对卷积神经网络部分进行了调整，采用了更多层和更大尺寸的卷积核来提取特征，如在第一个卷积层中使用了 256 个特征层（IDCNN+CRF 为 64 个特征层）。这样能够提高网络的特征表征能力，以及模型对输入序列的抽象能力和表征能力。另外，该模型引入了更深层的网络结构和更复杂的全连接层，通过增加层数和节点数，使得模型能够更好地学习输入序列的特征表示，同时提高对复杂序列的建模能力。IDCNN+CRF2.0 模型架构如图 2-22 所示。

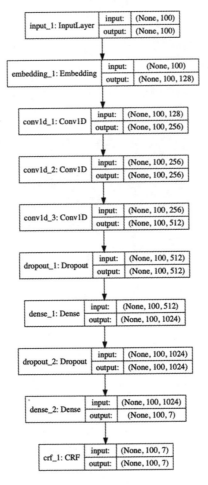

图 2-22　IDCNN+CRF2.0 模型架构

4．IDCNN+CRF2.0 模型实现代码

```
class IDCNNCRF2():
    def __init__(self,
                 vocab_size: int,          #词的数量（词表的大小）
                 n_class: int,             #分类的类别（本代码样本中包括 7 个小类别）
                 max_len: int = 100,       #句子的最大长度
                 embedding_dim: int = 128, #词向量编码长度
                 drop_rate: float = 0.5,   #dropout 比例
```

```
                    ):
            self.vocab_size = vocab_size
            self.n_class = n_class
            self.max_len = max_len
            self.embedding_dim = embedding_dim
            self.drop_rate = drop_rate

        def creat_model(self):
            """
            网络结构概述：
                采用了嵌入层（Embedding）
                直接进行两次常规一维卷积操作
                接上一次空洞卷积操作
                连接 2 个全连接层
                最后连接 CRF 层
            kernel_size：2、3、4
            卷积神经网络特征层数：256、256、512
            """
            inputs = Input(shape=(self.max_len,))
            x = Embedding(input_dim=self.vocab_size,output_dim=self.embedding_dim)(inputs)
            x = Conv1D(filters=256,kernel_size=2,activation='relu',padding='same',dilation_rate=1)(x)
            x = Conv1D(filters=256,kernel_size=3,activation='relu',padding='same',dilation_rate=1)(x)
            x = Conv1D(filters=512,kernel_size=4,activation='relu',padding='same',dilation_rate=2)(x)
            x = Dropout(self.drop_rate)(x)
            x = Dense(1024)(x)
            x = Dropout(self.drop_rate)(x)
            x = Dense(self.n_class)(x)
            self.crf = CRF(self.n_class, sparse_target=False)
            x = self.crf(x)
            self.model = Model(inputs=inputs, outputs=x)
            self.model.summary()
            self.compile()
            return self.model

        def compile(self):
            self.model.compile('adam', loss=self.crf.loss_function, metrics=[self.crf.accuracy])
```

2.5.5　基于现代循环神经网络的地质命名实体识别

循环神经网络的优点之一是能够有效地捕捉文本数据中的长期依赖关系，从而更好地理解上下文信息。在地质命名实体识别中，往往需要考虑地质实体之间的关联及其在文本中出现的顺序，这正是循环神经网络的优势所在。另外，与传统方法相比，循环神经网络不需要手动设计特征或规则，而是通过端到端的学习方式，直接从原始数据中学习特征表示，这大大提高了模型的适应性和泛化能力。

与传统方法相比，基于循环神经网络的地质命名实体识别具有更好的上下文理解能力和泛化能力。传统方法往往需要人工定义大量规则，并且难以涵盖所有情况，而循环神经网络能够自动学习文本数据中的特征表示，无须手动设计复杂规则。此外，循环神经网络能够更好地处理地质文本数据中的长期依赖关系，从而提高了实体识别的准确性。

1. BiLSTM+Attention+CRF 模型

BiLSTM+Attention+CRF 模型定义了一个名为 BiLSTMAttentionCRF 的类，用于构建一个序列标注模型，该模型包括 BiLSTM、Self Attention 和 CRF 等组件。

自定义一个自注意力层，该层实现了自注意力机制。在__init__方法中，定义了输出维度 output_dim。在 build 方法中，通过 add_weight 方法创建了三个权重矩阵，分别对应 Query、Key 和 Value。在 call 方法中，利用这三个权重矩阵计算 Self Attention 的输出，并使用 Softmax 函数进行归一化。之后，根据计算得到的注意力权重对 Value 进行加权求和，得到最终的注意力输出。

定义 BiLSTMAttentionCRF 类，用于创建模型。在 creat_model 方法中，首先定义了输入层，通过嵌入层将输入数据嵌入，通过双向 LSTM 层对序列数据进行编码；其次将 LSTM 层的输出输入自定义的自注意力层中，以获取序列中每个位置的注意力权重；然后使用 Dropout 层进行正则化，通过全连接层将输出维度转换为预测标签的数量，并将输出输入 CRF 层进行序列标注；最后，使用 Model 类将输入和输出封装成模型。

在 __main__ 部分，首先通过 DataProcess 类获取训练数据和测试数据；其次将 BiLSTMAttentionCRF 类实例化，并调用 creat_model 方法创建模型；接着使用 plot_model 函数将模型结构保存为图片；最后调用 fit 方法训练模型。BiLSTM+Attention+CRF 模型架构如图 2-23 所示。

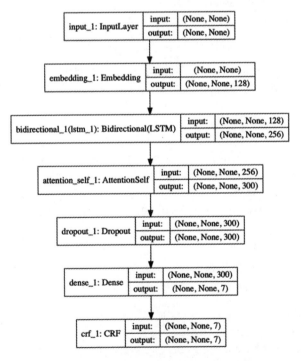

图 2-23　BiLSTM+Attention+CRF 模型架构

2. BiLSTM+Attention+CRF 模型实现代码

```
class AttentionSelf(Layer):
```

```
        def __init__(self, output_dim, **kwargs):
            self.output_dim = output_dim #表示输出维度
            super().__init__(**kwargs)

        def build(self, input_shape):
            # Q、K 和 V
            self.kernel = self.add_weight(name='QKV', #用于构建自注意力层，其中定义了三个权重矩阵
Q、K 和 V
                                          shape=(3, input_shape[2], self.output_dim),
                                          initializer='uniform',
                                          regularizer=L1L2(0.0000032),
                                          trainable=True)
            super().build(input_shape)

        def call(self, x):
            WQ = K.dot(x, self.kernel[0])
            WK = K.dot(x, self.kernel[1])
            WV = K.dot(x, self.kernel[2])
            print("WQ.shape",WQ.shape)
            print("K.permute_dimensions(WK, [0, 2, 1]).shape",K.permute_dimensions(WK, [0, 2, 1]).shape)
            QK = K.batch_dot(WQ,K.permute_dimensions(WK, [0, 2, 1]))
            QK = QK / (64**0.5)
            QK = K.softmax(QK)
            print("QK.shape",QK.shape)
            V = K.batch_dot(QK,WV)
            return V

        def compute_output_shape(self, input_shape): #计算输出张量的形状
            return (input_shape[0],input_shape[1],self.output_dim)


class BiLSTMAttentionCRF(object):
    def __init__(self,vocab_size: int,n_class: int,embedding_dim: int = 128,
                     rnn_units: int = 128,drop_rate: float = 0.5,):
        self.vocab_size = vocab_size
        self.n_class = n_class
        self.embedding_dim = embedding_dim
        self.rnn_units = rnn_units
        self.drop_rate = drop_rate
        pass

    def creat_model(self):
        inputs = Input(shape=(None,))
        x = Embedding(input_dim=self.vocab_size, output_dim=self.embedding_dim)(inputs)
        x = Bidirectional(LSTM(units=self.rnn_units, return_sequences=True))(x)
        x = AttentionSelf(300)(x) #获取序列中每个位置的注意力权重
        x = Dropout(self.drop_rate)(x)
        x = Dense(self.n_class)(x)
```

```
            self.crf = CRF(self.n_class, sparse_target=False)
            x = self.crf(x)
            self.model = Model(inputs=inputs, outputs=x)
            self.model.summary()
            self.compile()
            return self.model

    def compile(self):
            self.model.compile('adam', loss=self.crf.loss_function, metrics=[self.crf.accuracy])
```

2.5.6　基于迁移学习的地质命名实体识别

迁移学习是一种利用已有知识来解决新问题的机器学习方法，其核心思想是通过将已学习的模型或知识迁移到目标任务上，加速学习过程并提高模型性能。在地质命名实体识别中，迁移学习可以将在其他领域训练好的模型或知识应用到地质领域，从而减少对训练数据的需求、提高模型的泛化能力，并加快模型的收敛速度。

迁移学习的优点之一是能够利用源领域的大量数据和模型来提升目标领域的性能。在地质命名实体识别中，地质领域的数据往往比较稀缺，而其他领域如自然语言处理、生物信息学等则可能有着丰富的数据资源和成熟的模型。通过迁移学习，可以将这些已有的知识和模型迁移到地质领域，从而有效地利用已有资源，提高地质命名实体识别的性能。

与传统方法相比，基于迁移学习的地质命名实体识别具有以下优势：首先，能够利用源领域的丰富数据和模型来提升地质命名实体识别的性能，减少对地质数据的依赖性；其次，能够加快模型的收敛速度，提高模型的训练效率；再次，能够提高模型的泛化能力，使得模型在新领域表现更好。然而，与传统方法相比，基于迁移学习的地质命名实体识别也存在一些挑战：首先，需要选择合适的源领域和迁移学习方法，否则可能导致迁移学习效果不佳；其次，需要处理源领域与目标领域之间的差异，以及可能存在的负迁移问题。

综上所述，基于迁移学习的地质命名实体识别具有很大的潜力，也面临着一些挑战。随着技术的不断进步和算法的改进，相信未来基于迁移学习的地质命名实体识别将会得到进一步的发展和应用，为地质信息处理带来更多的便利与可能。

1. BERT+BiLSTM+CRF 模型

BERT+BiLSTM+CRF 模型是一个基于 BERT、BiLSTM 和 CRF 的序列标注模型，并使用了迁移学习方法。在 __init__ 方法中，根据传入的 BERT_type 参数，确定使用的是哪种类型的 BERT 模型，并设置相应的配置文件路径、检查点文件路径和词典文件路径。在 creat_model 方法中，先加载预训练的 BERT 模型，然后在其基础上构建 BiLSTM 和 CRF 层的序列标注模型。这里的迁移学习体现在加载预训练的 BERT 模型上，通过在其基础上进一步训练，模型可以更好地适应特定的序列标注任务。

整体而言，通过迁移学习，可以利用预训练的 BERT 模型的参数和特征，为特定的序列标注任务提供更好的初始参数和表示能力，从而加速模型训练过程并提升模型的性能。

2. BERT+BiLSTM+CRF 模型实现代码

```
class BERTBiLSTMCRF(object):
    def __init__(self,vocab_size: int,n_class: int,max_len: int = 100,embedding_dim: int = 128,
```

```
                        rnn_units: int = 128,drop_rate: float = 0.5,BERT_type='bert'):
        self.vocab_size = vocab_size
        self.n_class = n_class
        self.max_len = max_len
        self.embedding_dim = embedding_dim
        self.rnn_units = rnn_units
        self.drop_rate = drop_rate
        if BERT_type=='bert':
            self.config_path = os.path.join(path_bert_dir, 'bert_config.json')
            self.check_point_path = os.path.join(path_bert_dir, 'bert_model.ckpt')
            self.dict_path = os.path.join(path_bert_dir, 'vocab.txt')

    def creat_model(self):
        print('load bert Model start!')
        #@todo 将 keras_bert 修改为 bert4keras
        model=build_transformer_model(config_path=self.config_path,checkpoint_path=self.check_point_path,
            seq_len=self.max_len,trainable=True) #只保留 keep_tokens 中的字，精简原字表

        print('load bert Model end!')
        inputs = model.inputs
        embedding = model.output
        x = Bidirectional(LSTM(units=self.rnn_units, return_sequences=True))(embedding)
        x = Dropout(self.drop_rate)(x)
        x = Dense(self.n_class)(x)
        self.crf = CRF(self.n_class, sparse_target=False)
        x = self.crf(x)
        self.model = Model(inputs=inputs, outputs=x)
        self.model.summary()
        self.compile()

        return self.model

    def compile(self):
        self.model.compile(optimizer=Adam(1e-5), loss=self.crf.loss_function, metrics=[self.crf.accuracy])
```

2.5.7　基于大语言模型的地质命名实体识别

　　大语言模型是在大规模文本数据上训练的深度学习模型，能够理解和生成自然语言。它通常基于神经网络架构，可以学习文本数据中的语义和语法规律，并具备生成高质量文本的能力。训练过程一般分为预训练和微调两个阶段。在预训练阶段，模型在大规模未标注的文本数据上进行自监督学习，学习到文本数据的丰富表示。预训练通常采用自编码器、Transformer 或类似结构，以无监督方法学习文本数据的语言表示。微调阶段则是在特定任务的标注数据上进行有监督学习，调整模型参数以适应任务。微调过程可以是端到端的，也可以是迁移学习的方式。大语言模型通常会通过反向传播算法和优化器来更新模型参数，以最小化任务的损失函数。

　　基于大语言模型的地质命名实体识别利用预训练好的大语言模型完成地质领域特定的命名实体识别任务。结合地质领域的标注数据和预训练语言模型在大规模文本数据中学习到的丰富的语义和语境信息，通过微调或迁移学习的方式，大语言模型具备了识别地质领域特定实体的能力。首先，在大规模通用文本数据上对语言模型进行预训练，例如，使用 BERT 或 GPT 等预训练语言模型。这些模型已学习到丰富的词汇和语言结构表示，能够有效地捕捉文本数据中的语义信息。其次，通过微调或迁移学习的方式，调整预训练语言模型的参数以适应地质命名实体识别任务。通常使用地质领域的标注数据来调整语言模型的参数。

　　利用大语言模型进行命名实体识别主要有两种方式，一是微调（Fine-Tuning），即对下游任务中与任务对应的数据进行额外的训练，对模型参数进行细微调整；二是语境学习（In-Context Learning），即无须对模板权重进行任何改动，根据输入的相关应用场景的少量样例（Few-Shot Demonstration），解决对应场景下的问题。

1. Geo-GPT 模型

　　Geo-GPT 模型采用的是语境学习的方式，通过构建提示（Prompt）引导大语言模型处理具体的命名实体识别问题。Geo 指的是地质科学知识，GPT 指模型采用的大语言模型为 GPT，Geo-GPT 即融合了地质科学知识的 GPT 模型，地质科学知识引导下的 GPT 大模型架构如图 2-24 所示。

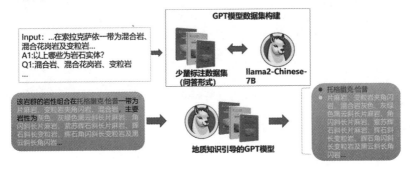

图 2-24　地质科学知识引导下的 GPT 大模型架构

2. Geo-GPT 模型实现代码

```
def get_place_recognition_answer_logits(row, recog_prompt, text_key="text"):
    text = row[text_key]
    recog_prompt_ = recog_prompt.replace("{TEXT}", text)
    completion = openai.ChatCompletion.create(
        model="gpt-3.5-turbo", messages=[{"role": "user", "content": recog_prompt_}],
        max_tokens=n_tokens, temperature=temp, top_p=1, n=1,presence_penalty=0,
        frequency_penalty=0
    )

    answer = completion.choices[0].message["content"]
    res_dict = {'answer': answer}
    res_dict = {**res_dict, **dict(row)}
    return res_dict
recog_prompt = """This is a set of location description recognition problems.
The `Sentence` is a sentence containing location descriptions.
```

The goal is to infer which parts of the sentence represent location descriptions and the categories of the location descriptions. Split different location descriptions with `;`.

--

--

Sentence: Papa stranded in home. Water rising above waist. HELP 812 Wood Ln, 77828 #houstonflood

Q: Which parts of this sentence represent location descriptions?

A: C1: 812 Wood Ln, 77828

--

--

Sentence: Anyone doing high water rescues in the Pasadena/Deer Park area? My daughter has been stranded in a parking lot all night

Q: Which parts of this sentence represent location descriptions?

A: C10: Pasadena/Deer Park

--

--

Sentence: Allen Parkway, Memorial, Waugh overpass, Spotts park and Buffalo Bayou park completely under water

Q: Which parts of this sentence represent location descriptions?

A: C2: Allen Parkway; C2: Memorial; C2: Waugh overpass; C7: Spotts park; C7: Buffalo Bayou park

--

…

--

Sentence: {TEXT}

Q: Which parts of this sentence represent location descriptions?

A:"""

参考文献

裘晨曦，徐雅斌，李艳平，等，2014. 一种基于无监督学习的社交网络流量快速识别方法[J]. 数学的实践与认识，44(3)：100-107.

苏浩，2017. K-means 加权聚类融合模型在 App 市场细分中的应用[D]. 重庆：重庆大学.

舒文韬，李睿潇，孙天祥，等，2024. 大型语言模型：原理、实现与发展[J]. 计算机研究与发展，61(2)：351-361.

BORGELT C，2005. An Implementation of the FP-growth Algorithm[C]. Proceedings of the 1st international workshop on open source data mining：frequent pattern mining implementations：1-5.

CHEN T，KORNBLITH S，NOROUZI M，et al，2020. A simple framework for contrastive learning of visual representations[C]. International conference on machine learning. PMLR：1597-1607.

FINN C，ABBEEL P，LEVINE S，2017. Model-agnostic meta-learning for fast adaptation of deep networks[C]. International conference on machine learning. PMLR：1126-1135.

HEGLAND M，2005．The apriori algorithm-a tutorial[J]．Mathematics and computation in imaging science and information processing：209-262．

HINTON G E，2007．Boltzmann machine[J]．Scholarpedia，2(5)：1668．

HOPFIELD J J，2007．Hopfield network[J]．Scholarpedia，2(5)：1977．

KRIZHEVSKY A，SUTSKEVER I，HINTON G E，2012．Imagenet classification with deep convolutional neural networks[J]．Advances in neural information processing systems：25．

LECUN Y，BOSER B，DENKER J S，et al，1989．Backpropagation applied to handwritten zip code recognition[J]．Neural computation，1(4)：541-551．

LINDSAY R K，BUCHANAN B G，FEIGENBAUM E A，et al，1993．DENDRAL：a case study of the first expert system for scientific hypothesis formation[J]．Artificial intelligence，61(2)：209-261．

MCCARTHY J，MINSKY M L，ROCHESTER N，et al，2006．A proposal for the dartmouth summer research project on artificial intelligence，august 31，1955[J]．AI magazine，27(4)：12-12．

NICHOL A，ACHIAM J，Schulman J，2018．On first-order meta-learning algorithms[J]．arXiv preprint arXiv：1803．02999．

RADFORD A，NARASIMHAN K，SALIMANS T，et al，2018．Improving language understanding by generative pre-training[J][s.n.]．

SIMONYAN K，ZISSERMAN A，2014．Very deep convolutional networks for large-scale image recognition[J]．arXiv preprint arXiv：1409.1556．

SNELL J，SWERSKY K，ZEMEL R，2017．Prototypical networks for few-shot learning[J]．Advances in neural information processing systems：30．

SZEGEDY C，LIU W，JIA Y，et al，2015．Going deeper with convolutions[C]．Proceedings of the IEEE conference on computer vision and pattern recognition：1-9．

TURING A，2004．Intelligent machinery (1948)[J]．OXFORD UNIVERSITY PRESS：395．

YU B，WEI J，2020．IDCNN-CRF-based domain named entity recognition method[C]．2020 IEEE 2nd International Conference on Civil Aviation Safety and Information Technology ICCASIT．IEEE：542-546．

ZHAO W X，ZHOU K，LI J，et al，2023．A survey of large language models[J]．arXiv preprint arXiv：2303．18223．

第3章
数据清洗与预处理

3.1 数据清洗

在多数情况下，准备好的中文文本中有很多无用部分需要进行清洗，例如以下情况：

（1）邮政编码。

（2）某一行存在单独的纯英文字符串。

（3）存在无法识别的特殊符号。

（4）繁体到简体的转换。

（5）全角到半角的转换。

（6）去除停用词。

（7）字符串之间存在无用的空格。

中文文本的形式及数据的使用目的不同，数据清洗的流程可能是不一样的，但大多数数据可以通过正则表达式（RE）及一些字符串操作进行清洗。

接下来以地质文本数据清洗为例进行详细介绍。

1. 数据源

数据由 pdf 文件转换得到，原本的 pdf 文件是以图片形式进行存储的，无法通过常规的 pdf 文件到文本文件的转换或 pdfminer3k 直接得到可编辑文本，因此使用 OCR（光学字符识别）工具进行转换，将转换的文本存储在文本文件中。

2. 数据清洗前的准备

每一次数据清洗前都应该先明确最终期望把原本的数据清洗成什么格式，如果是 csv 格式的表格数据，那么进行填充等操作即可。本节的数据清洗是为了后期构建中文数据集，因此参考了两个中文关系数据集的形式。

针对参考样例，转换的数据需要经过如下处理：

（1）删除特殊符号，如■、©等。

（2）去除字符间多余的空格，删除连续出现的标点符号，删除不出现中文字符的数据行。

（3）删除长度较短的无用文本。

（4）对每一行文本进行切分，并逐行存储在文本文件中。

（5）批量化处理。

3. 清洗流程及代码

（1）删除特殊符号。每个文本文件中出现的特殊符号不一样，因此把每个文本文件都存储在一个和原文本文件同名的文本文件中，逐行存储每一个特殊符号，对于需要在后续清洗过程中删除的符号，在保存特殊符号的文本文件中给予保留，便于后续进行读取和处理；支持批量化操作，最后每个文本文件保存在一个 symbol_txt 文件夹中。读取保存着需要删除的特殊符号的文本文件，并在文本中进行删除。代码如下：

```python
def mulunusechar(path):
    """
    文件流批量生成每本刊物对应的符号
    :param path: str  未清洗文件的文件夹
    :return: none  生成由特殊符号组成的文本文件
    """
    #查找文件名称
    file_names = os.listdir(path)
    for i in file_names:
        file_name = path + '\\' + i
        with open(file=file_name, mode='r', encoding='utf-8')as source_file:
            data = source_file.readlines()
        sympath = path.replace("source", "symbol") + "\\" + i
        unuse_lis = []
        rule_1 = r'\W'   #匹配非英文、非数字和非中文的字符
        compiled_rule_1 = re.compile(rule_1)
        for line in data:
            no_en_and_da = compiled_rule_1.findall(line)
            no_en_and_da_str = ''.join(no_en_and_da)
            reslis = re.findall(r'^\S', ''.join(re.findall(r'[^\，]', ''.join(re.findall(r'[^\。]', no_en_and_da_str)))))
            unuse_lis.append(reslis)
        res = []
        for i in unuse_lis:
            for j in i:
                res.append(j)
        res = set(res)

        with open(file=sympath, mode='w', encoding='utf-8')as symfile:
            for i in res:
                symfile.write(i)
                symfile.write('\n')

def sympop(data,sym):
    """
    删除指定的特殊符号
    :param data: list
    :param sym: list or path_of_sym_in_txt
    :return: list
    """
    #获得特殊符号的列表
```

```
            if type(sym)==list:
                symlist=sym
            else:
                with open(file=sym,mode='r',encoding='utf-8')as symfile:
                    symlist=[]
                    for i in symfile.readlines():
                        symlist.append(re.sub(r'\s',",i))
                        #如果报错，那么把上面这行改回之前的
                        #symlist.append(i.replace("\n", "))
```

（2）去除字符间多余的空格，删除连续出现的标点符号，删除不出现中文字符的数据行。
代码如下：

```
    def delelem(data):
        """
        删除多余的标点符号、无用空格、不出现中文字符的数据行
        :param data: list
        :return: list
        """
        res_del = []
        for i in data:
            #使用空字符替换间隔符
            a = re.sub(r'\s', '', i)
            #使用精准匹配，匹配连续出现的符号，并用空字符进行替换
            b = re.sub(r'\W{2,}', '', a)
            #使用空字符替换空格
            c = re.sub(r' ', '', b)
            #删除没有中文的数据行
            if len(re.findall(r"[\u4e00-\u9fa5]", c)) >= 10:
                res_del.append(c)
        return res_del
```

（3）删除长度较短的无用文本。代码如下：

```
    def deleshort(data,leg):
        """
        :param data:
            data:list
            leg:int
        :return:
            list
        删除列表中长度小于指定数值的元素
        """
        res=[i for i in data if len(i)>=leg]
        return res
```

（4）对每一行文本进行切分，并逐行存储在文本文件中。代码如下：

```
    def savedata(data,path):
        """
```

```
对处理好的列表进行切分，逐行保存
:param data: list
:param path: path_str
:return: none
"""
with open(file=path,mode='w',encoding='utf-8')as file:
    for i in data:
        split_list=i.split('。')
        for j in split_list:
            if len(re.findall(r"[\u4e00-\u9fa5]", j)) >= 6:
                file.write(j+'。'+'\n')
```

（5）批量化处理。调用前面定义的函数，使用文件流批量化处理经过 OCR 转换得到的文本。代码如下：

```
def fileprocess(path):
    """
    使用文件流进行批量处理
    :param path: str  未清洗文本数据的文件夹
    :return: none
    """
    file_names=os.listdir(path)
    for i in file_names:
        file_name = path +'\\'+i
        with open(file=file_name,mode='r',encoding='utf-8')as source_file:
            data = source_file.readlines()
        """生成包含符号的文本文件，生成后要自行筛选，看哪些是需要删除的特殊符号"""
        sympath = path.replace("source", "symbol") + "\\" + i
        """在选出特殊符号后，对文本进行处理"""
        #删除较短的文本
        noshort = deleshort(data, 30)
        #删除多余空格、纯英文、连续标点
        deledlis = delelem(noshort)
        #删除特殊符号
        delsymlist = sympop(deledlis, sympath)
        """对处理后的数据按照 "。" 进行切分，并逐行保存在文本文件中"""
        cleaned_txt = path.replace("source", "cleaned") + "\\" +"cleaned_"+ i
        savedata(delsymlist,cleaned_txt)
```

3.2 地质文本数据预处理

语言是具有组合性的，人类理解语言并非直接浏览一段冗长的文本，然后随机猜测其含义，而是将文本拆解为各个组件或单词，并按照顺序逐个阅读这些单词。文本的意义是通过单词的组合而构建的，而单词本身也具备组合性。因此，想要计算机程序理解语言，可以让它经历相同的过程。首先，将文本分解成单词，让程序对这些单词进行理解并加以组合，从而构建出意义。

中英文文本预处理的大致流程如图 3-1 所示，但两者之间仍存在一些区别。首先，与英文不同的是，中文没有像英文那样通过单词间的空格来分隔。因此，我们不能像处理英文文本那样简单地使用空格和标点符号进行分词。通常情况下，我们需要借助分词算法来完成中文文本的分词。中文自然语言文本与英文及其他西方语言文本不同，是由连续的字符构成的。在进行后续的信息处理时，中文分词非常重要。这是因为中文分词是其他信息提取和知识挖掘工作的基础，其结果直接影响到后续信息抽取、实体抽取、信息检索等的准确性。

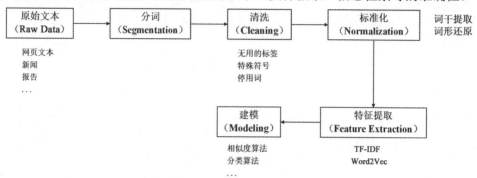

图 3-1　中英文文本预处理的大致流程

当然，英文文本的预处理也有其独特之处。首先是拼写问题，很多时候需要在英文文本预处理中加入拼写检查，例如，纠正拼写错误"Helo World"只能在预处理阶段进行，不能在分析过程中进行纠错。此外，英文文本的预处理包含词干提取（Stemming）和词形还原（Lemmatization）的步骤，这是因为在英文中一个词可能存在不同的形式。这一步骤有点类似于孙悟空的"火眼金睛"，可以直接得到单词的原始形态。举个例子，"faster""fastest"都变为"fast"，"leafs""leaves"都变为"leaf"。

以下是常见的对地质文本进行预处理的方法。

1．去除数据中的非文本部分

由于爬取的内容中包含许多 HTML 标签，需要进行预处理。此外，少量的非文本内容及一些特殊的非英文字符和标点符号可以通过 Python 的正则表达式（RE）进行删除，以下为预处理的代码：

```
import re

#过滤不了\\ \ 中文（）还有————
r1 = u'[a-zA-Z0-9’!"#$%&\'()*+,-./:;<=>?@，。?★、…【】《》？""''！[\\]^_`{|}~]+'#用户也可以在此自定义过滤字符
#这种规则过滤不完全
r2 = "[\s+\.\!\/V_,$%^*(+\"\']+|[+——！，。？、~@#¥%……&*（）]+"
# \\\可以过滤掉反向单杠和双杠,/可以过滤掉正向单杠和双杠，第一个中括号里放的是英文符号，第二个中括号里放的是中文符号，第二个中括号前不能少|，否则过滤不完全
r3 = "[.!//_,$&%^*()<>+\"'?@#-|:~{}]+|[ ——！\\\\，。=？、：""''《》【】￥……（）]+"
# 去掉括号和括号内的所有内容
r4 = "\\【.*?】+|\\《.*?》+|\\#.*?#+|[.!//_,$&%^*()<>+"""@|:~{}#]+|[——！\\\\，。=？、：""''￥……（）《》【】]"
```

```
sentence = "hello! wo?rd!."
cleanr = re.compile('<.*?>')
sentence = re.sub(cleanr, ' ', sentence)          #去除 HTML 标签
sentence = re.sub(r4,'',sentence)
print(sentence)
```

2．分词

由于英文单词间有空格分隔，因此分词相对简单，只需调用 split()函数即可实现。而对于中文文本，则常用结巴分词等多种中文分词软件，安装这些软件也相对简便，如基于 Python 的软件，只需使用"pip install jieba"命令即可完成安装。

根据数据的来源，可以将中文分词方法划分为通用领域的分词方法及专业领域的分词方法。目前主流的中文分词方法中，基于有监督的字标注分词方法（Character-based Tagging Approach）具有很好的分词效果。但该方法需要大量标注好的语料库，一般训练语料库与测试同领域语料时，分词效果比较好。根据 ACL SIGHAN 评测数据，采用同一领域的测试语料，有监督分词方法的 F 值能够达到 0.95 以上。然而大量的实践经验表明，训练好的模型切换到其他的领域时，由于语料库的领域及规模限制，其分词的准确度并不理想。

目前在地质领域中文文本分词研究的过程中，主要存在的难点表现在以下几个方面。

（1）存在大量的未登录地质专业术语。地质报告资料中存在大量空间方位、地貌、地层分布、岩性、构造、产状、地史、分析、评价等信息，传统的中文分词方法对编码和分词之间的联系不具备自主学习能力，从而导致存在大量歧义问题，OOV（Out of Vocabulary）召回率也较低。如"被查/干楚鲁/粗粒/黑云母/花岗岩/侵入,该套/地层/主要/分布/在/格日/吐/防火/站/和/敦德哈布/其勒/南山。"这里容易将"被查""格日""防火"提取出来，进行了错误的划分。同时由于地质资料中存在大量的地名、机构名，对其采用传统方法进行穷举是不现实的。

（2）缺少标准化语料库。专业领域分词时需要人工构建大量针对专业领域的语料库，然而专业领域语料库的构建成本很高，而且学习模型训练的时间很长，迁移到其他领域的分词效果往往不太理想。

（3）存在大量的学科交叉领域词汇。地质报告文本中存在的大量学科交叉领域词汇会给分词带来一定的影响，如"层次分析法""因子分析""非线性革命"等词汇。

（4）中英文数字混编及缩写。如"Cu""EH4""SE 向"等。针对这类情况构建的分词模型往往会直接对其进行错误的划分，从而影响到后续的信息抽取与处理。

（5）专业术语嵌套。地质报告中存在大量的多种类型的专业术语嵌套，如"阿尔卑斯""阿尔卑斯地槽""粉砂岩""黏土砂质粉砂岩"等，也就是说，分词的粒度问题也是分词时需要考虑的问题。

3．去除停用词

停用词指的是句子中非必要的单词，去除它们不会对整个句子的语义理解产生影响。在文本中，常常包含大量虚词、代词或无具体含义的词，这些词对文本分析并无帮助，因此需要去除这些"停用词"。

在英文文本中，"a""the""to""their"等冠词和代词可以直接使用 NLTK 工具包提供的英文停用词表进行去除。通过"pip install nltk"命令安装 NLTK 工具包即可。对于中文停用

词，由于 NLTK 不支持中文，所以需要自己构造中文停用词表。常用的中文停用词表有 1208 个。基于中文停用词表去除停用词的代码和英文类似。

4．英文单词——词干提取和词形还原

词干提取和词形还原是英文文本预处理的重要步骤。两者实际上有共同之处，即旨在找到词的原始形式。不同之处在于，词干提取更为激进，有时会得到非词性的词干，如"leaves"可能被提取为"leav"，而非一个真正存在的词。相比之下，词形还原更为保守，通常只对可以还原为正确词形的词进行处理。在 NLTK 工具包中提供了多种方法，其中 WordNet 方法较为实用，能有效避免过度简化单词。

3.3 地质图像数据预处理

通过对地质图像的特征进行分析，很容易发现，地质图受扫描过程的影响，其质量发生了一定的退化，即地质图像有可能出现几何失真现象，并且图像中存在许多毛刺、粘连、孔洞等噪声，出现大量颜色的混淆及假彩色。这些问题增加了后续对地质图像的各种要素信息进行识别与提取的难度，因此，在提取地质图像的各种要素信息之前，需要对地质图像进行几何校正与去噪处理。

3.3.1　几何校正

图像几何校正（Geometric Correction）是指通过一系列的数学模型来改正和消除由于各种因素引起的原始图像上各地物的几何位置、形状、尺寸等特征与参照系统的表达要求不一致时产生的变形（如缩放、旋转、平移、仿射等几何畸变），得到正射影像或近似正射影像的过程（章毓晋，1999）。图像几何校正可归结为从畸变图像和两个坐标系之间的关系求得无几何失真图像的过程（杨小冈，等，2002），其校正过程如图 3-2 所示。在几何校正中，一般情况下变换关系是未知的，所以常通过人工选取控制点的方式对变换关系进行辨识，进而采用空间变换或空间插值来对图像进行几何校正（赵荣椿，1995；汤竞煌，等，2007）。

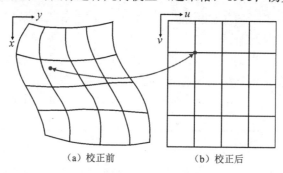

(a) 校正前　　　　　　　(b) 校正后

图 3-2　图像几何校正过程

在地质图像的获取（如扫描数字化过程）或显示过程中有可能出现几何失真现象，例如，由于阴极射线管显示器的扫描偏转系统存在一定的非线性，成像系统存在一定的几何非线性，所以会造成图像出现枕形失真或者桶形失真（见图 3-3）。因此，几何校正是进行图像匹

配、图像融合等分析处理的前提，是进行图像信息提取的首要条件（朱述龙，等，2006；徐青，等，2007；孙家抦，2009）。

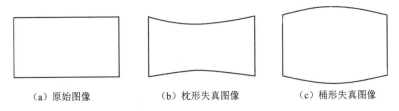

（a）原始图像　　　（b）枕形失真图像　　　（c）桶形失真图像

图 3-3　几何失真示意图

图像几何校正的一般步骤（库向阳，等，2011）如下：首先根据畸变图像的特点，采用合适的几何校正方法；其次通过某种方式（如人工选取控制点）确定变换关系；最后按照成像模型或假定数学模型对畸变图像进行重采样，得到校正（复原）图像。在图像几何校正的过程中，重采样的方法通常可分为两类，即直接法和间接法（张伟，等，2011），如图 3-4 所示。

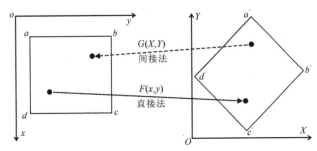

图 3-4　直接法和间接法重采样

直接法重采样从原始（畸变）图像上的像素点坐标 (x,y) 出发：

$$\begin{cases} X = F_x(x,y) \\ Y = F_y(x,y) \end{cases} \tag{3-1}$$

求出校正后的图像上的像素点坐标 (X,Y)，然后令校正后图像上 (X,Y) 处像素点的灰度值等于原始（畸变）图像上 (x,y) 处像素点的灰度值。式（3-1）中 F_x 和 F_y 为直接法重采样的坐标变换函数。

间接法重采样与直接法重采样相反，从校正后图像上的像素点坐标 (X,Y) 出发：

$$\begin{cases} x = G_x(X,Y) \\ y = G_y(X,Y) \end{cases} \tag{3-2}$$

求出原始（畸变）图像上的像素点坐标 (x,y)，然后令校正后图像上 (X,Y) 处像素点的灰度值等于原始（畸变）图像上 (x,y) 处像素点的灰度值，式（3-2）中 G_x 和 G_y 为间接法重采样的坐标变换函数。

对于直接法重采样，由于原始（畸变）图像上的任意一个像素点 (x,y) 在校正后图像上的像素点坐标 (X,Y) 可能不是整数值（即 X 和 Y 可能不是整数值），因此，校正后的图像上整数像素点处的灰度值由插值得到。对于间接法重采样亦是如此。

采用间接法重采样对半结构化的地质图像进行几何校正。假设原始图像坐标为 (x, y)，畸变图像坐标为 (x', y')，两个坐标之间的关系描述如下：

$$\begin{cases} x' = h_1(x, y) \\ y' = h_2(x, y) \end{cases} \tag{3-3}$$

若 $g(x, y)$ 表示原始图像在 (x, y) 处的灰度值，$f(x', y')$ 表示畸变后图像在 (x', y') 处的灰度值，那么有

$$g(x, y) = f(x', y') \tag{3-4}$$

因此，几何畸变的消除问题就转变为怎样通过畸变图像和两个坐标之间的关系 $h_1(x, y)$ 和 $h_2(x, y)$，求得校正后图像 $g(x, y)$ 的灰度值。其具体算法步骤如下。

STEP 1：对于畸变图像中的任意一点 (x_i, y_i)，根据式（3-3）找出畸变图像中的对应点 $(xu_i, yu_i) = [h_1(x_i, y_i), h_2(x_i, y_i)]$。

STEP 2：由于通常情况下，(xu_i, yu_i) 并不是整数点，所以采用双线性插值方法找出和 (xu_i, yu_i) 最接近的整数点 (x_i', y_i')。根据畸变图像 (x_i, y_i) 处 4 邻域内的 4 个像素点的灰度值，采用双线性插值方法计算出该点的灰度值 $g(x_i, y_i)$，其计算公式为

$$\begin{aligned} g(x_i, y_i) = {} & (1 - \Delta x)(1 - \Delta y) f([x + \delta x], [y + \delta y]) + \\ & \Delta x (1 - \Delta y) f([x + \delta x] + 1, [y + \delta y]) + \\ & \Delta y (1 - \Delta x) f([x + \delta x], [y + \delta y] + 1) + \\ & \Delta x \Delta y f([x + \delta x] + 1, [y + \delta y] + 1) \end{aligned} \tag{3-5}$$

式中，$\Delta x = x + x - [x + \delta x]$；$\Delta y = y + y - [y + \delta y]$。

在人工选取控制点的基础上，对半结构化的彩色地质图像进行几何校正，校正后地质图像的坐标系与屏幕坐标系方向完全一致，这方便后续图像要素信息的提取及地质图像的使用。

3.3.2　去噪

数字图像的噪声主要来源于图像的获取过程（如扫描数字化过程）及传输过程。若不对这些噪声进行处理，直接对数字图像中的点、线、面三种要素信息进行提取，势必导致信息提取产生许多错误的结果，影响提取的精确率，增大后期人工修改的工作量。因此，在提取各种要素信息之前，需要对数字图像进行去噪处理，剔除那些本不属于原始图像的噪声，为后续的信息提取工作铺平道路。

在扫描纸质地质图像以获取其数字图像的过程中，用于扫描的地质图像很大一部分是年代久远且只存在纸质版本的孤本。由于年代久远导致的纸质变色、保存不善导致的污渍沾染痕迹、折叠导致的折痕等都是在扫描前原纸质图像就存在的不规则噪声。同时，在扫描过程

中由于扫描仪器的影响,扫描后的半结构化地质图像质量发生了一定的退化,即扫描后的图像出现了大量的混淆色、假彩色及麻点状的噪声。综合来看,半结构化地质图像中存在的噪声主要分为以下两种类型(陈金都,等,1996)。

(1)孤立噪声,如半结构化地质图像中的孤立点、麻点、斑点、污点等。

(2)缺隙噪声,如纸质图像中的缺口或者破洞在扫描后产生的噪声。

这些噪声的去除对后续地质图像信息的提取有着十分重要的意义,因此,在对彩色地质图像进行颜色分割之前必须对其进行处理。

为了去除数字图像中的噪声,人们根据噪声的特点提出了各种各样的滤波方法,如空间域滤波方法(包括均值滤波法、中值滤波法、低通滤波法等),变换域滤波方法(如傅里叶变换滤波法、小波变换滤波法等),偏微分方程滤波法,变分法等。其中,中值滤波法是一种非线性滤波方法,因其具有较好的滤波效果、较少的边缘模糊及简单易懂的处理思想而在图像处理中得到了广泛应用(Gonzalez , et al., 2002;Fabijanska, et al., 2011)。中值滤波法是一种邻域滤波方法,其运算步骤类似于卷积运算,它把某一像素点邻域内(窗口中)所有像素点的灰度值由小到大(或由大到小)进行排序,然后选择其中间值作为此像素点新的灰度值。若 $\{x_{ij},(i,j)\in I^2\}$ 表示一幅图像中各像素点的灰度值,则滤波窗口大小为 S_{ij} 的二维中值滤波可定义为

$$y_{ij}(i,j) = \underset{A}{\mathrm{Med}}\{x_{ij}\} = \mathrm{Med}\{x_{i+r,j+s} \in S_{xy}(i,j) \in I^2\} \tag{3-6}$$

式中,y_{ij} 为中心像素点将要输出的新灰度值;x_{ij} 为图像中各点的灰度值;S_{xy} 表示滤波窗口,一般情况下为 3×3、5×5 及 7×7 的矩形区域,当然也可以为其他形状,如圆形、圆环形、十字形、线形等。

自适应中值滤波方法与传统的中值滤波方法一样,都是采用一个正方形的滤波窗口 S_{ij} 进行滤波。不同的是,在对噪声图像进行滤波的过程中,自适应中值滤波方法会根据噪声的浓度来自动改变(减小或增加)滤波窗口的大小,同时,当滤波窗口的中心像素点被判定为噪声像素点时,自适应中值滤波方法将用窗口内的中值代替原图(i, j)处(目前滤波窗口的中心坐标)像素点的灰度值,否则其值不变。由此可以看出,自适应中值滤波方法可以处理噪声密度更大的噪声图像,同时能够较好地保留图像的细节部分。自适应中值滤波方法的滤波过程大体上可分为以下三步。

STEP 1:对图像中各区域的噪声浓度进行估计。

STEP 2:根据各区域中图像受噪声污染的程度自动确定滤波窗口的大小。

STEP 3:判断当前滤波窗口的中心坐标(i, j)处是否为噪声,并根据判断结果进行相应处理。

自适应中值滤波方法可分为两部分,分别称为第一层(Level A)和第二层(Level B)。

Level A:

$$\begin{cases} A_1 = Z_{\mathrm{med}} - Z_{\mathrm{min}} \\ A_2 = Z_{\mathrm{med}} - Z_{\mathrm{max}} \end{cases} \tag{3-7}$$

Level B:

$$\begin{cases} B_1 = Z_{ij} - Z_{\min} \\ B_2 = Z_{ij} - Z_{\max} \end{cases} \tag{3-8}$$

式中，Z_{ij} 是滤波窗口 S_{ij} 的中心坐标(i,j)处的灰度值，$Z_{\min}$、$Z_{\max}$、Z_{med} 分别是滤波窗口 S_{ij} 内像素点灰度的最小值、最大值、中值。自适应中值滤波方法的计算过程如下。

（1）根据式（3-7）计算 Level A 中 A_1 和 A_2 的值，如果 $A_1>0$ 且 $A_2<0$，则转到 Level B，否则增加滤波窗口 S_{ij} 的大小，重新计算 A_1 和 A_2 的值。若滤波窗口 S_{ij} 的尺寸大于最大值 $S_{\max}$，则将 Z_{ij} 作为输出值。

（2）根据式（3-8）计算 Level B 中 B_1 和 B_2 的值，如果 $B_1>0$ 且 $B_2<0$，则将 Z_{ij} 作为输出值，否则将 Z_{med} 作为输出值。

从自适应中值滤波方法的计算过程可以看出，Level A 用来判定 Z_{med} 是否为噪声信号，Level B 用来判定 Z_{ij} 是否为噪声信号，若两者都不是噪声信号，则用原值来替代中值，以达到保护图像细节信息的目的（高为广，等，2004；张旭明，等，2005）。自适应中值滤波的流程图如图 3-5 所示。

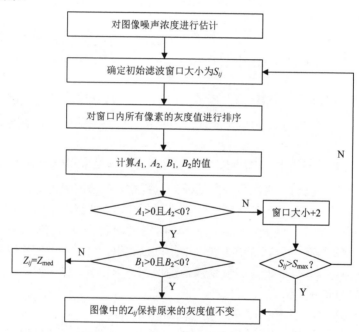

图 3-5　自适应中值滤波的流程图

上面的理论方法是基于灰度图像的，然而，彩色图像与灰度图像的去噪处理在原理上存在根本差异：在数字图像处理中，灰度图像是一个一维矩阵，而彩色图像由红（R）、绿（G）和蓝（B）三种基本颜色构成，每种基本颜色的取值范围是 0~255，通过红、绿、蓝三种颜色的不同比例搭配，即可产生不同的颜色，因此，彩色图像是一个三维的矩阵。由于彩色图像的三个通道（红、绿、蓝）之间存在内在关系，若要直接对彩色图像进行滤波处理，需要将滤波理论从灰度空间扩展到彩色空间，把各像素点看作颜色空间中的一个矢量，采用矢量方法对其进行处理。与传统灰度的图像数据量相比，三维彩色图像的数据量大，并且其矢量距离的计算也不同，所以传统的灰度图像滤波方法无法直接应用到彩色图像滤波处理中。由于对彩色图像直接进行矢量滤波处理难度较大，所以为了简化彩色图像的滤波过程，首先将彩色图像转换到三个分量相互独立的 Lab 颜色空间，并将其进行分解，即将彩色图像分解为 L、a、b 三个分量；其次分别对 L、a、b 三个分量的图像进行灰度图像的自适应中值滤波，最后将三个分量的去噪图像进行组合，并将其转换到 RGB 颜色空间，得到的图像就是去噪后的彩色图像（陈盛双，等，2001）。彩色图像的自适应中值滤波算法设计流程图如图 3-6 所示。

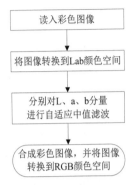

图 3-6　彩色图像的自适应中值滤波算法设计流程图

3.3.3　主图区域的定位

　　一张标准的彩色地质图应该包括图名、比例尺、图例、测制单位及测制日期等。比例尺一般放在图名下面或主图区域的正下方；而图例放在主图区域的右方或下方。在提取地质图的各种要素信息之前，需要确定其主图区域的位置。分析主图区域的特点，容易看出，主图区域占了一张地质图的绝大部分区域，将其二值化后是一个最大的连通区域，根据这个特点就可以确定主图区域的范围。

3.3.4　膨胀与腐蚀处理

　　数学形态学（Mathematical Morphology）由法国的科学家 Matheron 和 Serra 在 1964 年提出。其基本思想是利用物体和结构元素之间相互作用的某些运算，获得物体更本质的形态，目的是获取物体的拓扑与结构信息。目前数学形态学算法包括膨胀算法、腐蚀算法、细化算法等，这些算法是图像处理的基本手段和方法。腐蚀运算使用预先定义好的结构元素在图像中检测能够完全容纳这一元素的空间。腐蚀运算是通过填充结构的思想来实现的，其作用为消除目标图像中尺寸小于结构元素的孤立噪声点、毛刺噪声和小桥（连通两块区域的小点）；膨胀运算是腐蚀运算的逆运算，可恢复经腐蚀运算后线条变窄的图像。对图像进行膨胀、腐蚀等数学形态学操作，可以提升对图像的处理效率，使得图像更为简明、严谨，并保留有用数据，除去冗余数据，使得图像数据更为清晰、质量更高，达到理想的图像处理效果。

　　由于彩色地质图像经过数字化扫描之后会存在大量的颜色误差（Penczek, et al., 2014），以及图像边缘裂缝等问题，导致同一种颜色并不表示同一要素层，这样便会导致按颜色分类所提取的各个要素层中必然含有大量的同色噪声像元，因此需要对彩色地质图像进行数学形态学预处理操作，闭运算是定义在膨胀运算和腐蚀运算基础上的组合运算，闭运算是指对图像先进行膨胀运算，再进行腐蚀运算的过程。对彩色地质图像进行闭运算操作，可以有效地清除细小噪声，填补目标图像中的裂缝，弥合狭窄的断裂，有利于最后提取出目标物体。

3.4 地质数据增强方法

3.4.1 面向文本数据的增强方法

数据增强的主要目标是在不增加人工标注成本的前提下，通过增加合理的噪声来提升模型的鲁棒性。数据增强的过程增大了训练数据量，因此，在数据集较小的场景下对模型性能的提升有很大帮助。在自然语言处理等任务中，EDA（Easy Data Augmentation，易于数据扩充）是一类非常常用的数据增强方法，它用一些简单的操作为原始数据增加噪声，从而有效提升模型的性能。EDA 主要包括以下四种基本方法。

（1）同义词替换，即在原文中随机抽取一些词，用这些词的同义词来替换。

（2）随机插入，即在文本数据中随机选择一些位置，插入随机词。

（3）随机交换，即随机从文本数据中挑选词，交换它们的位置。

（4）随机删除，即从文本数据中随机删除一些词。

通过这四种基本方法，EDA 能有效增加数据量，在文本分类等任务中取得了较好的效果，但如果直接将 EDA 套用在命名实体识别任务中，效果并不理想。因为同义词替换、随机交换和随机删除都有可能改变原有命名实体，破坏命名实体的合法性，降低数据集的质量。

为了适应命名实体识别任务，需要对 EDA 的已有方法进行改进。EDA 是以句中词语为切入点进行操作的，因此需要从分词开始。和通用领域不同，工程地质领域中的生僻词和未登录词较多，分词器在分词时可能会把命名实体拆开，也可能会出现边界识别错误等其他问题。为解决这些问题，研究人员建立了工程地质命名实体词典，该词典统计了上文提到的标注语料库中出现过的命名实体和地质领域内较为常见的命名实体。分词器选用的是 Jieba 分词器，在分词前将建立好的工程地质命名实体词典加入该分词器的词典中，这样在分词时就不会误判命名实体的边界了。部分文本数据的分词结果如表 3-1 所示。

表 3-1　部分文本数据的分词结果

分词前	未加入词典时的分词结果	加入词典后的分词结果
由全新统的滨海堆积层的细砂和粉细砂组成，地形总体较为平缓	由/全新/统/的/滨海/堆积层/的/细砂/和/粉细砂/组成，/地形/总体/较为/平缓/	由/全新统/的/滨海/堆积层/的/细砂/和/粉细砂/组成，/地形/总体/较为/平缓/

表 3-1 中的"全新统"为地层类的命名实体，是指全新世时期所形成的地层，通用领域文本中很少出现类似的词，因此分词时会出现错误，在未加入词典前，"全新统"被分为"全新"和"统"两个词，加入词典后再进行分词可以有效识别。

对 EDA 的四种基本方法进行以下修改，防止在数据增强的同时破坏命名实体的合法性。

（1）同义词替换。针对每一种类型的工程地质命名实体建立一个对应的词典。在进行同义词替换时，先判断被选中的词是不是命名实体，如果不是命名实体，就用该词的同义词来替换该词，如果是命名实体，通过对应的标签进一步判断该命名实体属于哪一类，然后从该类命名实体对应的词典中随机挑选一个命名实体来替换原有的命名实体，这样做可以提升命名实体表述的多样性。

（2）随机插入。随机找出句中某个不属于命名实体的词语，并找出它的同义词，然后随机插入句中。

（3）随机交换。随机挑选两个词，然后通过对应的标签判断被选中的词是不是命名实体，如果是，就重新挑选，一直选到两个词都不是命名实体为止，最后交换两个词的位置。

（4）随机删除。随机挑选一个词，判断该词是否属于命名实体，如果是，就重新挑选，如果不是就将该词删除。

另外，在 EDA 的原有方法上，新加入以下数据增强方法。

（1）打乱句子顺序。以句号等符号为分隔符对所有数据进行划分，随机交换两个句子的位置，这样做可以丰富数据的长距离上下文内容。

（2）词拼接。在进行上述 EDA 操作之前，随机将分词后的数据中相邻的两个词拼接为一个词，在进行此操作时要确保被拼接的两个词均不是命名实体。

表 3-2 所示为基于 EDA 的工程地质数据集增强方法示例，表中加粗及加下画线的词为被随机选中的词或被程序处理过的词。如表 3-2 所示，使用同义词替换方法处理数据时，随机选中"贝壳碎屑岩"，判断该词为岩石岩性类命名实体，查找岩石岩性类词典，随机选中"花岗岩"，最后用"花岗岩"来替代原句中的"贝壳碎屑岩"。

表 3-2　基于 EDA 的工程地质数据集增强方法示例

原句	处理方式	处理后
含水层/岩性/以/**贝壳碎屑岩**/为主/，//孔隙/较为/发育/	同义词替换	含水层/岩性/以/**花岗岩**/为主/，//孔隙/较为/发育/
该/断裂/在/第四纪/**具有**/强烈/活动/，/控制/了/新生代/盆地/的/发育/	随机插入	该/断裂/在/第四纪/**具有**/强烈/活动/，/控制/了/新生代/**拥有**/盆地/的/发育/
液化/等级/和/液化/砂层/厚度/往往/决定/**着**/地面/变形/**的**/程度/	随机交换	液化/等级/和/液化/砂层/厚度/往往/决定/**的**/地面/变形/**着**/程度/
海南岛/第四纪/以来/的/断裂/活动/主要/发育/在/**琼北**/地区/	随机删除	海南岛/第四纪/以来/的/断裂/活动/主要/发育/在/地区/

用上述数据增强方法对已有标注语料库进行数据增强后，得到的实体数量共 8063 个，具体数量统计及占比如图 3-7、图 3-8 所示。

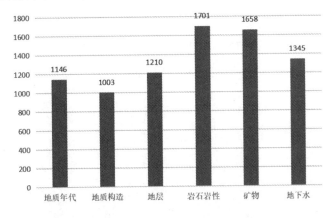

图 3-7　数据增强后工程地质命名实体数量统计

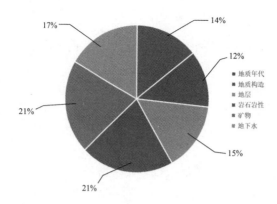

图 3-8　数据增强后工程地质命名实体占比

文本数据增强是指在尽量保证标签语义不变的前提下，用少量有标注的数据生成大量有标注的数据。现有的文本数据增强方法有同义词替换、随机插入、随机交换和随机删除四种。由于对地质报告中的三元组进行标注浪费大量的人力和时间，且地质报告中三元组的主实体和客实体之间的关系比较有规律，所以本次数据集构建选择了同义词替换的方法对标注的数据集进行数据增强。其具体过程如表 3-3 所示。

表 3-3　同义词替换数据集扩充

原句	同义词替换	新句
斑晶主要为斜长石及少量石英黑云母	<斜长石>→<白云石>	斑晶主要为白云石及少量石英黑云母
红柳沟金铜矿区时代属于早中二叠世	<早中二叠世>→<寒武纪、奥陶纪、志留纪>	1. 红柳沟金铜矿区时代属于寒武纪。 2. 红柳沟金铜矿区时代属于奥陶纪。 3. 红柳沟金铜矿区时代属于志留纪
阿尔金岩群中含有片麻岩	<片麻岩>→<片岩、变粒岩>	1. 阿尔金岩群中含有片岩。 2. 阿尔金岩群中含有变粒岩
阿尔金岩群中含有片麻岩	<阿尔金岩群>→<上统玄武岩组、二迭系下统茅口组>	1. 上统玄武岩组中含有片麻岩。 2. 二迭系下统茅口组中含有片麻岩

地质报告文本数据预处理及数据增强代码如下。

（1）数据预处理代码。

```
#获取当前实体标签
cur_label = entity_labels[num][i].split('-')[1]
while entity_labels[num][i].split('-')[0] == 'B' or entity_labels[num][i].split('-')[0] == 'I':
    cur_entity = cur_entity + entity_words[num][i]
    i = i + 1

if entity_labels[num][i].split('-')[0] == 'E':
    cur_entity = cur_entity + entity_words[num][i]
i = i + 1

#用词典中的实体替换原数据中的实体
for j in entity_dict[cur_label]:
    if j != cur_entity:
        #插入实体
        for k in j:
```

```
                    rel_words.append(k)
            #插入标签
                for n in range(len(j)):
                temp_label = ''
                if n == 0:
                    temp_label = 'B-' + cur_label
                elif n == len(j)-1:
                    temp_label = 'E-' + cur_label
                else:
                    temp_label = 'I-' + cur_label
                rel_labels.append(temp_label)
                break
```

（2）数据增强（同义词替换）代码。

```
if labelEnhance[indexEnhance][2:] == "GST":
    if tempEnhance1 != []:
        catData(tempEnhance1, tempEnhance2, GSTEnhanceDict, curIndex, indexEnhance,
                    wordEnhance, label="GST")
        catReLabel(labelEnhance1, labelEnhance2, GSTEnhanceDict,
                        len(wordEnhance[curIndex:indexEnhance]), wordLabel="GST")
    else:
        catData(tempEnhance2, tempEnhance1, GSTEnhanceDict, curIndex, indexEnhance,
                    wordEnhance, label="GST")
        catReLabel(labelEnhance2, labelEnhance1, GSTEnhanceDict,
                        len(wordEnhance[curIndex:indexEnhance]), wordLabel="GST")
elif labelEnhance[indexEnhance][2:] == "ROC":
    if tempEnhance1 != []:
        catData(tempEnhance1, tempEnhance2, ROCEnhanceDict, curIndex, indexEnhance,
                    wordEnhance, label="ROC")
        catReLabel(labelEnhance1, labelEnhance2, ROCEnhanceDict,
                        len(wordEnhance[curIndex:indexEnhance]),wordLabel="ROC")
    else:
        catData(tempEnhance2, tempEnhance1, ROCEnhanceDict, curIndex, indexEnhance,
                    wordEnhance, label="ROC")
        catReLabel(labelEnhance2, labelEnhance1, ROCEnhanceDict,
                        len(wordEnhance[curIndex:indexEnhance]), wordLabel="ROC")
elif labelEnhance[indexEnhance][2:] == "GDW":
    if tempEnhance1 != []:
        catData(tempEnhance1, tempEnhance2, GDWEnhanceDict, curIndex, indexEnhance,
                    wordEnhance, label="GDW")
        catReLabel(labelEnhance1, labelEnhance2, GDWEnhanceDict,
                        len(wordEnhance[curIndex:indexEnhance]), wordLabel="GDW")
    else:
        catData(tempEnhance2, tempEnhance1, GDWEnhanceDict, curIndex, indexEnhance,
                    wordEnhance, label="GDW")
        catReLabel(labelEnhance2, labelEnhance1, GDWEnhanceDict,
                        len(wordEnhance[curIndex:indexEnhance]), wordLabel="GDW")
elif labelEnhance[indexEnhance][2:] == "STR":
```

```
            if tempEnhance1 != []:
                catData(tempEnhance1, tempEnhance2, STREnhanceDict, curIndex, indexEnhance,
                        wordEnhance, label="STR")
                catReLabel(labelEnhance1, labelEnhance2, STREnhanceDict,
                        len(wordEnhance[curIndex:indexEnhance]), wordLabel="STR")
            else:
                catData(tempEnhance2, tempEnhance1, STREnhanceDict, curIndex, indexEnhance,
                        wordEnhance, label="STR")
                catReLabel(labelEnhance2, labelEnhance1, STREnhanceDict,
                        len(wordEnhance[curIndex:indexEnhance]), wordLabel="STR")
        elif labelEnhance[indexEnhance][2:] == "MIN":
            if tempEnhance1 != []:
                catData(tempEnhance1, tempEnhance2, MINEnhanceDict, curIndex, indexEnhance,
                        wordEnhance, label="MIN")
                catReLabel(labelEnhance1, labelEnhance2, MINEnhanceDict,
                        len(wordEnhance[curIndex:indexEnhance]), wordLabel="MIN")
            else:
                catData(tempEnhance2, tempEnhance1, MINEnhanceDict, curIndex, indexEnhance,
                        wordEnhance, label="MIN")
                catReLabel(labelEnhance2, labelEnhance1, MINEnhanceDict,
                        len(wordEnhance[curIndex:indexEnhance]), wordLabel="MIN")
        else:
            if tempEnhance1 != []:
                catData(tempEnhance1, tempEnhance2, GTMEnhanceDict, curIndex, indexEnhance,
                        wordEnhance, label="GTM")
                catReLabel(labelEnhance1, labelEnhance2, GTMEnhanceDict,
                        len(wordEnhance[curIndex:indexEnhance]), wordLabel="GTM")
            else:
                catData(tempEnhance2, tempEnhance1, GTMEnhanceDict, curIndex, indexEnhance,
                        wordEnhance, label="GTM")
                catReLabel(labelEnhance2, labelEnhance1, GTMEnhanceDict,
                        len(wordEnhance[curIndex:indexEnhance]), wordLabel="GTM")
                elif n == len(j)-1:
                    temp_label = 'E-' + cur_label
                else:
                    temp_label = 'I-' + cur_label
                rel_labels.append(temp_label)
                break
```

3.4.2　面向图件数据的增强方法

地质图件是用于描述地质信息和地质特征的图像或图表，包括平面地质图、地质剖面图、综合柱状图、比例尺、图例、责任栏等基本内容。

数据增强可以提高数据利用的效率。一张图片经处理可以产生多个样本，有效利用原有数据实现数据量的"密集覆盖"。在地质图件的数据增强过程中，通过随机变化增强数据的形式、结构、参数，使训练样本更丰富、广泛，并通过弱化某些过于明显的特征识别能力，侧重学习隐含关系，防止过于依赖特征。通过数据变换，有效扩大有限的样本数量，能缓解数据不足的问题，提升小样本的训练效果。以下是一些常见的地质图件数据增强操作。

1. 平移

将图像沿着水平或垂直方向进行平移，以改变图像的位置。代码如下：

```
from PIL import Image
orig_img = Image.open('translate.jpg')                                          #打开图像
dx = 10                                                                          #x 轴方向的平移量
dy = 20                                                                          #y 轴方向的平移量
translated_img = orig_img.transform(orig_img.size, Image.AFFINE, (1, 0, dx, 0, 1, dy))#进行平移操作
translated_img.save('translated_image.jpg')                                      #保存平移后的图像
```

在上述代码中，先导入 PIL 库（Python 图像处理库），定义平移的偏移量。然后使用 Image.open()函数打开图像，用 transform 方法进行仿射变换，其中 Image.AFFINE 表示仿射变换的类型，$(1, 0, dx, 0, 1, dy)$表示仿射变换的矩阵。最后使用 save()方法将旋转后的图像保存到文件中。平移前后的图像如图 3-9 所示。

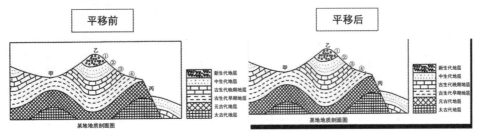

图 3-9　平移前后的图像

2. 旋转

围绕图像中心点进行旋转，以改变图像的角度和方向。代码如下：

```
from PIL import Image
image = Image.open('rotate.jpg')                      #打开图像
rotated_image = image.rotate(10, expand=True)         #旋转图像
rotated_image.save('rotated_img.jpg')                 #保存旋转后的图像
```

在上述代码中，先使用 Image.open()函数打开图像。然后使用 rotate()函数将图像旋转 10 度，通过设置 expand=True 来确保旋转后的图像能够完整显示。最后使用 save()方法将旋转后的图像保存到文件中。旋转前后的图像如图 3-10 所示。

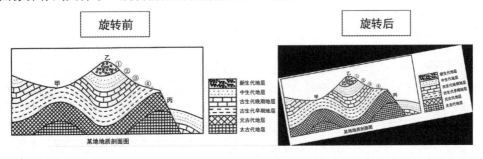

图 3-10　旋转前后的图像

3. 翻转

可以水平或垂直翻转图像，以增加数据的多样性。代码如下：

```
from PIL import Image
image = Image.open('rotate.jpg')                              #打开图像
rotated_image = image.rotate(10, expand=True)                 #水平翻转图像
flipped_image_vertical = image.transpose(Image.FLIP_TOP_BOTTOM)   #垂直翻转图像
#保存旋转后的图像
rotated_image.save('rotated_img.jpg')
flipped_image_vertical.save('flipped_image_vertical.jpg')
```

在上述代码中，首先，使用 Image.open()函数打开图像。其次，使用 transpose()函数对图像进行水平翻转。然后，使用同样的方式进行垂直翻转，通过传递 Image.FLIP_TOP_BOTTOM 参数来指定垂直翻转操作。最后，使用 save()方法将翻转后的图像保存到文件中。水平翻转前后的图像如图 3-11 所示。

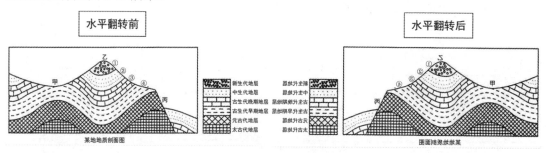

图 3-11　水平翻转前后的图像

4. 随机块

将正方形补丁随机应用在图像中，这些补丁的数量越大，神经网络解决问题的难度就越大。代码如下：

```
from PIL import Image
import numpy as np
image = Image.open('image.jpg')                               #打开图像
width, height = image.size                                    #获取图像尺寸
block_size = 100                                              #定义随机块的大小
random_block = np.random.randint(0, 256, (block_size, block_size, 3), dtype=np.uint8) #生成随机块
#随机块的位置
x = np.random.randint(0, width - block_size)
y = np.random.randint(0, height - block_size)
#将随机块合并到原始图像上
image_array = np.array(image)
image_array[y:y+block_size, x:x+block_size] = random_block
result_image = Image.fromarray(image_array)
#保存增加随机块后的图像
result_image.save('result_image.jpg')
```

在上述代码中，首先，使用 Image.open()函数打开图像，并获取图像的宽度和高度。其次，定义随机块的大小，并使用 NumPy 库生成一个随机块，其大小为(block_size, block_size,

3)，表示 RGB 颜色通道。然后，随机选择随机块的位置，并将随机块合并到原始图像上。最后，使用 save()方法将添加随机块后的图像保存到文件中。添加随机块前后的图像如图 3-12 所示。

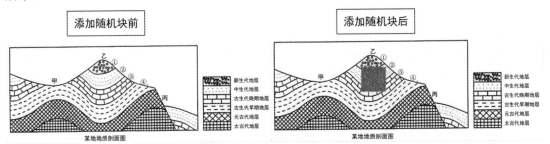

图 3-12　添加随机块前后的图像

5. 亮度、对比度和饱和度调整

一是调整图像的亮度，使其更亮或更暗；二是调整图像的对比度，使其更清晰或更柔和；三是调整图像的饱和度，使其可以影响图像的颜色表现。代码如下：

```
from PIL import ImageEnhance
image = Image.open('image.jpg')#打开图像
#调整亮度
brightness_factor = 1.5
brightness_enhancer = ImageEnhance.Brightness(image)
brightened_image = brightness_enhancer.enhance(brightness_factor)
#调整对比度
contrast_factor = 1.5
contrast_enhancer = ImageEnhance.Contrast(brightened_image)
contrasted_image = contrast_enhancer.enhance(contrast_factor)
#调整饱和度
saturation_factor = 1.5
saturation_enhancer = ImageEnhance.Color(contrasted_image)
final_image = saturation_enhancer.enhance(saturation_factor)
#保存调整后的图像
final_image.save('final_image.jpg')
```

在上述代码中，先使用 Image.open()函数打开图像。然后分别创建亮度、对比度和饱和度的增强器对象。使用 enhance()方法并传入相应的增强倍数，可以获得调整后的图像。最后使用 save()方法将调整后的图像保存到文件中。亮度、对比度和饱和度调整前后的图像如图 3-13 所示。

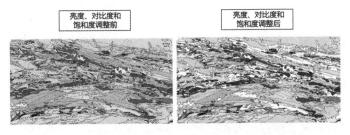

图 3-13　亮度、对比度和饱和度调整前后的图像

6. 添加高斯噪声

可以向图像中添加高斯噪声，模拟真实世界中的噪声情况。代码如下：

```
import cv2
import numpy as np
image = cv2.imread('image.jpg')#读取图像
#生成高斯噪声
mean = 0
stddev = 50
noise = np.random.normal(mean, stddev, image.shape).astype(np.uint8)
#将噪声叠加到图像上
noisy_image = cv2.add(image, noise)
#保存增加高斯噪声后的图像
cv2.imwrite('noisy_image.jpg', noisy_image)
```

在上述代码中，首先，使用 cv2.imread()函数读取图像。其次，使用 NumPy 库的 np.random.normal()函数生成与原始图像大小相同的服从高斯分布的随机数，其中 mean 表示均值，stddev 表示标准差。然后，使用 OpenCV 库的 cv2.add()函数将噪声叠加到原始图像上，得到带有高斯噪声的图像。最后，使用 cv2.imwrite()函数将添加高斯噪声后的图像保存到文件中。添加高斯噪声前后的图像如图 3-14 所示。

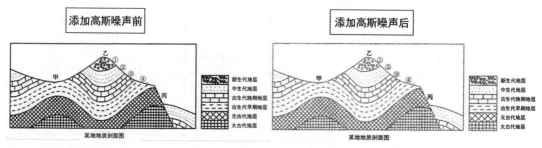

图 3-14　添加高斯噪声前后的图像

3.5 数据标注

本书在基于地质报告的实体关系数据集标注中共采用 6 份来自不同区域的中文区域地质调查报告。每一份地质报告中都详细地介绍了该区域的自然环境、地层地貌及地层岩性。结合地质报告的组织形式和地质报告文本实体关系的描述特点，构建一个基于地质报告的实体关系数据集。本次标注的语料库对空间关系、结构关系、属性关系及功能关系四大类进行标注，共计 24 种特定关系。基于地质报告的三元组标注规范如表 3-4 所示。

在构建数据集的过程中，首先对语料库进行预标注，并在标注过程中去除英文单词、特殊符号、图表等无关信息；其次开始构建基于地质报告的实体关系数据集。在构建关系数据集的过程中，数据集是通过手动注释的方式进行标注的，标注过程中共邀请了 7 名有地质领域研究背景的学生和 2 名指导老师合作构建数据集。每一次标注后根据标注的结果进行一致性检验，对不一致的结果进行讨论分析，整个构建过程共进行了 4 轮迭代。本次标注共得到

2432 条语句，本书将所构建的数据集称为地质报告实体关系数据集（Geological Report Entity Relation Dataset，GRERD）。

表 3-4 基于地质报告的三元组标注规范

大类	小类	例句	关系三元组
空间关系	出露于	晚奥陶-志留纪侵入岩主要出露于调查区南部	（晚奥陶-志留纪侵入岩，出露于，调查区南部）
	位于	库木奇志留纪基性杂岩（Svβμ）主要分布在红柳沟—拉配泉南华纪—早古生代结合带中，位于调查区中西部	（库木奇志留纪基性杂岩，位于，调查区中西部）
	整合接触	索拉克组与上部中奥陶统环形组为整合接触	（索拉克组，整合接触，中奥陶统环形组）
	不整合接触	索拉克组与上覆地层上石炭-下二叠统因格布拉克组为不整合接触	（索拉克组，不整合接触，下二叠统因格布拉克组）
	假整合接触	童子岩组平行不整合茅口组	（童子岩组，假整合接触，茅口组）
	断层接触	索拉克组与中—上奥陶统拉配泉群为断层接触	（索拉克组，断层接触，上奥陶统拉配泉群）
结构关系	分布形态	石炭系呈东西向带状展布	（石炭系，分布形态，带状展布）
属性关系	大地构造位置	石炭系大地构造位置位于冈底斯构造带北缘	（石炭系，大地构造位置，冈底斯构造带北缘）
	地层区划	石炭系地层区划属冈底斯地层分区	（石炭系，地层区划，冈底斯地层）
	出露地层	红柳沟金铜矿区出露地层主要为南华-下奥陶统红柳沟岩群	（红柳沟金铜矿区，出露地层，南华-下奥陶统红柳沟岩群）
	岩性	晚奥陶世-志留纪闪长岩体主要岩性为蚀变的闪长岩	（晚奥陶世-志留纪闪长岩，岩性，蚀变的闪长岩）
	厚度	闪长岩厚度为 35.60m	（闪长岩，厚度，35.60m）
	出露面积	侵入岩岩体出露面积约占矿区面积的 20%，为 54m²	（侵入岩，出露面积，54m²）
	坐标	索拉克铜金矿点中心地理坐标：东经 90°11′47″；北纬 39°12′15″	（索拉克铜金矿点，坐标，90°11′47″）
	行政区划	测区行政区划隶属西藏自治区丁青县类乌齐县洛隆县昌都县江达县贡觉县察雅县	（测区，行政区划，察雅县）
	长度	斯日崩断裂带（F2）位于测区东南隅，阿拉坦达巴道班幅境内，全长约 20m	（斯日崩断裂带，长度，20m）
	含有	灰黑色中层-块状灰岩，含有燧石条带	（灰黑色中层-块状灰岩，含有，燧石条带）
	所属年代	红柳沟金铜矿区时代属于早中二叠世	（红柳沟金铜矿区，所属年代，早中二叠世）
	海拔	索拉克铜金矿点平均海拔高度 2800m	（索拉克铜金矿点，海拔，2800m）
	属于	矿区属于红柳沟-拉配泉金、铜、铅、锌、铁多金属成矿亚带	（矿区，属于，多金属成矿亚带）
	古生物	罗平生物群中含有的古生物有棘皮动物、软体动物、腕足动物等	（罗平生物群，古生物，棘皮动物）
功能关系	发育	阿尔金岩群中片麻岩、片岩、变粒岩、角闪岩、石英岩及大理岩均发育	（阿尔金岩群，发育，片麻岩）

续表

大类	小类	例句	关系三元组
功能关系	侵入	阿尔金岩群被晚奥陶世-志留纪二长花岗岩侵入	（阿尔金岩群，侵入，晚奥陶世-志留纪二长花岗岩）
	吞噬	铜矿后期被含浸染状黄铁矿的中酸性杂岩体侵位吞噬	（铜矿，吞噬，杂岩体）

3.6 数据一致性检验

标注一致性检验常采用 Kappa 值及 F 值两类评价指标。其中 Kappa 值代表的是正例与负例的标注评价，常用于情感分析的语料库构建。在关系抽取语料库标注中，由于未标注的文本只能当作负例，因此无法统计。在负例较多且难以统计的情况下，可直接采用 F 值进行评价，这种情况下 F 值往往与 Kappa 值比较接近。本次基于地质报告的实体关系语料库标注一致性采用 F 值来评价，其具体过程为：将其中的一个标注视为标准，计算另一标注结果的精确率及召回率，最后计算 F 值。其计算公式如下：

$$P = \frac{A_1 和 A_2 标注结果一致的标注总数}{A_2 的标注总数} \tag{3-9}$$

$$R = \frac{A_1 和 A_2 标注结果一致的标注总数}{A_1 的标注总数} \tag{3-10}$$

$$F = \frac{2 \times P \times R}{P + R} \tag{3-11}$$

本次实体关系数据集标注，在每一阶段结束后都进行了标注一致性检验，具体结果如表 3-5 所示。

表 3-5 标注一致性检验结果

关系类型	第一轮	第二轮	第三轮	第四轮
出露于	80.2%	82.6%	85.9%	92.1%
位于	78%	83.7%	87.8%	91.8%
整合接触	78.3%	84.1%	86.9%	92.6%
不整合接触	78.1%	83.9%	85.2%	93.2%
假整合接触	79%	83.7%	85.7%	95.2%
断层接触	79.4%	84.3%	86.7%	96.2%
分布形态	78.5%	84.8%	87.1%	96.1%
大地构造位置	79.2%	83.5%	86.9%	91.6%
地层区划	80.1%	82.9%	89.6%	93.6%
出露地层	78.6%	84.3%	87.9%	95.8%
岩性	80.3%	85%	87.6%	94.2%
厚度	78.4%	85.1%	89.8%	92.8%
出露面积	79.3%	84.8%	87.6%	95.6%
坐标	79.5%	83.9%	86.6%	96.7%
行政区划	80.1%	84.8%	89.7%	96.1%

续表

关系类型	第一轮	第二轮	第三轮	第四轮
长度	81%	85.6%	86.4%	95.4%
含有	80.6%	85%	86.9%	96.4%
所属年代	79.6%	84.9%	87.3%	97.1%
海拔	78.3%	85.3%	89.5%	95.3%
属于	79.6%	83.6%	89.4%	94%
古生物	79.7%	84.9%	87.6%	95.4%
发育	79.9%	85.1%	88.7%	95.8%
侵入	78.3%	85.3%	85.8%	96.1%
吞噬	80.2%	84.7%	85.6%	93.1%

从表 3-5 中可以看出，经过三轮预标注及标注一致性检验之后，各个关系的标注一致性均逐轮提升，并在最终正式标注阶段达到较高水准，一致性均稳定在 0.85 以上。这说明在标注过程的第二阶段取得了良好的效果，这表明通过迭代的方式修订规范是有效的。文献指出，当标注一致性达到 0.8 时，即可认为语料的一致性是可信赖的。从最终的一致性检验结果来看，构建的语料库在一致性上是可靠的。

3.7 Python 主要的数据预处理函数

在 Python 中，有许多常用的数据预处理函数可用于数据归一化、标准化和其他常见的数据处理任务。以下是一些常用的数据预处理函数。

1. 归一化（Normalization）

将数据缩放到 0 和 1 之间，常用于处理具有不同量纲的特征。代码如下：

```python
from sklearn.preprocessing import MinMaxScaler

scaler = MinMaxScaler()
normalized_data = scaler.fit_transform(data)
```

上述代码使用 Scikit-learn 库的 MinMaxScaler() 函数进行归一化。

2. 标准化（Standardization）

将数据转换为均值为 0，标准差为 1 的分布，常用于处理具有不同均值和方差的特征。代码如下：

```python
from sklearn.preprocessing import StandardScaler

scaler = StandardScaler()
standardized_data = scaler.fit_transform(data)
```

上述代码使用 Scikit-learn 库的 StandardScaler() 函数进行标准化。

3. 二值化（Binarization）

将数值特征转换为二进制值，常用于处理阈值相关的任务。代码如下：

```
from sklearn.preprocessing import Binarizer

binarizer = Binarizer(threshold=0.5)
binarized_data = binarizer.transform(data)
```

上述代码使用 Scikit-learn 库的 Binarizer()函数进行二值化。

4. 缺失值处理

处理数据中的缺失值，常用于填充或删除缺失值。代码如下：

```
import pandas as pd
cleaned_data = data.dropna()
filled_data = data.fillna(value)
```

上述代码使用 Pandas 库的 dropna()函数删除缺失值。

5. 独热编码（OneHotEncoder）

用于将分类变量转换为机器学习算法可以处理的数值形式。代码如下：

```
from sklearn.preprocessing import OneHotEncoder

enc = OneHotEncoder()
X_transformed = enc.fit_transform(X).toarray()
```

上述代码使用 Scikit-learn 库的 OneHotEncoder()函数创建 OneHotEncoder 对象，接着使用 fit_transform()函数对数据 X 进行独热编码，并将结果转换为数组形式。

参考文献

陈金都，鹿凯宁，丁润涛，1996．工程图纸噪声滤除的数学形态方法[J]．电子测量与仪器学报．10(1)：23-27．

陈盛双，陆昊娟，李亮，等，2001．彩色图像去噪方法的研究[J]．武汉理工大学学报·信息与管理工程版，32(1)：10-12．

高为广，何海波，2004．自适应抗差联邦滤波算法[J]．测绘学院学报，21(1)：24-26．

孙家抦，2009．遥感原理与应用[M]．武汉：武汉大学出版社．

库向阳，李崇贵，姚顽强，2011．遥感图像几何校正的支持向量机算法研究[J]．西安电子科技大学学报（自然科学版），38(5)：121-128．

徐青，张艳，耿则勋，等，2007．遥感图像影像融合与分辨率增强技术[M]．北京：科学出版社．

朱述龙，朱宝山，王卫红，2006．遥感图像处理与应用[M]．北京：科学出版社．

张伟，曹广超，2011．浅析遥感图像的几何校正原理及方法[J]．价值工程，30(2)：189-190．

张旭明，徐滨士，董世运，等，2005．用于图像处理的自适应中值滤波[J]，计算机辅助设计与图形学学报，17(2)：295-299．

第 4 章
地质命名实体识别算法及实现

4.1 相关分析

　　地质领域专业文本（以地质调查报告为代表）中含有大量高价值地质知识，对其中蕴含的实体进行抽取与挖掘是开展后续分析的基础。相比于通用领域的命名实体识别，地质领域的命名实体识别有很大不同，地质领域命名实体识别的目的是从地质领域专业文本中自动识别出具有特定地质学意义的实体（如地质构造、地层名称、矿物质类型、化石种类、时间信息、地名信息等）。对这些实体的抽取与挖掘能够为地质知识图谱构建、地理信息系统等的研究与应用提供支持，进而促进更深层次的地质领域研究与应用（如自动化与智能化的地质文献分析、矿产资源管理、地震灾害预警等）。

　　对地质文本中的地质实体进行识别时需要使用命名实体识别相关技术。命名实体识别是自然语言处理领域中的一个重要任务，其目的是在文本中自动识别出具有特定意义的实体，早期的命名实体识别方法主要基于规则与词典，使用由语言学专家根据语言知识特性手工构造的规则模板，通过匹配的方式实现命名实体识别。随着人工智能技术的不断发展，许多智能化实体识别方法已经被应用在通用领域及专业领域的命名实体识别任务中，主要包括基于机器学习的方法、基于深度神经网络的方法及基于预训练模型的方法。

　　基于机器学习的方法主要包括特征提取和分类器训练两个步骤。常用的分类器及序列标注算法包括支持向量机（SVM）、隐马尔可夫模型（Hidden Markov Model，HMM）、最大熵模型（Maximum Entropy Model，MaxEnt）和条件随机场（CRF）等。随着深度学习的兴起，基于神经网络的命名实体识别方法也逐渐受到关注。其中，最常用的命名实体识别模型包括基于循环神经网络的模型和基于卷积神经网络的模型。Strubell 等（2017）提出了迭代扩张卷积神经网络（IDCNN），相比传统卷积神经网络结构，该网络模型拥有更好的上下文预测能力，也有着较高的训练速度；Gui 等（2019）将词典信息融合到卷积神经网络结构中，解决了稀有实体的识别问题；Huang 等（2015）首次将 BiLSTM-CRF 模型用于命名实体识别中，不仅可以利用上下文信息，还可以利用 CRF 对实体进行约束；Liu 等（2019）提出了基于单词的 LSTM 模型，在输入向量中融入词汇信息，用于中文命名实体识别任务中，达到了较好的效果。基于预训练模型的方法在命名实体识别任务中已经取得了很好的效果，其中最具代表性的模型是 BERT。使用 BERT 模型作为特征提取器，将文本序列输入 BERT 模型中，获取文本序列的向量表示，再输入分类器中进行分类。除此以外，一些其他类型的预训练模型也常被用在命名实体识别任务中。Peters 等（2018）提出的 ELMo 模型将双向 LSTM 作为特征提取器并考虑上下文信息,解决了多义单词的复杂问题;ALBERT 模型(Lan, et al., 2019)通过动态屏蔽、参数共享和修改预训练任务来增强 BERT 模型。基于预训练模型的方法已经成为命名实体识别的主流方法,具有较高的精确率和良好的泛化能力。

随着地质大数据的不断发展,不少学者开始对地质领域实体对象进行梳理与总结,并进行实体识别研究。张雪英等(2010)在参照大量相关标准的基础上,根据自然语言文本的标注结果,将地理命名实体所指代的空间位置、地理特征及属性作为分类标准,设计了地理命名实体分类体系 GNEC,并以中文文本地理命名实体解析为例,验证了 GNEC 的应用性能。储德平等(2021)提出了一种 ELMO-CNN-BiLSTM-CRF 模型,实现了对地质实体及多义词的准确提取。张雪英等(2018)提出了一种面向文本数据的地质实体识别方法,将深度学习理念应用到地质实体文本信息识别中,基于深度信念网络构建了地质实体信息识别模型。吕鹏飞等(2017)通过建立地质实体关系抽取的统计语言模型,自动发现、分析地质文献中实体间的关系并进行了实验验证,取得了良好效果。谢雪景等(2023)结合 BERT 与 BiGRU-Attention-CRF 模型,对地质命名实体进行识别,取得了优异的成绩;刘文聪等(2021)结合地质科技文献中时间信息描述的特点,对通用时间信息和地质时间信息的分类进行了扩展与完善,并构建了地质时间信息语料库,实现了基于 BiLSTM-CRF 模型的时间信息抽取方法。

近年来,基于深度学习的方法在地质领域的命名实体识别中取得了很大进展,如使用预训练语言模型 BERT 进行特征提取和文本生成、利用多任务学习和迁移学习等提高模型的泛化能力和效果、探索新的数据增强和领域知识注入技术等。但仍存在一些挑战和亟待解决的问题。一方面,由于地质学的专业性和特殊性,地质领域的命名实体识别需要考虑领域特定的知识和术语,如地层、岩石、地震等。传统的基于规则和词典的方法难以涵盖地质领域的复杂语言现象和新词汇,而基于机器学习的方法需要大量的标注数据和领域知识。另一方面,地质领域的命名实体识别还需要解决领域内实体的歧义性、多样性和嵌套性等问题,并且,目前并没有基于海量地质报告文本的高质量开源中文地质实体语料库,因此对地质文本的处理与研究也是重点之一。

地质领域的命名实体识别研究具有一定的复杂性和挑战性,需要综合考虑领域知识、语言现象和应用场景。针对该领域命名实体识别的研究可以从以下几个方面展开。

(1)利用跨语言和跨领域的数据和模型提高命名实体识别的泛化性能。

(2)探索新的模型和算法结构以适应地质领域特定的语言现象和实体类型。

(3)构建更加丰富和多样的地质命名实体识别数据集以支持模型的训练和评估。

(4)利用深度学习模型对实体关系进行识别和抽取,以进一步支持地质知识图谱的构建和应用。

4.2 典型算法

4.2.1 基于 ALBERT-BiLSTM-CRF 模型的地质命名实体识别

本书提出的 ALBERT-BiLSTM-CRF 模型结构图如图 4-1 所示。该模型共分为三个部分,分别为 ALBERT 层、BiLSTM 层和 CRF 层。首先将原始文本输入 ALBERT 层，通过 ALBERT 层的预训练过程，可以将词表表征为向量的形式，其次将输出的向量输入 BiLSTM 层进行编码，前向的 LSTM 可以挖掘下文的特征，而反向 LSTM 则可以挖掘上文的特征，最终得到全局特征，即在 t 时刻所得到的隐藏状态 h_t，最后通过 CRF 层，利用 CRF 层进行解码，从而输出最优的标签序列。

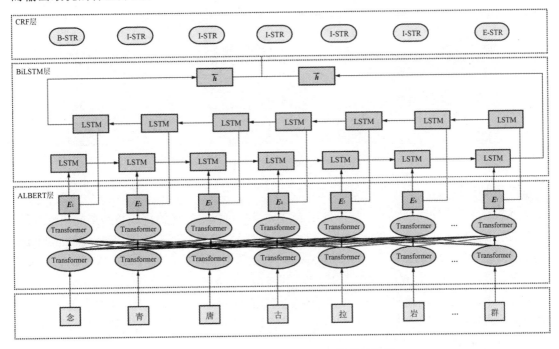

图 4-1　ALBERT-BiLSTM-CRF 模型结构图

1. ALBERT 预训练语言模型

ALBERT 模型与 BERT 模型的原理相同，均采用了 Transformer 模型的方案，但 ALBERT 模型共享了所有层的参数，使得参数大量减少，因此，本次实验研究使用 ALBERT 模型进行预训练。

BERT 模型是一个无监督的预训练模型，基于 Transformer 的双向编码器（Liu, et al., 2022），BERT 模型的核心部分就是 Transformer，将其结构进行堆叠，便可以形成 BERT 模型，BERT 模型的结构简图如图 4-2 所示。对原文本进行输入时，每个序列的第一个词始终是特殊分类嵌（[CLS]），而剩下的每一个词代表一个汉字。BERT 模型的输入分为三个部分，分别为词向量、句子向量和位置向量。词向量层可以将每一个词转换为固定维度的向量；句子向量层可以用于分类任务；位置向量层是在训练过程中得到的。BERT 模型通过 Transformer 可以有效捕捉句子之间的上下文关系，使命名实体识别的精度得到了大幅度提升。

使用 ALBERT 模型判断句子中的每一个单词是否为实体，微调时将整个句子作为输入，在每一个时间片输出一个概率，从而得到实体类别。

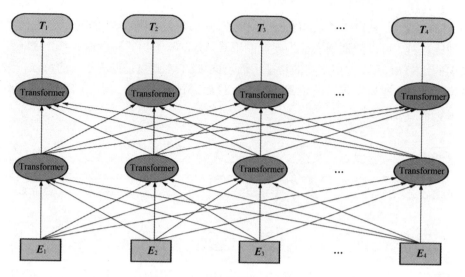

图 4-2　BERT 模型的结构简图

2. BiLSTM 层

LSTM 是循环神经网络的一种,使用 LSTM 模型可以更好地捕捉较长距离的依赖关系,这是由于 LSTM 模型在训练的过程中可以学到记忆哪些信息和遗忘哪些信息(Schmidhuber, et al., 1997)。LSTM 模型由 t 时刻的输入数据 X_t、细胞状态 C_t、临时细胞状态 $\tilde{C}_t$、隐藏层状态 h_t、遗忘门的输出 f_t、记忆门的输出 i_t 和输出状态 o_t 组成。

(1)计算遗忘门的输出。LSTM 模型中的遗忘门可以在一定概率上控制是否遗忘上一层的隐藏细胞状态。当输入上一序列的隐藏层状态 h_{t-1} 和本次序列的输入数据 X_t 时,可以通过一个激活函数得到遗忘门的输出,即 f_t。其计算公式为

$$f_t = \sigma\left(W_f \cdot [h_{t-1}, X_t] + b_f\right) \tag{4-1}$$

(2)计算输出门的输出。输出门主要负责处理当前序列位置的输入,分为两个阶段,在第一个阶段主要使用 Sigmoid 激活函数,输出 i_t,第二个阶段则使用 tanh 激活函数,输出为 $\tilde{C}_t$。其计算公式为

$$i_t = \sigma\left(W_i \cdot [h_{t-1}, X_t] + b_i\right) \tag{4-2}$$

$$\tilde{C}_t = \tanh\left(W_c \cdot [h_{t-1}, X_t] + b_c\right) \tag{4-3}$$

(3)在输出之前,应先计算当前时刻的细胞状态 C_t。其计算公式如下:

$$C_t = f_t * C_{t-1} + i_t * \tilde{C}_t \tag{4-4}$$

(4)最后计算当前时刻的隐藏层状态及输出的结果。其计算公式如下:

$$o_t = \sigma\left(W_o \cdot [h_{t-1}, X_t] + b_o\right) \tag{4-5}$$

$$\boldsymbol{h}_t = \boldsymbol{o}_t * \tanh(\boldsymbol{C}_t) \tag{4-6}$$

前向的 LSTM 模型和反向的 LSTM 模型相结合即 BiLSTM 模型，这种网络结构可以更方便地提取上下文信息，充分地提取文本特征，其结构图如图 4-3 所示。

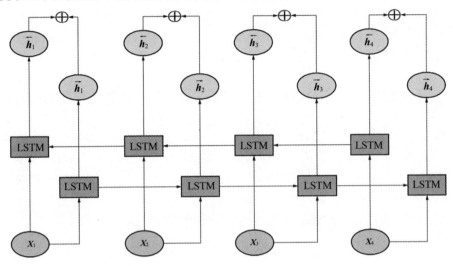

图 4-3 BiLSTM 模型结构图

3．CRF 层

通过 BiLSTM 层后，得到的输出结果表示该单词对应各个类别的分数，将这些分数作为 CRF 层的输入，类别序列中分数最高的类别即预测的最终结果。加入 CRF 层，是因为在 BiLSTM 层虽然可以对序列中的上下文信息进行分析，选取最高的得分并输出，但无法考虑序列之间的限制关系。而 CRF 层可以为最后预测的标签添加一些约束条件，并且保证标签的合法性。CRF 层的主要约束条件如下。

（1）一个实体是以"B-"和"O"开始的，而非"I-"。

（2）标签"B-label1，I-label2，…，E-label3"中，label1、label2、label3 应该属于同一类实体，否则判定为非法标签序列。

（3）有效的标签序列只能为"O B-label"，而"O I-label"是非法序列。

CRF 模型中有两类特征函数，分别为状态特征函数和转移特征函数。状态特征函数用当前节点，即某个输出位置的状态分数表示；而转移特征函数用上一个节点到当前节点的转移分数表示。在线形链 CRF 模型中，当定义好一组特征函数时，给每一个特征函数 f_j 赋予权重 λ_j，便可以利用特征函数集来进行评分：

$$\text{score}(l \mid s) = \sum_{j=1}^{m} \sum_{i=1}^{n} \lambda_j f_j(s, i, l_i, l_{i-1}) \tag{4-7}$$

式中，s 代表一个句子；l 为所标注的序列。表达式中有两层求和，外层用来求每一个特征函数 f_j 评分值的和，内层用来求句子中每个位置单词特征值的和。对这个分数进行指数化和标准化，即可得到标注序列 l 的概率值 $p(l|s)$：

$$p(l\,|\,s)=\frac{\exp\big[\operatorname{score}(l\,|\,s)\big]}{\displaystyle\sum_{l'}\exp\big[\operatorname{score}(l'\,|\,s)\big]}\qquad(4\text{-}8)$$

采用 ALBERT-BiLSTM-CRF 模型进行地质命名实体识别，主要优势在于利用 ALBERT 模型中的 Transformer 可以有效地捕捉句子之间的上下文关系，使得命名实体识别的精度得到了大幅度的提升；采用 BiLSTM 这一模型可以更好地捕捉较长距离的依赖关系；CRF 层可以为模型提供标签约束关系，并选择得分最高的序列作为最终的输出结果。

4.2.2　基于 BERT-BiGRU-Attention-CRF 模型的地质命名实体识别

BERT-BiGRU-Attention-CRF 模型由 BERT 层、BiGRU 层、Attention 层与 CRF 层组成，模型结构图如图 4-4 所示。首先将输入序列输入 BERT 层进行预训练，获得与上下文相关的表征，用于解决生僻字多、实体嵌套的实体识别等关键问题；其次将从 BERT 层获取的向量输入 BiGRU 层与 Attention 层解决文本长期记忆和长文本依赖问题，以及地质实体字符长度过长的关键问题；最后通过 CRF 层进行解码，获得输出序列。

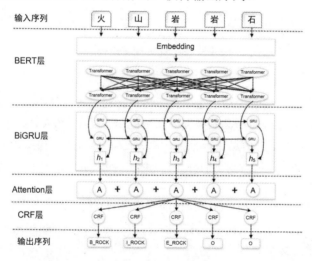

图 4-4　模型结构图

1.　BERT 预训练语言模型

本书针对传统语言模型无法解决地质命名实体存在的生僻词多、实体嵌套、语义复杂等问题，特引入 BERT（Enkhsaikhan, et al., 2011）预训练语言模型。相对于 ELMo（Peters, et al., 2019）与 OpenAI-GPT（Ethayarajh, et al., 2019）两种预训练模型，BERT 能同时从前后两个方向提取上下文信息，获得词向量的表示。BERT 较前两者所做的改进如下。

（1）掩码语言模型（Masked Language Model，MLM）。为获得与上下文相关的双向特征表示，BERT 在预训练阶段随机屏蔽掉 15% 的标记，并根据上下文预测这些标记，这样可以更好地根据全文理解单词的语义，并以一定的概率保留单词的语义信息，使信息不至于完全被遮掩。因此，若出现生僻词，掩码语言模型可以根据上下文进行预测，从而有效解决地质命名实体生僻词多、语义复杂的问题。

（2）"下一句"预测（Next Sentence Prediction）模型。对于实体嵌套的问题，同一个字符可能同时具有两个或以上的标签，问题较为复杂，因此，传统的基于字符的非嵌套命名实体识别由于实体嵌套问题变成了嵌套命名实体识别。解决该问题的方法有多种，其中基于阅读理解的方法（Utami, et al., 2023）近年来表现出较好的效果，它为非嵌套命名实体识别与嵌套命名实体识别提供了统一的处理框架。阅读理解的任务是查询句子中是否存在指定问题的答案，实体通过在给定的上下文中回答问题来提取。由于 BERT 预训练语言模型包含"下一句"预测模型，它允许在模型中同时输入两个不同的句子，擅长处理句子的匹配任务，可作为基础模型完成阅读理解的任务。本书中嵌套实体的最终输出结果为最外层的实体，因此在输出序列中每个字符只有一个标签。

为了明确地表达地质文本中的一个句子，BERT 预训练语言模型的输入为字符级向量嵌入序列，对于每一个字符，其表征由字符级向量嵌入、句级向量嵌入、位置向量嵌入求和获得。其中，句级向量嵌入对应句子的唯一向量表示。位置向量嵌入表示字符在句中的位置，字符或词语在句中的位置不同可能表示完全不同的语义。BERT 预训练语言模型的词向量组成如图 4-5 所示。

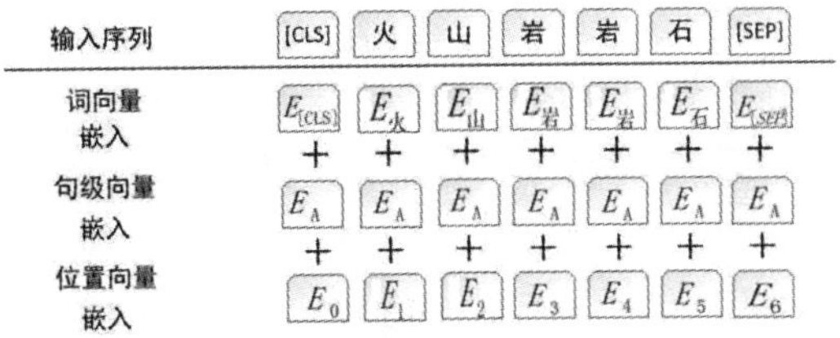

图 4-5　BERT 预训练语言模型的词向量组成

2. BiGRU 网络结构

门控循环单元（Gated Recurrent Unit, GRU）（Niu, et al., 2023）是为解决循环神经网络长期记忆与反向传播梯度消失的问题而设计的。其性能效果与 LSTM 类似，优势体现在参数少、硬件和时间成本较低，在小样本数据集上泛化能力较强。GRU 内部结构如图 4-6 所示。

GRU 结合当前的节点输入 x^t 与上个节点传输下来的状态 h^{t-1} 得出当前节点的输出 y^t 和传递给下个节点的隐藏状态 h^t。网络内部参数传递与更新公式如式（4-9）～（4-12）所示。

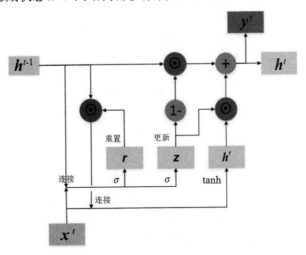

图 4-6　GRU 内部结构

$$r^t = \sigma(w^{rx}x^t + w^{rh}h^{t-1} + b^r) \tag{4-9}$$

$$z^t = \sigma(w^{zx}x^t + w^{zh}h^{t-1} + b^z) \tag{4-10}$$

$$h' = \tanh(w^{xh}x^t + r^t \odot w^{hh}h^{t-1}) \tag{4-11}$$

$$h^t = (1 - z^t) \odot h^{t-1} + h' \odot z^t \tag{4-12}$$

式中，σ 为 Sigmoid 函数，该函数用来充当门控信号，可将数值控制在[0,1]。门控信号越接近 1，表示记忆下来的数据越多；反之，遗忘的越多。r 为控制重置的门控，z 为控制更新的门控。h' 指候选隐藏状态。w^{rx}、w^{xh} 等为权重矩阵，b^r、b^z 等为偏置量。$\odot$ 表示 Hadamard 积，即将矩阵中对应的元素相乘。

重置门控得到重置之后的数据 $r^t \odot h^{t-1}$，再将该数据与 x^t 进行拼接，经过 tanh 激活函数将输出值控制在[-1,1]，得到隐藏状态 h'。更新门控同时进行遗忘和选择记忆操作，其中，$(1-z^t) \odot h^{t-1}$ 对之前节点的状态进行选择性遗忘，$h' \odot z^t$ 对隐藏状态进行选择性记忆。

双向循环网络在序列标注任务中一直优于前馈循环网络，从 GRU 单元中只能获得上文的信息，不能获得未来的信息，因此，本书使用双向 GRU 即 BiGRU 获得上下文信息。

3．Attention 层

BiGRU 可以在一定程度上解决长期记忆的问题，提取全局特征，但难以解决地质文本中的长距离依赖问题，难以保留长文本的局部细节信息。为了弥补 BiGRU 提取局部特征时所存在的缺陷，引入注意力机制（Liu, et al., 2023）提取句子中不同的字符与上下文的关联程度，有利于解决地质命名实体字符长度过长导致的长距离依赖问题。注意力机制增加与地质命名实体相关的语义的特征权重，提升局部特征的提取效果。

Attention 层对 BiGRU 层输出的特征向量 h' 进行权重分配，计算得到 t 时刻 BiGRU 层和 Attention 层的共同输出特征向量 c_t。

$$c^t = \sum_{i=1}^{n} a^{t,i} h^i \tag{4-13}$$

$$a^{t,i} = \frac{\exp\left[\text{score}(s^{t-1}, h^i)\right]}{\sum_{i=1}^{n} \exp\left[\text{score}(s^{t-1}, h^{i'})\right]} \tag{4-14}$$

$$\text{score}(s^t, h^i) = v \tanh\left[w\left(s^t, h^i\right)\right] \tag{4-15}$$

式中，$a^{t,i}$ 为注意力函数；score 函数为对齐模型，它基于 i 时刻输入和输出的匹配程度分配分数，定义每个输出给每个输入隐藏状态多大的权重；s^t 为时间 t 的上下文向量。

4．CRF 层

CRF 模型（Yu, et al., 2022）常用于序列标注任务中。它可以在 BiGRU-Attention 模型的基础上加入一些约束，确保输出标签的顺序正确。因此，CRF 层作为最终的输出解码层，用于获取地质命名实体的预测标签序列。

给定一组随机变量 x 为观测序列，输出序列为 Y，利用条件概率 $P(Y|X)$ 来描述 CRF 模型。对于一个句子，$X=\{x_1,x_2,...,x_n\}$ 表示其观测序列，对于输出序列 $Y=\{y_1,y_2,...,y_n\}$，其分数为

$$sore(X,y)=\sum_{i=1}^{m}Q_{i,y_i}+\sum_{i=0}^{m}A_{y_i,y_{i+1}} \tag{4-16}$$

式中，Q 为注意力机制输出的分数矩阵 $m*k$，其中 m 为句子的长度，k 为实体类型不同标签的数量；Q_{ij} 表示第 i 个词第 j 个标签的分数；A 是一个大小为 $k+2$ 的转移分数矩阵，其中 $A_{y_i,y_{i+1}}$ 表示由标签 i 转移到标签 $i+1$ 的分数。

$y*$ 是针对句子 X 所有可能的标注序列，最终解码时通过维特比（Viterbi）算法得到得分最高的预测标签序列。

$$y*=\arg\max\left[score(X,y)\right] \tag{4-17}$$

4.3 Python 算法实现

（1）利用 ALBERT 提取文本特征的代码：

```
#利用 ALBERT 提取文本特征
bert_model = BertVector(pooling_strategy="NONE", max_seq_len=MAX_SEQ_LEN)
f = lambda text: bert_model.encode([text])["encodes"][0]
```

（2）数据加载代码：

```
def input_data(file_path):

    sentences, tags = read_data(file_path)
    #ALBERT ERCODING
    print("start ALBERT encding")
    x = np.array([f(sent) for sent in sentences])
    print("end ALBERT encoding")

    #将 y 值统一长度为 MAX_SEQ_LEN
    new_y = []
    for seq in tags:
        num_tag = [label_id_dict[_] for _ in seq]
        if len(seq) < MAX_SEQ_LEN:
            num_tag = num_tag + [0] * (MAX_SEQ_LEN-len(seq))
        else:
            num_tag = num_tag[: MAX_SEQ_LEN]
```

```
            new_y.append(num_tag)

        #将 y 中的元素编码成独热编码
        y = np.empty(shape=(len(tags), MAX_SEQ_LEN, len(label_id_dict.keys())+1))

        for i, seq in enumerate(new_y):
            y[i, :, :] = to_categorical(seq, num_classes=len(label_id_dict.keys())+1)
return x, y
```

（3）BiLSTM 模型代码：

```
def forward(self, x):
    self.times += 1
    #遗忘门
    fg = self.calc_gate(x, self.Wfx, self.Wfh, self.bf, self.gate_activator)
    self.f_list.append(fg)
    #输入门
    ig = self.calc_gate(x, self.Wix, self.Wih, self.bi, self.gate_activator)
    self.i_list.append(ig)
    #输出门
    og = self.calc_gate(x, self.Wox, self.Woh, self.bo, self.gate_activator)
    self.o_list.append(og)
    #即时状态
    ct = self.calc_gate(x, self.Wcx, self.Wch, self.bc, self.output_activator)
    self.ct_list.append(ct)
    #单元状态
    c = fg * self.c_list[self.times - 1] + ig * ct
    self.c_list.append(c)
    #输出
    h = og * self.output_activator.forward(c)
    self.h_list.append(h)


def calc_gate(self, x, Wx, Wh, b, activator):
    '''      计算门       '''
    h = self.h_list[self.times - 1]    #上次的 LSTM 输出
    net = np.dot(Wh, h) + np.dot(Wx, x) + b
    gate = activator.forward(net)
return gate

def backward(self, x, delta_h, activator):
        self.calc_delta(delta_h, activator)
        self.calc_gradient(x)
```

（4）ALBERT-BiLSTM-CRF 模型代码：

```
def build_model(max_para_length, n_tags):
    #Bert Embeddings
```

```
bert_output = Input(shape=(max_para_length, 312, ), name="bert_output")
#LSTM 模型
lstm = Bidirectional(LSTM(units=128, return_sequences=True), name="bi_lstm")(bert_output)
drop = Dropout(0.1, name="dropout")(lstm)
dense = TimeDistributed(Dense(n_tags, activation="softmax"), name="time_distributed")(drop)
crf = CRF(n_tags)
out = crf(dense)

model = Model(inputs=bert_output, outputs=out)
model.compile(loss=crf.loss_function, optimizer='adam', metrics=[crf.accuracy])

#模型结构总结
model.summary()
plot_model(model, to_file="albert_bi_lstm_crf.png", show_shapes=True)

return model
```

（5）模型训练代码：

```
model = build_model(MAX_SEQ_LEN, len(label_id_dict.keys())+1)
history = model.fit(train_x, train_y, validation_data=(dev_x, dev_y), batch_size=32, epochs=20)
model.save("%s_ner.h5" % event_type)
```

4.4 面向地质报告的命名实体识别应用案例

4.4.1　ALBERT 框架下基于多特征融合的工程地质命名实体识别

　　面向工程地质的命名实体识别属于特定领域的命名实体识别，工程地质领域是一个专业性相对较强的领域，很多词语不能从文字表面理解，需要结合相应的专业背景和语境理解词语背后隐藏的特殊含义。目前通用领域已有的一些命名实体识别算法在工程地质领域的表现并不是很好，主要有以下几个原因：文本数据量大，内容复杂，冗余信息较多；专业名词、生僻字也相对较多，并且存在一些特殊的表达方式；实体嵌套现象频繁出现。仅依靠 ALBERT 预训练得到的文本向量很难解决上述问题，因此，本节在已有预训练模型的基础上加入了拼音向量、偏旁向量、词位向量，将多个向量进行融合（融合后的向量为*ALBERT），然后输入 BiLSTM-Attention 模型进行训练，最后用 CRF 模型来输出实体分类的结果。基于 ALBERT 的多特征融合的工程地质命名实体识别模型的结构如图 4-7 所示。

1. 训练集大小对模型性能的影响

　　分析参数对实验结果的影响后选择最佳参数，然后确定训练集的大小对模型性能的影响。将数据集按 10%的比例进行切分，从 0 开始递增，判训练集大小对精确率的影响，同时记录模型训练所耗费的时间，实验结果如图 4-8 所示。由图可知，将数据集切分为 70%和 30%时精确率达到最高，为 80.61%，此时的训练时间为 2313s。具体切分条数如图 4-9 所示。

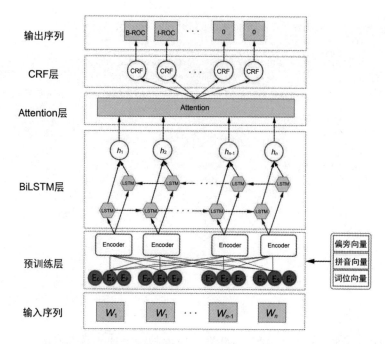

图 4-7　基于 ALBERT 的多特征融合的工程地质命名实体识别模型的结构

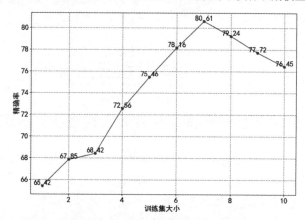

图 4-8　训练集大小对精确率的影响

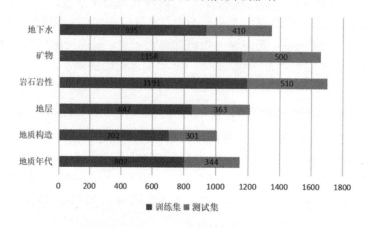

图 4-9　工程地质命名实体识别实验数据集

2．与其他模型的对比分析

为体现*ALBERT-BiLSTM-Attention-CRF 命名实体识别模型的识别效果，本节分别将其与以下几种主流命名实体识别模型进行对比实验，实验结果如表 4-1 所示。*ALBERT-BiLSTM-Attention-CRF 模型在工程地质领域的精确率、召回率、F1 指数分别达到了 80.61%、78.62%和79.60%，模型训练耗时 2313s，综合性能优于其他命名实体识别模型。相比于没有加入偏旁部首、拼音等其他特征的 ALBERT-BiLSTM-Attention-CRF 模型，*ALBERT-BiLSTM-Attention-CRF 模型的 F1 指数提高了 3.39%，这可以说明加入的偏旁部首、拼音等其他特征能够让模型更好地学习文本中隐藏的一些特征，有效改善工程地质领域命名实体识别模型的精度。ALBERT-BiLSTM-Attention-CRF 模型相比于去掉注意力机制的 ALBERT-BiLSTM-CRF 模型，F1 指数提高了 2.46%，BERT-BiLSTM-Attention-CRF 模型相比于去掉注意力机制的 BERT-BiLSTM-CRF 模型，其 F1 指数也提高了 4.23%，这说明在工程地质命名实体识别领域，注意力机制可以有效改善模型的效果。

以 Word2vec 作为预训练模型的两个模型，Word2vec-BiLSTM-Attention-CRF 模型和Word2vec-BiGRU-Attention-CRF 模型训练所耗费的时间在所有模型中是最短的，但这两个模型的 F1 指数相比于将 BERT 或 ALBERT 作为预训练模型的模型低了很多。ALBERT-BiLSTM-Attention-CRF 模型相较于 BERT-BiLSTM-Attention-CRF 模型，前者 F1 指数提高了 0.79%，模型训练耗费时间比后者少 1089s。ALBERT-BiGRU-Attention-CRF 模型相较于 BERT-BiGRU-Attention-CRF 模型，前者 F1 指数提高了 0.48%，模型训练耗费时间比后者少 1264s。以上两组模型对比，以及 ALBERT-GRU-Attention-CRF 模型和 BERT-GRU-Attention-CRF 模型对比，还有 ALBERT-BiLSTM-CRF 模型和 BERT-BiLSTM-CRF 模型对比，都可以说明，将预训练模型由 BERT 换成 ALBERT 之后，其 F1 指数与之前相差不大，并无显著提升，但模型训练所耗费的时间大大减少。综上分析，*ALBERT-BiLSTM-Attention-CRF 模型在工程地质命名实体识别任务中的表现结果最好。

3．命名实体识别实验结果分析

对每一类实体识别的结果进行分析，分析结果表明本书所设计的命名实体识别模型对工程地质命名实体的识别效果较好。识别效果如表 4-2 所示，可以发现，语料库中矿物和地下水的 F1 指数较高，分别达到了 84.21%和 82.38%，矿物的 F1 指数比较高的原因在于，矿物

表 4-1　不同命名实体识别模型对比实验结果

模型	精确率/%	召回率/%	F1 指数/%	T/s
*ALBERT-BiLSTM-Attention-CRF	80.61	78.62	79.60	2313
ALBERT-BiLSTM-Attention-CRF	78.10	74.41	76.21	2259
ALBERT-BiLSTM-CRF	76.35	71.33	73.75	2048
ALBERT-BiGRU-Attention-CRF	77.79	72.73	74.58	1881
ALBERT-GRU-Attention-CRF	78.10	71.41	74.29	1802
BERT-BiLSTM-Attention-CRF	77.57	73.52	75.42	3348
BERT-BiLSTM-CRF	74.98	67.78	71.19	3014
BERT-BiGRU-Attention-CRF	76.33	72.01	74.10	3145
BERT-GRU-Attention -CRF	75.27	65.10	69.81	3019
Word2vec-BiGRU-Attention-CRF	67.37	49.04	56.68	1476
Word2vec-BiLSTM-Attention-CRF	69.92	55.19	61.69	1598

类的命名实体大多以"石"字或"砂"字作为结尾，如"金刚石""橄榄石""海积砂"等，同时，矿物类的命名实体有一部分拥有相同的偏旁，如"黝铜"中的"铜"和"褐铁"中的"铁"，都有金字旁。这些原因使得矿物类的命名实体特征较为明显，模型在预训练时又加入了偏旁向量，所以在学习相似特征后，模型识别该类命名实体的精度略高。地下水的 F1 指数在这几类命名实体中也比较高，主要原因是地下水的表述有统一标准，表述模式相较其他命名实体来说比较单一，多以"水"字结尾，如"地下水""潜水""孔隙水""裂隙水"等。地下水这类命名实体在表述上比较相近，模型能够较快地学习这些特征，在识别时精度自然也会略微高一些。其他几类命名实体的 F1 指数相对较低，原因在于这些命名实体描述方式较多，且这些描述方式之间没有比较明显的联系，语句的类型也复杂多变，最终会影响模型的分类效果，不过这些偏差尚在可接受范围内。

命名实体中，岩石岩性的召回率要稍微高于精确率，导致这一结果的主要原因是命名实体识别语料库中岩石岩性类别的命名实体标注得比较多，而且这些命名实体的正样本较多，所以模型能够将这些命名实体较好地识别出来，因此该类别的召回率要略高于精确率。

表 4-2　工程地质命名实体识别效果

标签	命名实体	精确率/%	召回率/%	F1 指数/%
GTM	地质年代	91.89	66.67	77.27
GST	地质构造	79.82	77.78	78.79
ROC	岩石岩性	76.55	79.41	77.95
MIN	矿物	94.74	75.79	84.21
STR	地层	79.43	78.32	78.87
GDW	地下水	82.38	82.38	82.38

由上述实验结果分析可知，本书提出的命名实体识别模型在工程地质领域有较好的表现，为更清楚地展示命名实体识别的结果，挑选了一些句子的命名实体识别结果进行展示，如表 4-3 所示。表中加粗带下画线的部分为标注的实体内容。本书提出的模型对于序号 2 中这些长度较短且不存在相互嵌套的命名实体的识别结果完全正确，对于序号 3 中"志留系侏罗系碎屑岩"这种长度比较长、命名实体相互嵌套的情况也能精确识别。总体而言，本书提出的模型对于工程地质领域的命名实体识别效果良好。

表 4-3　工程地质命名实体识别结果展示

序号	测试语句	命名实体识别结果（标签及所属类别）
1	主要分布于研究区大致坡镇、文城镇、文昌市铜鼓岭、昌洒、翁田以及铺前大岭地区，多以**白垩纪**、**侏罗纪**、**三叠纪**侵入的中酸性**花岗岩**类为主，少量为基性、超基性的**辉长岩**	**白垩纪**/GTM，地质年代；**侏罗纪**/GTM，地质年代；**三叠纪**/GTM，地质年代；**花岗岩**/ROC，岩石岩性；**辉长岩**/ROC，岩石岩性
2	主要发育于**志留系**、**泥盆系**和**二叠系**之间，表现为一系列的片理化带、碎裂岩带，且强弱带相间平行排列，断层带宽度达 1km。在地形上，**断层**南东盘高，北西盘低	**志留系**/STR，地层；**泥盆系**/STR，地层；**二叠系**/STR，地层；**断层**/GST，地质构造
3	由**志留系侏罗系碎屑岩**组成，地形明显受岩性和构造制约，**砂岩**和**砾岩**成岭，**粉砂岩**、**泥岩**及**页岩**成谷，岭谷相间北东-南西向展布	**志留系侏罗系碎屑岩**/ROC，岩石岩性；**砂岩**/ROC，岩石岩性；**砾岩**/ROC，岩石岩性；**粉砂岩**/ROC，岩石岩性；**泥岩**/ROC，岩石岩性；**页岩**/ROC，岩石岩性

续表

序号	测试语句	命名实体识别结果（标签及所属类别）
4	<u>海积砂</u>分布于江平镇金滩风景区，砂主要为<u>粗砂</u>及<u>中细砂</u>，成分为<u>石英</u>、<u>长石</u>、<u>云母</u>和贝壳碎屑，分布面积约 13.4km²，可开采厚度 1～2m，因旅游开发，不适宜开采	<u>海积砂</u>/MIN，矿物；<u>粗砂</u>/MIN，矿物；<u>细砂</u>/MIN，矿物；<u>石英</u>/MIN，矿物；<u>长石</u>/MIN，矿物；<u>云母</u>/MIN，矿物
5	刚性岩石含水岩组构造相对较发育，<u>裂隙</u>受充填较少。而柔性岩石含水岩组中<u>构造裂隙</u>不太发育，且多呈闭合状，少数<u>裂隙</u>常被泥岩风化形成的黏性土充填	<u>裂隙</u>/GST，地质构造；<u>构造裂隙</u>/GST，地质构造；<u>裂隙</u>/GST，地质构造
6	从区域地下水流场分析，无论是<u>第四系松散岩类孔隙水</u>，还是<u>碎屑岩类孔隙裂隙水</u>、<u>基岩裂隙水</u>，其地下水位标高总体变化趋势均为自山前地带—谷地汇流区由高逐渐降低的趋势变动	<u>第四系松散岩类孔隙水</u>/GDW，地下水；<u>碎屑岩类孔隙裂隙水</u>/GDW，地下水；<u>基岩裂隙水</u>/GDW，地下水

4.4.2　顾及文本上下文信息的矿产资源地质命名实体识别

地质命名实体识别模型 GeoWoBERT-advBGP 的主体架构如图 4-10 所示。模型共包括两个部分：特征提取层与全局关联指针解码层。在特征提取层中，首先使用经过微调后的词粒度预训练模型 Word-based BERT（苏剑林，2020b）进行编码，从而充分获取地质文本中丰富的语义信息，将其命名为 GeoWoBERT；其次在得到的初始向量表示中加入对抗训练算法 Adversarial Training（Goodfellow, et al., 2014）增加扰动以产生对抗样本；最后将编码结果输入双向长短时记忆网络（Huang, et al., 2015）（BiLSTM），抽取出文本上下文特征信息，对模型进行增强，得到特征提取层的最终输出。在全局关联指针解码层中，使用全局关联指针算法 GlobalPointer（Su, et al., 2022；苏剑林，2021）进行解码，得到输入序列最终的标签预测结果。

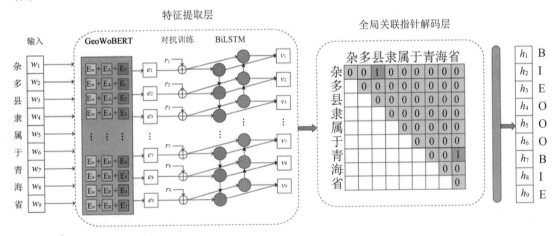

图 4-10　GeoWoBERT-advBGP 模型的主体架构

1. 不同命名实体识别模型的性能对比

在地质实体语料库中，GeoWoBERT-advBGP 模型与其他主流命名实体识别模型的对比结果如表 4-4 所示。

表4-4 与其他主流命名实体识别模型的对比结果

序号	模型名称	精确率	召回率	F1 指数
1	CRF	0.546	0.502	0.518
2	IDCNN-CRF	0.617	0.740	0.668
3	BiLSTM-CRF	0.618	0.717	0.658
4	BERT-CRF	0.602	0.625	0.609
5	BERT-BiLSTM	0.646	0.661	0.653
6	BERT-IDCNN-CRF	0.618	0.728	0.662
7	BERT-BiLSTM-CRF	0.691	0.697	0.685
8	GeoWoBERT-advBGP	0.773	0.774	0.774

将 GeoWoBERT-advBGP 模型与其他 7 个主流命名实体识别模型进行对比，由表 4-4 可知，前 3 个模型未添加预训练模型，F1 指数分别为 0.518、0.668、0.658；第 4、6、7 个模型在第 1~3 个模型的基础上添加了 BERT 预训练模型，F1 指数分别为 0.609、0.662、0.685，达到了较高的识别精确率，可见预训练模型 BERT 的重要性。相比这些主流命名实体识别模型，本书所提出的 GeoWoBERT-advBGP 模型在构建的地质实体语料库上精确率、召回率、F1 指数分别为 0.773、0.774、0.774，均达到了最佳识别精确率。由此可知，针对地质领域实体语料库嵌套实体多、单句偏长及实体庞杂晦涩等特性，本书所提出的 GeoWoBERT-advBGP 模型具有更好的适配性，能够充分适应地质领域文本的机理特征，从而拥有良好的识别性能。

2．不同预训练模型的性能对比

本节通过实验验证构建的 GeoWoBERT-advBGP 模型中所搭载的微调词粒度预训练模型 GeoWoBERT 的有效性。实验将 GeoWoBERT-advBGP 模型中的 GeoWoBERT 部分替换为其他 3 种主流预训练模型［包括 BERT（Devlin, et al., 2018）、RoBERTa（Liu, et al., 2019）、SimBERT（苏剑林，2020a）］，其他部分保持不变，实验结果如表 4-5 所示。

表4-5 预训练模型有效性验证的实验结果

预训练模型	评价指标	地质实体类型						
		ROC	MIN	STR	GST	GTM	PLA	平均值
BERT	精确率	0.730	0.884	0.826	0.529	0.820	0.771	0.756
	召回率	0.844	0.796	0.799	0.364	0.704	0.582	0.759
	F1 指数	0.783	0.838	0.812	0.431	0.758	0.663	0.752
RoBERTa	精确率	0.771	0.844	0.841	0.527	0.882	0.794	0.778
	召回率	0.851	0.833	0.825	0.293	0.634	0.455	0.749
	F1 指数	0.810	0.839	0.833	0.377	0.738	0.578	0.756
SimBERT	精确率	0.763	0.888	0.787	0.615	0.790	0.831	0.779
	召回率	0.819	0.784	0.864	0.323	0.690	0.491	0.741
	F1 指数	0.790	0.832	0.824	0.424	0.737	0.617	0.751
GeoWoBERT	精确率	0.766	0.861	0.790	0.546	0.797	0.738	0.773
	召回率	0.863	0.840	0.903	0.242	0.718	0.536	0.774
	F1 指数	0.811	0.850	0.842	0.336	0.756	0.621	0.774

由表 4-5 可知，不同预训练模型在地质实体语料库中均有着良好的识别精度。BERT 模型、RoBERTa 模型与 SimBERT 模型的 F1 指数分别达到了 0.752、0.756 及 0.751，均保持在

较高的水平，但相对来说性能均弱于本书所采用的微调词粒度预训练模型 GeoWoBERT，由此可证明 GeoWoBERT-advBGP 模型性能的优越性。

3. BiLSTM 的有效性对比

本节主要验证 GeoWoBERT-advBGP 模型中 BiLSTM 的有效性，进行两组对比实验，第一组实验使用基础预训练模型 BERT 搭载 BiLSTM 与 GlobalPointer（简记为 BERT-BGP）；第二组实验使用 BERT 直接连接 GlobalPointer（简记为 BERT-GP），两组实验均去掉对抗训练策略，并且将 GeoWoBERT 替换为基本的 BERT 模型，以保持模型的简洁性，从而更直观地展示 BiLSTM 模型的有效性，实验结果如表 4-6 所示。

表 4-6　BiLSTM 有效性验证的实验结果

地质实体类型	BERT-BGP			BERT-GP		
	精确率	召回率	F1 指数	精确率	召回率	F1 指数
岩石（ROC）	0.778	0.852	0.813	0.784	0.831	0.807
矿物（MIN）	0.860	0.796	0.827	0.881	0.827	0.853
地层（STR）	0.818	0.876	0.841	0.623	0.967	0.758
地质构造（GST）	0.364	0.214	0.301	0.500	0.333	0.400
地质时间（GTM）	0.753	0.775	0.744	0.881	0.521	0.654
地点（PLA）	0.776	0.663	0.715	0.728	0.391	0.509
平均值（Average）	0.758	0.758	0.746	0.753	0.747	0.736

由表 4-6 可知，BERT-BGP 模型和 BERT-GP 模型的平均精确率、召回率、F1 指数分别为 0.758、0.758、0.746 及 0.753、0.747、0.736，BERT-BGP 模型的性能明显优于 BERT-GP 模型，由此可知，BiLSTM 模型能够有效捕获序列的上下文特征，进而增强模型的性能。

4. 对抗训练机制的有效性对比

本节主要验证模型中对抗训练机制的有效性，分别对比结合 FGM 算法（GeoWoBERT-advBGP）与不结合 FGM 算法（GeoWoBERT-BGP）时模型的识别性能，实验结果如表 4-7 所示。

表 4-7　对抗训练机制有效性验证的实验结果

地质实体类型	结合 FGM 算法			不结合 FGM 算法		
	精确率	召回率	F1 指数	精确率	召回率	F1 指数
岩石（ROC）	0.766	0.863	0.812	0.801	0.832	0.816
矿物（MIN）	0.861	0.840	0.850	0.836	0.851	0.844
地层（STR）	0.790	0.903	0.842	0.802	0.896	0.846
地质构造（GST）	0.546	0.242	0.336	0.722	0.131	0.222
地质时间（GTM）	0.797	0.718	0.756	0.761	0.718	0.739
地点（PLA）	0.738	0.536	0.621	0.684	0.590	0.634
平均值（Average）	0.773	0.774	0.774	0.786	0.755	0.753

从表 4-7 所示的实验结果可直观看出，结合 FGM 算法的平均 F1 指数达到了 0.774，不结合 FGM 算法的平均 F1 指数达到了 0.753，能够看出加入对抗训练干扰后，模型有了明显的性能提升。

参考文献

储德平，万波，李红，等，2021. 基于 ELMO-CNN-BiLSTM-CRF 模型的地质实体识别[J]. 地球科学，46(8)：3039-3048.

吕鹏飞，王春宁，朱月琴，2017. 基于文献的地质实体关系抽取方法研究[J]. 中国矿业，26(10)：167-172.

刘文聪，张春菊，汪陈，等，2021. 基于 BiLSTM-CRF 的中文地质时间信息抽取[J]. 地球科学进展，36(2)：211-220.

苏剑林，2020a. 鱼与熊掌兼得：融合检索和生成的 SimBERT 模型[EB/OL].（2020-05-18）[2024-11-11]. https//spaces.ac.cn/archives/7427/comment-page-1.

苏剑林，2020b. 提速不掉点：基于词颗粒度的中文 WoBERT[EB/OL].（2020-09-18）[2024-11-11]. https://spaces.ac.cn/archives/7758/comment-page-1.

苏剑林，2021. GlobalPointer：用统一的方式处理嵌套和非嵌套 NER[EB/OL].（2021-05-01）[2024-11-11]. https//spaces.ac.cn/archives/8373/comment-page-8.

谢雪景，谢忠，马凯，等，2023. 结合 BERT 与 BiGRU-Attention-CRF 模型的地质命名实体识别[J]. 地质通报，42(5)：846-855.

张雪英，叶鹏，王曙，等，2018. 基于深度信念网络的地质实体识别方法[J]. 岩石学报，34(2)：343-351.

张雪英，张春菊，闾国年，2010. 地理命名实体分类体系的设计与应用分析[J]. 地球信息科学学报，12(2)：2220-2227.

DEVLIN J，CHANG M W，LEE K，et al，2018. Bert：Pre-training of deep bidirectional transformers for language understanding[J]. arXiv preprint arXiv：1810.04805.

ENKHSAIKHAN M，HOLDEN E J，DUURING P，et al，2021. Understanding ore-forming conditions using machine reading of text[J]. Ore Geology Reviews，135：104200.

ETHAYARAJH K，2019. How contextual are contextualized word representations？Comparing the geometry of BERT，ELMo，and GPT-2 embeddings[J]. arXiv preprint arXiv：1909.00512.

GOODFELLOW I J，SHLENS J，SZEGEDY C，2014. Explaining and harnessing adversarial examples[J]. arXiv preprint arXiv：1412.6572.

GUI T，MA R，ZHANG Q，et al，2019. CNN-Based Chinese NER with Lexicon Rethinking[C]. ijcai：4982-4988.

HUANG Z，XU W，YU K，2015. Bidirectional LSTM-CRF models for sequence tagging[J]. arXiv preprint arXiv：1508.01991.

LAN Z，CHEN M，GOODMAN S，et al，2019. Albert：A lite bert for self-supervised learning of language representations[J]. arXiv preprint arXiv：1909.11942.

LIU H，QIU Q，WU L，et al，2022. Few-shot learning for name entity recognition in geological text based on GeoBERT[J]. Earth Science Informatics，15(2)：979-991.

LIU S，WANG Z，An Y，et al，2023. EEG emotion recognition based on the attention mechanism and pre-trained convolution capsule network[J]. Knowledge-Based Systems，265：

110372.

LIU W，XU T，XU Q，et al，2019. An encoding strategy based word-character LSTM for Chinese NER[C]. Proceedings of the 2019 Conference of the North American Chapter of the Association for Computational Linguistics：Human Language Technologies，Volume 1 (Long and Short Papers)：2379-2389.

LIU Y，OTT M，GOYAL N，et al，2019. Roberta：A robustly optimized bert pretraining approach[J]. arXiv preprint arXiv：1907. 11692.

MATTHEW E，PETERS，MARK N，et al，2018. Deep Contextualized Word Representations[J]. In Proceedings of the 2018 Conference of the North American Chapter of the Association for Computational Linguistics: Human Language Technologies，Volume 1 (Long Papers)，pages 2227–2237，New Orleans，Louisiana. Association for Computational Linguistics.

NIU Z，ZHONG G，YUE G，et al，2023. Recurrent attention unit：A new gated recurrent unit for long-term memory of important parts in sequential data[J]. Neurocomputing，517：1-9.

PETERS M E，RUDER S，SMITH N A，2019. To tune or not to tune？adapting pretrained representations to diverse tasks[J]. arXiv preprint arXiv：1903.05987.

SCHMIDHUBER J，HOCHREITER S，1997. Long short-term memory[J]. Neural Comput，9(8)：1735-1780.

STRUBELL E，VERGA P，BELANGER D，et al，2017. Fast and accurate entity recognition with iterated dilated convolutions[J]. arXiv preprint arXiv:1702.02098.

SU J，MURTADHA A，PAN S，et al，2022. Global Pointer：Novel Efficient Span-based Approach for Named Entity Recognition[J]. arXiv preprint arXiv：2208.03054.

UTAMI N，YAHRIF M，ROSMAYANTI V，et al，2023. The Effectiveness of Contextual Teaching and Learning in Improving Students' Reading Comprehension[J]. Journal of Languages and Language Teaching，11(1)：83-93.

YU Y，WANG Y，MU J，et al，2022. Chinese mineral named entity recognition based on BERT model[J]. Expert Systems with Applications，206：117727.

第 5 章
地质实体关系智能抽取算法及实现

5.1 相关分析

人类长期以来一直在探索三大科学问题：宇宙的进化、地球的进化和生命的进化。其中，地质科学家承担了探索地球演化的使命。这些演化过程被保存在了一份份的地质工作记录中，这些记录跨越了 4 个多世纪（Wang, et al., 2021）。我国作为具有丰富地质资源的国家，在较早的时候就展开了地质调查工作，在投入大量的人力、物力、财力之后，在地质勘探、水文地质、地球物理勘探等多个方面取得了卓越的成果（王立全，等，2021）。随着时间的推移，工作成果不断积累，逐渐形成了具有多种存储形式的庞大地质资料集，包括文本、音频、图表及空间数据库等存储形式。这些数据具备丰富的信息提取价值，在大数据处理技术快速发展的时代，人们可以利用这些信息进一步发现新的知识，从而为问答系统、推荐系统及信息检索等领域提供服务（Wang, et al., 2022）。地质科学研究属于数据密集型研究科学，树立定量思维、大数据思维及信息知识化思维是当前数字化时代地质科学研究的重点（赵鹏大，2019）。

当前，国内的地质数据管理平台功能齐全、数据丰富，例如，全国地质资料馆，该平台不仅有海量的地质数据，同时数据种类丰富（Wang, et al., 2022）。据统计，截至 2023 年 3 月底，全国地质资料馆地质资料的存储量已达 20 万余档，数据总量达 300TB，且均已实现数字化。"堆积如山"的地质数据（如地质剖面图、地质图、地质报告/文献、地质期刊）呈现出多源、多维和异质性等鲜明特点（Chen, et al., 2017；Tan, et al., 2017；Zhou, et al., 2021），从海量地质文本中手动提取和理解信息可能非常耗时，因此，许多研究工作都致力于实现信息提取和知识发现过程的自动化。地质知识抽取主要用于从结构化、半结构化或非结构化的地质数据中提取属性、实体及实体间的相互关系（Qiu, et al., 2019a,b；Chen, et al., 2023；Li, et al., 2019；Liu, et al., 2020）。地质实体关系抽取作为知识抽取的关键一步，其目的是从无结构化或半结构化的地质文本中抽取出结构化的关系三元组，这不仅能够促进地质知识库的自动构建，还能为地质知识的智能检索和语义分析提供一定的支持和帮助。区域地质报告、地质灾害报告是地质学家在野外勘探过程中积累的地质知识和专家经验的重要载体，对其中的关键信息进行深入分析，有助于更全面、更准确地探索地质规律（Qiu, et al., 2019a,b）。

地质文本中的非结构化文本存在大量和地质信息相关的地质概念，如岩石、地质构造特征、地质时间、地质方位、地名等，这些内容词及其之间的关系能充分反映调查区域的人文、经济和地理特征。地质命名实体识别和关系抽取是信息抽取任务中的重要环节，能够实现地质报告中非结构化文本的结构化。在地质科学领域，人们针对地质命名实体识别和关系抽取的单一任务已经做了不少工作，但是对于联合两个子任务并以此构建三元组的研究依旧较少。此外，与通用领域相比，地质领域实体关系抽取的研究面临几大难点。第一，地质领域的实体和关系种类多样，难以对实体及关系类型进行准确定义。例如，很难给出实体"若尔盖坳陷""千佛岩组""奥陶纪"和关系"沉积岩最大厚度""上覆岩层最早时期"的准确定义，这些实体和关系与通用领域的实体和关系差异较大，难以把通用领域实体及关系类型的定义迁移到地质领域。第二，地质领域目前缺乏专门用于中文地质实体关系识别的高质量数据集，而现有的实体与关系模型和技术（如流水线提取和联合关系提取）在应用于地质关系提取时存在局限性，因为它们侧重于利用有限的抽象数据集（如公开地质期刊的摘要数据，这些数据主要通过地质摘要文本来描述简单的地质关系）。第三，目前在地质文本中，地质实体关系均存在大量重叠等问题。第四，地质领域中的实体普遍较长，存在大量的嵌套实体及不常见的地名和地质术语，让人难以理解。此外，地质报告的内容基本为逐点阐述，上下文语义关系薄弱，缺乏上下文之间的关联信息。

地质三元组是指将句子中命名实体识别和关系/属性等进行整合，形成（主实体，关系/属性，客实体/属性值）的形式。这类形式可以以结构化的形式存储文本。用三元组构建知识图谱是一项极具研究价值的工作。因此，应积极利用大数据思维，根据地质行业数字化和信息化的实际应用需求，有效解决地质资料未得到充分利用的问题，为进一步的地质知识挖掘提供基础。

5.2 实体关系抽取

5.2.1　实体关系抽取的研究现状

实体关系抽取的目的是对句子中实体和实体之间的关系进行识别，抽取句子中的三元组，即（实体 1，关系，实体 2）三元组，得到的三元组信息可以提供给知识图谱构建、问答、机器阅读等下游自然语言处理任务。实体关系抽取是自然语言处理的一个基本任务（王智广，等，2021）。目前大部分实体关系抽取主要集中在句子这一粒度上（Qiu, et al., 2019；谢雪景，等，2023；Ma, et al., 2021）。当前实体关系抽取方法主要分为两类，分别为基于流水线的实体关系抽取方法和基于实体关系的联合抽取方法（黄徐胜，等，2021；Wan, et al., 2021；Zhao, et al., 2021）。

目前在很多领域，有大量的学者利用有监督的方法来进行实体关系的抽取。传统机器学习方法如特征向量、核函数等都有着广泛的应用。车万翔等（2005）将实体左右两边的词作为特征，结合支持向量机与 Winnow 算法，在通用领域的关系抽取上取得了不错的成果。Zhang 等（2006）对卷积树核函数进行了改进并提出了一种复合函数对实体关系进行抽取，在公开数据集 ACE 上获得了较好的效果。当前，深度学习的快速兴起与广泛应用为实体关系抽取提供了新的方向。早期的三元组抽取大多采用流水线提取方法，然而这种方法会传播误差，效果不尽如人意。联合提取方法通过各种依赖关系将两个子模型联系起来，包括整数线性规划和全局概率图模型。在后来的研究中，人们陆续提出了表格填充方法、多层标签方法和强化学习方法，解决了在复杂条件下抽取三元组的问题。例如，Liu 等（2013）提出了基于卷积神经网络的模型，并将其应用于关系抽取任务，相比传统方法效果提升明显。Zhou 等（2016）联合注意力机制和双向长短时记忆网络 BiLSTM 模型，并在 SemEval-2010 数据集上取得了较好的效果。Cai 等（2016）提出了双向递归卷积神经网络（Bidirectional Recursive Convolutional Neural Network，BRCNN）模型，有效利用实体最短路径依赖信息进行实体关系抽取；张心怡等（2020）针对煤矿领域知识抽取中存在的术语嵌套等问题，提出了一种深层注意力模型框架，实验结果表明，在煤矿领域语料中，相较于编码-解码结构的模型，该模型取得了很好的效果，可有效地完成煤矿领域的术语抽取及术语关系抽取这两项知识抽取子任务；审利言等（2020）针对病虫草害防治文本中大量实体没有明确边界，以及药剂与病虫草害实体间存在多种关系类型的特点，设计了一种基于新标注模式的双层长短时记忆网络与注意力机制结合的水稻病虫草害与药剂的实体关系联合抽取算法（JE-DPW）；谢腾等（2021）针对中文具有复杂的语法和句式且现有的神经网络模型提取特征的能力有限，以及语义表征能力较差等特点提出了一种融合多特征 BERT 预训练模型的实体关系抽取算法，取得了很好的效果；陆亮等（2021）提出了融入对话交互信息的实体关系抽取方法，通过交叉注意力机制获取对话交互信息，提升性能，并结合多任务学习来解决语料库数据分布不均衡的问题；马建红等（2021）针对目前机器学习方法在化学领域的资源实体及关系抽取任务上召回率低，以及高度依赖人工特征工程和领域知识的问题，提出了一种基于实体信息及关系信息融合标注的联合抽取方法；胡滨等（2021）针对传统实体关系抽取方法中主体特征与句向量难以有效融合、现有 BIO 标注策略难以有效处理重叠关系的问题，提出了一种基于 BERT 和双重指针标注的家禽疾病诊疗文本实体关系联合抽取模型，可快速准确地抽取家禽疾病诊疗复杂知识文本中的实体关系三元组；唐晓波等（2021）提出金融领域实体关系联合抽取模型，加强了对金融文本复杂重叠关系的识别，可以有效避免传统的流水线模型中识别错误在不同任务之间传递的情况；何阳宇等（2021）为了对互联网上大量的老挝语军事类文本进行结构化分析，提出了一种基于双向长短时记忆网络和多头注意力机制的军事领域实体关系抽取方法，实验结果表明，该方法对于老挝语军事领域的实体关系抽取具有很好的效果；王庆棒等（2021）针对食品舆情中常出现的实体对多关系问题，在卷积神经网络中引入基于位置感知的领域词语义注意力机制，在双向长短时记忆网络中引入基于位置感知的语义角色注意力机制，构建了基于 CNN-BiLSTM 的食品舆情实体关系抽取模型，并验证了模型的合理性和有效性。

在有监督关系抽取中，通常把关系抽取当作关系分类问题来处理，但是经常出现模型缺乏训练标注数据的情况。为解决这类问题，Mintz 等（2009）首次提出远程监督的思想，使用知识库对齐目标文本的方法，构造远程监督数据集；Riedel 等（2010）在此基础上提出了"至少一次"假设，把远程监督关系抽取看作多实例学习（MIL）问题，把所有包含该实体对的句子整合成句袋，基于句袋进行分类；Hoffmann 等（2011）提出多实例结合多标签的方法缓解错误标注的问题；Zeng 等（2015）在远程监督方法中使用了卷积神经网络模型，提出了 Piecewise CNN 模型，采用 max pooling 的方法，保留细粒度的信息；在 PCNN 的基础上，Lin 等（2016）融合注意力机制，给句袋中的每一个句子分配权重，权重的大小决定了该句在句袋中的比重，有效地缓解了数据集中的噪声问题；Feng 等（2018）提出了基于强化学习的模型，该模型的实例选择器用于减轻噪声，使得模型可以更有效地训练数据，然后进行关系分类训练。

由于地质实体间关系复杂、类型多，采用智能建模方法实现地质实体的关系自动识别难度大。因此，目前基于地质文本信息的抽取研究主要集中在地质实体的抽取及可视化表达等方面，如 Zhu 等（2017）提出的地质知识图谱构建框架及探索，张雪英等（2018）采用 DBN 模型实现了对地质实体信息的初步识别。而地质实体间关系抽取还停留在关键的阶段，如朱月琴等（2017）在地质数据语义模型中提出地质文本表达中的 6 种地质语义关系；吕鹏飞等（2017）采用统计语言模型和基于规则的方式提取三元组集合；黄徐胜等（2021）针对目前金矿实体关系抽取涉及的核心问题，提出了基于 BERT 的远程监督关系抽取模型，并通过金矿地质数据编码、金矿分类和金矿地质实体过滤等模块的优化改进，提高了金矿地质实体关系抽取的精确率，并最终验证了其准确性；邱芹军等（2023）针对地质领域实体关系复杂等特点，提出了面向地质领域实体关系联合抽取的模型，着重对地质文本中存在的复杂重叠关系进行识别，避免了传统流水线模型中存在的实体识别错误造成的级联误差；Wang 等（2022）提出了一种从地质报告文本中提取三元组信息的自动化模型 GeoERE-Net，并构建了地质实体关系数据集，实验结果显示，该模型取得了很好的实验效果。

5.2.2　实体关系抽取的典型算法

1. BERT-BiGRU-CRF 模型

BERT-BiGRU-CRF 模型的整体结构如图 5-1 所示，包含 BERT 层、正向 BiGRU 层、反向 BiGRU 层和 CRF 层四个部分。句子输入 BERT 层，获得每个字的基于上下文计算的向量表示，将字的向量输入正向 BiGRU 层及反向 BiGRU 层得到每个字对于各标签的非归一化概率分布，将其作为 CRF 层的输入，最终得到考虑标签之间依赖关系的全局最优标签序列。

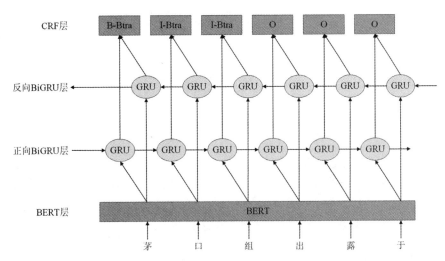

图 5-1　BERT-BiGRU-CRF 模型的整体结构

BERT 主要分为三个部分：Embedding 模块、Transformer 模块及预微调模块。Embedding 模块包括 Token Embeddings、Segment Embeddings 和 Position Embeddings。BERT 主要利用了 Transformer 的 Encoder 结构，共包含六个编码器块，如图 5-2 所示。

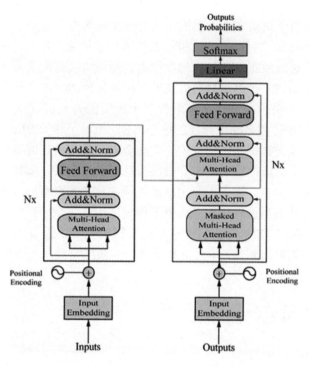

图 5-2　BERT 的六个编码器块

如图 5-2 所示，与传统的神经网络相比，在 Transformer 输入部分加入位置编码来保留单词的位置信息，以准确地反映文本单词的排列和文本语义之间的关联。其中可以通过三角函数来定义位置编码，其数学表达式如下：

$$PE_{pos,2i} = \sin\left[\frac{pos}{10000}\exp\left(\frac{2i}{d_{model}}\right)\right] \tag{5-1}$$

$$PE_{pos,2i+1} = \cos\left[\frac{pos}{10000}\exp\left(\frac{2i}{d_{model}}\right)\right] \tag{5-2}$$

式中，$PE_{pos,i}$ 代表文本序列中第 pos 个位置中第 i 维的位置编码，pos 表示当前词语在文本序列中的位置号码，i 表示当前向量中每个值的索引。

Encoder 部分由多头自注意力机制、层次归一化及残差连接组成。自注意力机制首先在每个 Encoder 的输入向量上创建三个向量，分别为 Querie 向量、Key 向量和 Value 向量，其次根据原词向量分别计算这三个向量，其数学表达式如下：

$$Querie = X * W^Q \tag{5-3}$$

$$Key = Querie * W^K \tag{5-4}$$

$$Value = Key * W^V \tag{5-5}$$

式中，X 为与上下文无关的词向量；W^Q、W^K、W^V 是待训练的参数。

再次，计算得分 Score，其数学表达式如下：

$$\text{Score} = \frac{q_i * \text{Key}}{\sqrt{d_k}} \tag{5-6}$$

式中，q_i 为计算得到的 n 个得分，即（$1,n$）的 Score 向量；d_k 为输入向量的维度，这里取 64。

最后，利用 Softmax 进行标准化，令每个 Value 向量乘以 Softmax 标准化后的得分，得到新的向量 z_i，其数学表达式如下：

$$z_i = \text{Softmax}\left(\text{Score}\right) * V \tag{5-7}$$

式中，Softmax(Score)是对某个词向量而言，所有词向量对该词向量的权重；V 为计算所得到的 Value 向量。

自注意力机制的计算公式如下：

$$\text{Attention}\left(Q, K, V\right) = \text{Softmax}\left(\frac{QK^{\text{T}}}{\sqrt{d_k}} V\right) \tag{5-8}$$

式中，Q,K,V 分别代表 Querie 向量、Key 向量和 Value 向量；QK^{T} 为 Querie 向量和 Key 向量进行点积运算得到的分值，d_k 为输入向量的维度。

而多头注意力机制是指 Querie 向量、Key 向量和 Value 向量先经过线性变换，然后输入放缩点积 Attention 层，共执行 h 次，每一次为一头，即多头。每个头的计算方式如下：

$$\text{head}_i = \text{Attention}\left(QW_i^Q, KW_i^K, VW_i^V\right) \tag{5-9}$$

$$\text{MultiHead}\left(Q, K, V\right) = \text{Concat}\left(\text{head}_1, \cdots, \ \text{head}_h\right)W^Q \tag{5-10}$$

由于神经网络的训练具有高度的计算复杂性，为了加快训练和收敛的速度，使用层归一化操作。层归一化操作会对一层的输入 $x_1, x_2, \ldots, x_d$ 进行归一化操作，得到 $x'_1, x'_2, \ldots, x'_d$，计算公式如下：

$$\mu = \frac{1}{d}\sum_{i=1}^{d} x_i \tag{5-11}$$

$$\sigma = \sqrt{\frac{1}{d}\sum_{i=1}^{d}\left(x_i - \mu\right) + \varepsilon} \tag{5-12}$$

$$x'_i = f\left(g\frac{x_i - \mu}{\sigma} + b\right) \tag{5-13}$$

式中，g 和 b 为参数；f 为非线性函数。

此外，在 Transformer 的网络架构中，Encoder 中的每一个子层都存在一个残差连接，可以对网络层的输入和输出进行输出，有效地解决了梯度消失和权重矩阵的退化问题。在最后一层预微调模块可以根据任务的不同需求进行调整。

在 BiGRU 层中，相比 LSTM，GRU 的结构更加简单，在 GRU 中包含更新门和重置门。更新门可用于控制前一时刻的状态信息被带到当前状态中的程度，更新门的值越大，说明前一时刻的状态信息带入越多。重置门控制前一状态有多少信息被写入当前的候选集中，重置门的值越小，说明前一状态的信息被写入得越少。其结构图如图 5-3 所示。

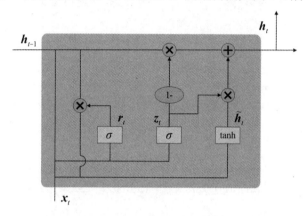

图 5-3　GRU 的结构图

由图 5-3 可知，r_t 和 z_t 分别为重置门和更新门，首先，用 x_t 和 h_{t-1} 生成两个门，其次，用重置门乘以上一时刻的状态，以此来决定是否要重置或需要重置多少，再次，和新输入的 x 进行拼接，通过网络并用 tanh 函数激活，形成候选集的隐含变量 $\tilde{h}_t$，最后，将 h_{t-1} 和 $\tilde{h}_t$ 进行线性组合，两者的权重为 1，其中，$\tilde{h}_t$ 的权重即更新门的输出，表征更新强度的大小。其前向传播的公式为

$$r_t = \sigma\left(W_r \cdot [h_{t-1}, x_t]\right) \tag{5-14}$$

$$z_t = \sigma\left(W_z \cdot [h_{t-1}, x_t]\right) \tag{5-15}$$

$$\tilde{h}_t = \tanh\left(W_{\tilde{h}} \cdot [r_t * h_{t-1}, x_t]\right) \tag{5-16}$$

$$h_t = \left(1 - z_t\right) * h_{t-1} + z_t * \tilde{h}_t \tag{5-17}$$

$$y_t = \sigma\left(W_o \cdot h_t\right) \tag{5-18}$$

式中，W_r、W_z、$W_{\tilde{h}}$、W_o 分别为训练的四个参数；h_t 为当前的输出；h_{t-1} 为上一时刻的隐藏状态；$\tilde{h}_t$ 为当前的候选集。BiGRU 是由单向的、方向相反的、输出由两个 GRU 的状态共同决定的 GRU 组成的神经网络模型。在每一个时刻，输入同时提供两个方向相反的 GRU。

CRF 层可以为最后预测的标签添加约束规则来保证预测标签的合理性。在训练的过程中，这些约束可以通过 CRF 层自动学习得到。此外，CRF 层具有转移特征，即它会考虑输出标签之间的顺序性，也会学习到一些约束规则。所以，在 BERT 层和 BiGRU 层之后加入 CRF 层，以获得全局最优标签序列。

基于 BERT-BiGRU-CRF 模型的地质领域实体关系抽取模型将实体关系抽取转换成序列标注模型，通过序列标注增强字符的语义表征并对序列上下文进行理解，最终实现了基于 BERT 的地质领域实体关系联合抽取模型，该模型对于地质领域实体关系抽取具有一定的有效性。但该模型仍然无法对所有的复杂重叠关系进行有效抽取，实际场景更加复杂，预定的实体关系类别也较难满足当前爆发式增长的地质文献信息抽取的需求。

2. TPLinker 模型

TPLinker 模型是一种用于实体和重叠关系联合提取的一阶方法。TPLinker 将联合提取任务转换为 Token Pair Linking 链接问题，即给定一个句子，两个位置 p_1、p_2 和一个特定关系 r，TPLinker 回答三个问题，分别为 p_1 和 p_2 是否分别为同一个实体的起始位置和结束位置；p_1 和 p_2 是否分别为两个具有 r 关系实体的起始位置；p_1 和 p_2 是否分别为具有 r 关系的两个实体的末端位置。

TPLinker 模型设计了一个握手标记方案（见图 5-4），为每个关系标注三个 Token Link 矩阵来回答上述三个问题，然后使用这些链接矩阵来解码不同的标注结果，从中可以提取所有的实体及其重叠关系。在 TPLinker 中定义了以下三种类型的链接。

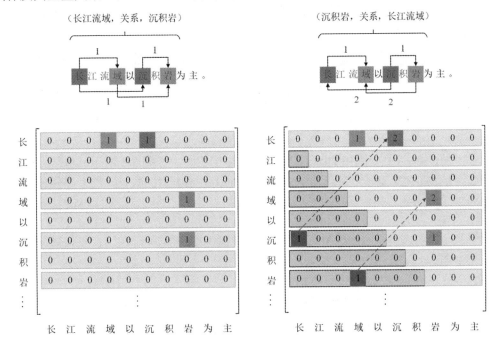

图 5-4　握手标记方案示例

（1）实体头到实体尾（EH-to-ET），是指对应的两个位置分别是一个实体的开始和结束令牌。

（2）主体头到客体头（SH-to-OH），表示两个位置分别是成对的主体实体和对象实体的开始令牌。

（3）主语尾到宾语尾（ST-to-OT），是指两个位置分别是成对的主体实体和对象实体的结束标记。

通过三种链接方式，紫色代表两实体各自内部的头尾连接，红色代表两实体的头连接，蓝色代表两实体的尾连接。同一种颜色的连接标记会被表示在同一个矩阵中。

在图 5-4 中，紫色标签代表实体的头尾关系，红色标签代表两个实体的头部关系，蓝色标签代表两个实体的尾部关系，因为三种关系重叠，所以三种标签存在于不同的矩阵。

因为实体尾部不可能出现在头部之前，所以可以舍弃掉下三角区域。但是红色标签和蓝色标签可能出现在下三角区域，因此，可以把下三角区域的值映射到上三角区域，并标记为 2，如图 5-4 右侧所示。最后把剩余的项平摊成一个序列，如图 5-5 所示。

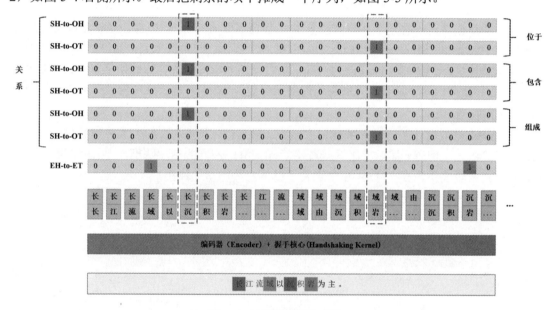

图 5-5　地质关系抽取架构

为了方便计算，用一个映射来记住原始矩阵中的位置。如图 5-5 所示，将联合提取任务分解为 2N+1 个序列标记子任务，其中 N 表示预定义关系类型的数量，每个子任务构建一个长度为 $\frac{n(n+1)}{2}$ 的标签序列，其中 n 是输入语句的长度。TPLinker 利用编码器顶部的轻量级标记模型，比目前大多数的模型更有竞争力。因为编码被所有标记共享，并且只需一次就可以产生 n 个 Token 的表示。

TPLinker 的解码过程主要分为以下三个步骤。

（1）解码 EH-to-ET 可以得到句子中所有的实体，用实体头 Token Idx 作为 Key，实体作为 Value，存入字典 D 中。

（2）对每种关系 r（实体关系 r 是事先定义好的一个集合），解码 ST-to-OT 得到 Token 对存入集合 E 中，解码 SH-to-OH 得到 Token 对并在字典中关联其 Token Idx 的实体 Value。

（3）对上一步中得到的 SH-to-OH Token 对的所有实体 Value 对，依次查询其尾 Token 对是否在集合 E 中，进而得到三元组信息。

3．GPLinker 模型

关系抽取可以看作对三元组（s,p,o）（主实体、关系、客实体）的抽取，GlobalPointer 模型将关系抽取的任务转化为五元组的抽取，即（s_h,s_t,p,o_h,o_t）的抽取，其中 s_h、s_t 分别是 s 的首尾位置，而 o_h，o_t 则分别是 o 的首尾位置，其具体步骤如下。

（1）设计一个五元组的打分函数 S（s_h,s_t,p,o_h,o_t）。

（2）训练时让标注的五元组 S（s_h,s_t,p,o_h,o_t）>0，则其余五元组 S（s_h,s_t,p,o_h,o_t）<0。

（3）预测时枚举所有可能的五元组，输出 S（s_h,s_t,p,o_h,o_t）>0 的部分。

然而，直接枚举所有的五元组数目太多，假设句子长度为 l，p 的总数为 n，所有的五元组个数为

$$n \times \frac{l(l+1)}{2} \times \frac{l(l+1)}{2} = \frac{1}{4}nl^2(l+1)^2 \tag{5-19}$$

由于五元组的数量太大，因此需要进行分解，具体的分解公式如下：

$$S(s_h,s_t,p,o_h,o_t) = S(s_h,s_t) + S(o_h,o_t) + S(s_h,o_h \mid p) + S(s_t,o_t \mid p) \tag{5-20}$$

式中，每一项都具有直观的意义，如 S（s_h,s_t）、S（o_h,o_t）分别是主实体、客实体的首尾打分，通过令 S（s_h,s_t）>0 和 S（o_h,o_t）>0 来析出所有的主实体和客实体；至于后两项，则是 predicate 的匹配，S（$s_h,o_h|p$）这一项代表将主实体和客实体的首特征作为它们自身的表征进行一次匹配，如果能确保主实体和客实体内是没有嵌套实体的，那么理论上 S（$s_h,o_h|p$）足够析出所有的 predicate，但考虑到存在嵌套实体的可能，所以要对实体尾再进行一次匹配，即 S（$s_h,o_h|p$）这一项。

4．基于 RoBERT 模型的实体关系抽取模型

基于 RoBERT 模型的实体关系抽取模型主要分为两个子模块：主实体标注和基于关系的客实体标注，其网络架构如图 5-6 所示。在编码器阶段，CasRel 模型采用基于 RoBERT 的编码层获取上下文语义信息，对字/词进行表征。首先，将文本输入 RoBERT 模型中进行编码，以获得文本 Token 序列的隐层表示；其次，进行主实体标注，该步骤主要识别输入文本中所有可能出现的主实体，利用两个独立的二分类器分别检验主实体的开始和结束位置，其中 0 和 1 标签分别表示当前 Token 是否为主实体的开始或结束位置；最后，进行关系特定的客实体标注，该步骤主要是在主实体识别的基础上识别客实体及两个实体之间的关系，让每个关系 r 学习特定的二分类标注器，从而识别主实体在特定关系下对应的客实体的起始位置。

RoBERT 模型：BERT 模型是一个多层双向的 Transformer 编码模型，其主要分为两个部分，分别为 Pre-training 和 Fine-tuning。Pre-training 旨在基于无监督数据结合预训练子任务进行模型训练；而 Fine-tuning 旨在利用预训练模型针对特定下游任务进行微调。BERT 模型中含有双向的 Transformer 编码层，从而可以更好地捕捉句子中的双向关系。

BERT 模型为了应对不同的任务输入要求，可以输入一个句子，也可以将两个句子合并输入，其输入的构造方式如图 5-7 所示。BERT 模型的输入主要分为三层，分别为 Token Embedding 层、Segment Embedding 层和 Position Embedding 层。

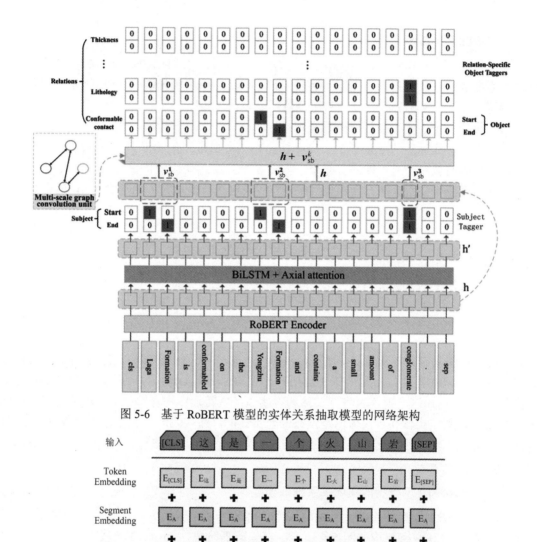

图 5-6 基于 RoBERT 模型的实体关系抽取模型的网络架构

图 5-7 BERT 模型输入的构造方式

Token Embedding 层将各个词转换成固定维度的向量。在 BERT 模型中，每个词会被转换成 768 维的向量表示。先对输入的文本进行分词处理，然后将其作为 Token Embedding 的输入。如图 5-7 所示，将两个特殊的 Token 插入分词结果的开头（[CLS]）和结尾（[SEP]），从而为后面的分类任务和划分句子对服务。经过上述处理，输入的句子可以转化为多个 Token，假设为 n 个 Token，便可以得到（n, 768）的矩阵。Segment Embedding 层用来区别两种句子，来自同一个句子的词，其 Segment Embedding 是相同的。该层提供了句子的来源信息，有助于文本对的训练。Position Embedding 层代表句子中每个词位置的嵌入，BERT 模型将会直接学习每个词的位置表示。最终将上述三个 Embedding 层直接相加，就得到了每个词的输入表示。

BERT 模型是一个无监督的自然语言处理预训练模型，在结构上是 Transformer 的编码部分，每一个块主要由多头自注意力机制、标准化、残差连接、前馈（Feed Forward）组成。而自注意力机制作为 BERT 模型中重要的一部分，其与位置编码相结合，解决了文本数据的时序相关性等问题。自注意力机制通俗地讲就是信息向前传播时动态计算权重的一种方式。实现步骤如下。

（1）x_1，x_2，x_3，x_4 是四个输入的句子。每个输入的句子经过 Embedding 层乘上一个矩阵变为 a^1，a^2，a^3，a^4，即 $a^i = Wx_i$。

（2）每一个 a^i 分别乘上三个不同的 Transformation 产生的三个向量，得到向量 q、k、v，这三个向量的维度一致，其计算公式如下：

$$q^i = W^q \cdot a^i \tag{5-21}$$

$$k^i = W^k \cdot a^i \tag{5-22}$$

$$v^i = W^v \cdot a^i \tag{5-23}$$

（3）用每个 q 对每个 k 进行注意力运算。在自注意力层中注意力算法用的是 Scaled Dot-product Attention，其计算公式如下：

$$a_{1,k} = q^i \cdot k^i / \sqrt{d} \tag{5-24}$$

式中，d 为向量 q 和 v 的维度。

（4）将 $a_{1,1}$ 到 $a_{1,4}$ 通过 Softmax 进行归一化，得到 $\hat{a}_{1,1}$ 到 $\hat{a}_{1,4}$。

（5）将 v^1 到 v^4 和 $\hat{a}_{1,1}$ 到 $\hat{a}_{1,4}$ 分别相乘然后相加，可以得到第一个输出向量 b_1。

（6）重复上述步骤便可以得到 b_2，b_3，b_4。

此外，BERT 模型还引入了多头自注意力机制，其具体的计算公式如下：

$$\text{head}_i = \text{Attention}(QW_i^Q, KW_i^K, VW_i^V) \tag{5-25}$$

$$\text{MultiHead}(Q, K, V) = \text{Concat}_i(\text{head}_i)W^0 \tag{5-26}$$

RoBERT 模型相对于 BERT 模型，参数量更大、训练数据更多，而且 RoBERT 模型采用动态掩码的方式，每次向模型输入一个序列都会生成新的掩码模式，使得模型在大量数据不断输入的过程中会逐渐适应不同的掩码策略，学习不同的语言表征，所以采用 RoBERT 模型进行预训练。

BiGRU 模型：GRU 是 LSTM 的一种变体，相对于 LSTM 模型其结构更加简单，效果更好，可以解决循环神经网络中存在的长距离依赖问题。在 GRU 模型中有两个门控单元，分别为更新门和重置门。

更新门主要控制前面的记忆信息能够保留到当前时刻的数据量，更新门的值越大，说明前一时刻的状态信息带入越多；重置门则用于控制忽略前一时刻状态信息的程度，重置门的值越小，说明忽略的信息越多。其计算公式如下：

$$r_t = \sigma(W_r \cdot [h_{t-1}, x_t]) \tag{5-27}$$

$$z_t = \sigma(W_z \cdot [h_{t-1}, x_t]) \tag{5-28}$$

$$\tilde{h}_t = \tanh(W_{\tilde{h}} \cdot [r_t * h_{t-1}, x_t]) \tag{5-29}$$

$$h_t = (1 - z_t) * h_{t-1} + z_t * \tilde{h}_t \tag{5-30}$$

式中，r_t 和 z_t 分别表示重置门和更新门，x_t 为第 t 个时间步的输入向量，h_{t-1} 为前一个时间步的信息，z_t 为更新门的激活结果，$\tilde{h}_t$ 为当前时刻的记忆内容，h_t 为当前时间步的最终记忆，W_r、W_z、$W_{\tilde{h}}$ 代表相应的权重矩阵。

BiGRU 是由单向的、方向相反的、输出由两个 GRU 的状态共同决定的 GRU 组成的神经网络模型，在每一时刻，输入会同时提供两个方向的 GRU，而输出则由两个单向 GRU 模型共同决定，其具体结构如图 5-8 所示。

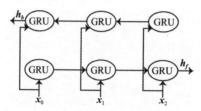

图 5-8　BiGRU 模型的具体结构

Axial Attention 模型：在神经网络中输入的向量大小不一，且向量之间存在一定的关系，引入自注意力机制可以充分考虑输入中不同部分的相关性。其矩阵运算表示的生成步骤如下：

（1）q、k、v 矩阵形式生成。输入句子为$[a_1, a_2, a_3, a_4]$，将输入的四个向量拼成矩阵 I，其具体计算公式如下：

$$q^i = W^q \cdot a_i \tag{5-31}$$

$$k^i = W^k \cdot a_i \tag{5-32}$$

$$v^i = W^v \cdot a_i \tag{5-33}$$

式中，i 表示第 i 个输入的向量；W 表示其相应的权重。将上述的三个公式写成矩阵的形式：

$$Q = W^Q I \tag{5-34}$$

$$K = W^K I \tag{5-35}$$

$$V = W^V I \tag{5-36}$$

式中，I 乘上相应的权重矩阵 W，得到相应的矩阵 Q、K、V，分别表示 Query、Key 和 Value，即 Q、K、V 向量。

（2）利用得到的矩阵 Q 和 K 计算每两个输入向量之间的相关性，通常采用点乘的方式，最终得到注意力值。其计算公式如下：

$$a_{1,k} = (\boldsymbol{q}^i)^{\mathrm{T}} \boldsymbol{k}^j \tag{5-37}$$

其矩阵形式如下：

$$\boldsymbol{A} = \boldsymbol{K}^{\mathrm{T}} \boldsymbol{Q} \tag{5-38}$$

式中，矩阵 $\boldsymbol{A}$ 为两个向量之间的注意力值。

（3） $\boldsymbol{A}'$ 是经过 Softmax 归一化后的矩阵，利用得到的 $\boldsymbol{A}'$ 和 $\boldsymbol{V}$，计算每个输入向量 $\boldsymbol{a}$ 对应的自注意力层的输出向量 $\boldsymbol{b}$。其计算公式如下：

$$\boldsymbol{b}_i = \sum_{j=1}^{n} \boldsymbol{v}_i \cdot \boldsymbol{a}_{i,j'} \tag{5-39}$$

其矩阵形式如下：

$$\boldsymbol{O} = \boldsymbol{V}\boldsymbol{A}' \tag{5-40}$$

轴向注意力机制将原始的自注意力机制模块分解为两个自注意力模块，第一个模块在高的轴向上单独计算自注意力，第二个模块在宽的轴向上计算自注意力。同时，在轴向注意力机制中还添加了位置编码，其顺序组合可以捕捉全局信息，减少时间复杂度，还可以在大区域内捕获更长距离的依赖关系。其沿宽度轴的位置的注意力层具体公式如下：

$$y_{i,j} = \sum_{w=1}^{W} \text{Softmax}(\boldsymbol{q}_{ij}^{\mathrm{T}} \boldsymbol{k}_{iw} + \boldsymbol{q}_{ij}^{\mathrm{T}} \boldsymbol{r}_{iw}^{q} + \boldsymbol{k}_{ij}^{\mathrm{T}} \boldsymbol{r}_{iw}^{k})(\boldsymbol{v}_{iw} + \boldsymbol{r}_{iw}^{v}) \tag{5-41}$$

式中，$y_{i,j}$ 表示输入特征图像在位置 (i,j) 处的值；$\boldsymbol{q}$，$\boldsymbol{k}$，$\boldsymbol{v}$ 分别表示通过输入特征图像计算得到的 Query、Key 和 Value 向量；$\boldsymbol{r}^q$、$\boldsymbol{r}^k$、$\boldsymbol{r}^v$ 分别表示 Query、Key 和 Value 向量对应的位置编码。

Biaffine 模型：Biaffine 模型可以对每一个 Token 的开始[start]和结束[end]索引进行预测，同时为开始[start]和[end]形成的 Span 赋予实体类型。在本次实验中，先令 BERT 生成的 Token 序列通过 BiGRU 层，再使用 Biaffine 模型得到分数矩阵，其具体步骤如下。

（1）将 Word Embedding 送入 BiGRU 模型。

（2）将每一个单词的隐藏层分别送入两个前馈神经网络，分别为 FFNN_Start 和 FFNN_End，得到两个不同的表示 $\boldsymbol{h}_s$ 和 $\boldsymbol{h}_e$，作为每个 Span 的起始分数和结束分数。

（3）使用 Biaffine 模型得到分数矩阵 $\boldsymbol{r}_m \in R^{l \times l \times c}$，其中 l 表示句子的长度，c 表示实体的数量，对于 Span，其分数如下：

$$\boldsymbol{h}_s(i) = \text{FFNN}_s(\boldsymbol{x}_{s_i}) \tag{5-42}$$

$$\boldsymbol{h}_e(i) = \text{FFNN}_e(\boldsymbol{x}_{e_i}) \tag{5-43}$$

$$\boldsymbol{r}_m(i) = \boldsymbol{h}_s(i) \mp \boldsymbol{U}_m \boldsymbol{h}_e(i) + \boldsymbol{W}_m \big[\boldsymbol{h}_s(i) \oplus \boldsymbol{h}_e(i) \big] + \boldsymbol{b}_m \tag{5-44}$$

式中，S_i 和 e_i 表示 Span 的起始和结束位置；$U_m \in R^{d \times c \times d}$；$W_m \in R^{2d \times c}$。

（4）得到的分数矩阵 r_m 中的元素表示该 Span 为不同实体类型的分数，然后直接根据最高分得到具体的实体类型。其计算公式如下：

$$y'(i) = \text{argmax}\, r_m(i) \tag{5-45}$$

（5）对所有不是非实体的 Span，按照其分数进行降序排列。对于重叠实体，只要实体不与排名较高的实体的边界冲突，就选择该实体。而对于非嵌套命名实体识别，则增加约束，任何包含或位于排名前的实体都不会被选中。

RGCN 模型：RGCN 模型是 GCN 模型在多关系图场景中的一次简单尝试，可实现多关系间的交互。其主要通过双层循环遍历每一种关系，对每一个节点的邻居节点的特征进行融合，再与上一层中心节点的特征相加，最后经过一个激活函数输出为中心节点的输出特征。其具体公式如下：

$$h_i^{(l+1)} = \sigma\left[\sum_{r \in R} \sum_{j \in N_i^r} \frac{1}{c_{i,r}} W_r^{(l)} h_j^{(l)} + W_O^{(l)} h_i^{(l)} \right] \tag{5-46}$$

式中，l 表示层数；N_i^r 表示节点 i 的关系为 r 的邻居节点集合；$c_{i,r}$ 是一个正则化常量，取值为 $|N_i^r|$；$W_r^{(l)}$ 表示线性转化函数，将同类型边的邻居节点用一个参数矩阵进行转化；$W_O^{(l)} h_i^{(l)}$ 则表示当前节点的自动回路。

如图 5-9 所示，相比 GCN 模型，RGCN 模型可实现多关系间的交互，在每一种关系下，指向内或指向外的节点都可作为它的邻居节点，同时，RGCN 模型加入了自循环特征，进行特征融合，参与中心节点更新。

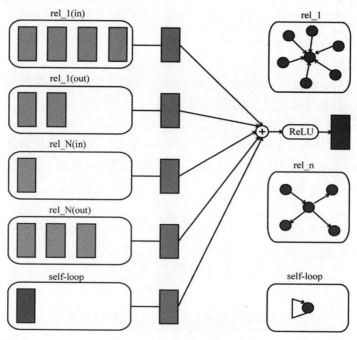

图 5-9　RGCN 模型的结构图

在关系抽取实验中，多种关系的存在会导致参数的增多，最终影响实验结果。为解决上述问题，RGCN 模型采用 Bias-decomposition（共享转换矩阵参数）和 Block-diagonal-decomposition（权重矩阵 W 由基础小矩阵拼接得到，以保证 W 的稀疏性）两种方式对 W 矩阵进行规则化定义，其具体计算公式如下：

$$W_r^{(l)} = \sum_{b=1}^{B} a_{rb}^{(l)} v_b^{(l)} \tag{5-47}$$

$$W_r^{(l)} = \oplus_{b=1}^{B} Q_{br}^{(l)} \tag{5-48}$$

5.2.3　实体关系抽取工具

1. OpenNRE

OpenNRE（Han, et al., 2019）是清华大学计算机系自然语言处理与社会人文计算实验室（THUNLP）推出的一款开源的神经网络关系抽取工具包，包括多款常用的关系抽取模型。使用 OpenNRE，不仅可以一键运行预先训练好的关系抽取模型，还可以使用示例代码在自己的数据集上进行训练和测试。不论用户是关系抽取领域的初学者、开发者还是研究者，都可以用 OpenNRE 帮助自己工作。其主要的功能如下：

- ⊃ OpenNRE 提供了文档和代码，可以帮助初学者快速入门。
- ⊃ OpenNRE 提供了简洁易用的 API 和若干预先训练好的模型，可方便调用。
- ⊃ OpenNRE 提供了模块化设计的包含多种任务设定的最先进的模型，可以帮助研究者更快、更高效地进行探索。

OpenNRE 的使用方法如下。

（1）通过 git clone 安装项目及其依赖，具体代码如下：

```
git clone (https://github.com/thunlp/OpenNRE.git)
pip install -r requirements.txt
```

（2）安装 OpenNRE，具体代码如下：

```
python setup.py install
```

（3）若希望修改代码，则使用如下代码：

```
python setup.py develop
```

（4）如果想使用工具包提供的训练好的模型，可以打开 Python 库，并导入 OpenNRE，然后使用 get_model 命令加载预训练模型，具体代码如下：

```
>>> import opennre
>>> model = opennre.get_model('wiki80_bert_softmax')
```

这里给出了一个在 Wiki80 数据集上训练的 BERT 模型，可以根据 Wiki80 数据集的 80 个关系对句子进行分类，随后可以用 infer 函数进行预测，具体代码如下：

```
>>> model.infer({'text': 'He was the son of Máel Dúin mac Máele Fithrich, and grandson of the high king Áed
Uaridnach (died 612).', 'h': {'pos': (18, 46)}, 't': {'pos': (78, 91)}})
```

可以得到如下结果：

```
('father', 0.6927461624145508)
```

可以看到模型正确推理出了关系，并且给出了模型预测的置信度。

```
('father', 0.6927461624145508)
```

目前，OpenNRE 提供在 Wiki80 和 TACRED 两个数据集上的预训练模型，因为这两个数据集的关系类型不同，所能预测的数据也有所不同。这里给出一个在 TACRED 数据集上训练的模型，其具体代码如下：

```
>>> model = opennre.get_model('tacred_bertentity_softmax')
>>> model.infer({'text': 'Bill Gates founded Microsoft in 1975.', 'h': {'pos': (19, 28)}, 't': {'pos': (32, 36)}})
```

可以得到如下结果：

```
('org:founded', 0.9130789637565613)
```

若是用户想要在 OpenNRE 中训练自己的模型，也非常简单，项目的 example 文件夹中提供了监督数据集和远程监督数据集的示例代码。用户不仅可以使用 OpenNRE 预置的若干经典数据集，也可以指定自己的数据集。如执行 python example/train_supervised_bert.py --dataset Wiki80，便会自动下载 Wiki80 数据集并在其上训练一个基于 BERT 的关系抽取模型。

关于 OpenNRE 更详细的说明和可用的模型，可以参考其项目主页。

为了让更多人了解关系抽取，OpenNRE 还提供了一个用于体验的 DEMO（演示）网站。在该网站上，用户可以尝试句子级别的关系抽取、包级别的关系抽取、少次学习关系抽取和篇章级别的关系抽取四种不同的设定，了解其相关知识，并体验现有先进模型的效果。

对于这些不同的关系抽取设定，介绍如下。

句子级别的关系抽取：顾名思义，句子级别的关系抽取就是对每一个给定的句子和在句子中出现的实体，判断它们之间的关系。在这样的设定下，通常使用人工精标的数据进行训练和测试，如 SemEval 2010 Task8、TACRED、ACE2005 等。OpenNRE 中提供的数据集 Wiki80 包含 80 种 Wikidata 关系和 56000 个句子，与以往的数据集相比，规模更大。

包级别的关系抽取：包级别的关系抽取产生于远程监督（Distant Supervision）的设定。传统的机器学习方法需要大量数据，而标注数据费时费力，因此研究者提出了远程监督这一方法，将知识图谱中的关系三元组与文本对齐，自动进行标注。然而这一方法也带来了大量的噪声数据，为了减小噪声的影响，多样本多标签（multi-instance multi-label）方法被引入，模型不再对单个句子进行分类，而是对包含相同实体对的句子集（称为包）进行分类。

少次学习关系抽取：少次学习是一种探索如何让模型快速适应新任务的设定，通过学习少量的训练样本，模型可以获得对新型事物的分类能力。THUNLP 发布的数据集 FewRel 正是在这方面的探索成果。

篇章级别的关系抽取：相比于句子级别的关系抽取，篇章级别的关系抽取难度更大，但包含的信息也更丰富。要想在这方面做得更好，就需要模型具有一定的推理、指代消解的能力。这一领域的代表数据集是同样来自 THUNLP 的 DocRED，具体如图 5-10 所示。

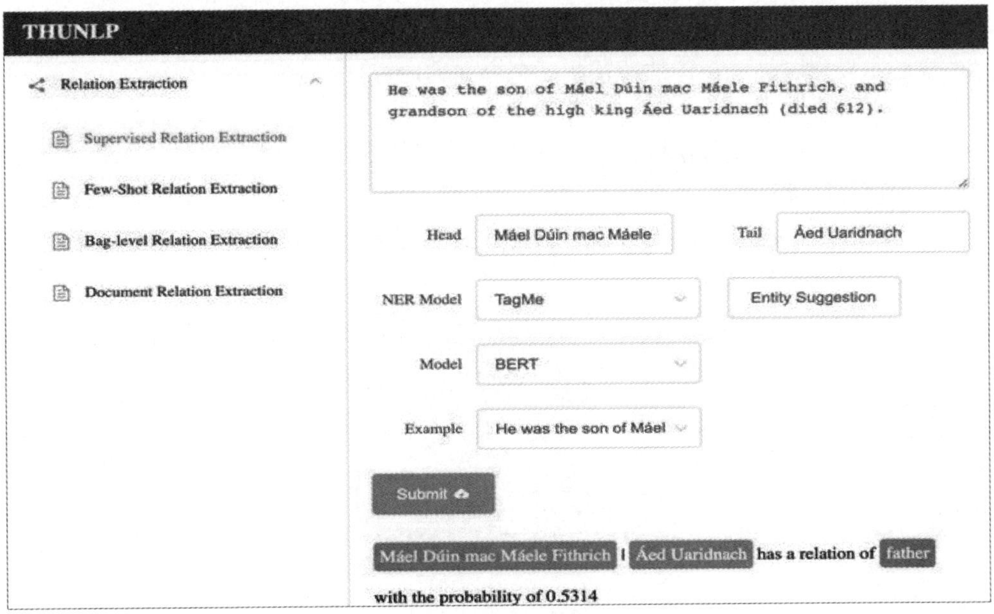

图 5-10　THUNLP 网站图

2．DeepKE

DeepKE（Zhang, et al., 2022）是一个开源的知识图谱抽取与构建工具，是支持 cnSchema、低资源、长篇章、多模态的知识抽取工具，可以基于 PyTorch 实现命名实体识别、关系抽取和属性提取功能，同时为初学者提供了用户手册。DeepKE 的主要功能包括命名实体识别、关系抽取和属性提取，其主要框架如图 5-11 所示。

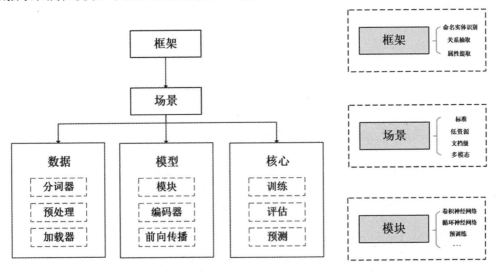

图 5-11　DeepKE 的主要框架

此外，DeepKE 还提供了多种场景来满足不同的需求，例如，RE 任务就包含标准场景、低资源场景、文档级场景和多模态场景四种。每一种场景都由三个模块组成，分别为数据、模型和核心，具体如下：

　　➡ 数据主要包含标记化或分词、预处理和数据载入等内容。

⬤ 模型主要包含使用的模块、编码器和前向传播。

⬤ 核心主要包含训练、评估和预测三个方面的内容。

DeepKE 的安装包含三个步骤，具体如下：

（1）下载源代码，可以利用 git 进行源代码的下载。

（2）创建虚拟环境。

（3）配置环境，大部分包在 pip 安装 DeepKE 的时候已经安装好了，但是少量环境还需要变更，DeepKE 所需的环境如下：

```
python == 3.8
torch == 1.5
hydra-core == 1.0.6
tensorboard == 2.4.1
matplotlib == 3.4.1
transformers == 3.4.0
jieba == 0.42.1
scikit-learn == 0.24.1
pytorch-transformers == 1.2.0
seqeval == 1.2.2
tqdm == 4.60.0
opt-einsum==3.3.0
wandb==0.12.7
ujson
```

DeepKE 框架中各目录主要包含的内容如下：

```
- DeepKE                          #整个项目的源代码
    - .github                     #存放关于 GitHub 的一些配置
    - docker                      #docker 镜像
    - docs                        #文档及配置
    - example                     #一些使用的例子
    - pics                        #一些文档中的构架图及模型的架构图
    - pretrained                  #预训练说明文档
    - src                         #源代码，安装后可以从 import 中直接引用
    - tutorial-notebooks          #一些 notebook 形式的简单使用说明
    .gitignore                    #不要上传到 GitHub 上的文档，这里可以忽略
    CITATION.cff                  #引用说明
    LICENSE                       #授权协议
    README.md                     #总体说明，安装及简单使用时可以参考
    README_CN.md                  #总体说明对应的中文文档
    README_CNSCHEMA.md            #DeepKE-cnSchema 中文知识图谱框架说明，包含模型下
                                   载及简单的使用说明
    README_CNSCHEMA_CN.md         #DeepKE-cnSchema 相应的中文说明
    README_TAG.md                 #数据标注说明，包括人工标注和自动标注
    README_TAG_CN.md              #数据标注中文说明
    requirements.txt              #需要的环境
    setup.py                      #打包说明文件
```

这里较为重要的文档为 requirements 文档、README 文档、README_CNSCHEMA 文

档及 README_TAG 文档，其具体内容如下：

（1）requirements 文档主要介绍整个项目所需要的环境，可以按照对应的包进行安装。

（2）README 文档介绍了版本更新及使用说明。

（3）README_CNSCHEMA 文档对开箱即用的中文知识图谱框架进行介绍，可以直接下载训练好的模型。

（4）README_TAG 文档包含对数据标注的说明，这对自定义的数据来说很重要。

DeepKE 中的主要例子如下：

```
- example                              #重要！  一些使用的例子
    - ae                               #属性提取的例子
        - standard                     #重要！  常规使用
            - conf                     #其中包含各种模型配置，这里不作展开介绍
            predict.py                 #预测文件，如果需要预测，主要调用这个文件
            README.md                  #ae 使用例子的文档
            README_CN.md               #相应的中文文档
            requirements.txt           #需要的环境
            run.py                     #训练模型的主函数
    - ee                               #事件提取的例子
        - standard                     #常规使用
            - conf                     #其中包含各种模型配置，这里不作展开介绍
            - data                     #包含 data、预处理 py 文件及脚本
            predict.py                 #预测文件，如果需要预测，主要调用这个文件
            README.md                  #ee 使用例子的文档
            README_CN.md               #相应的中文文档
            requirements.txt           #需要的环境
            run.py                     #训练模型的主函数
    - ner                              #命名实体识别的例子
        - few-shot                     #低资源的例子
            - conf                     #其中包含各种模型配置，这里不作展开介绍
            predict.py                 #预测文件，如果需要预测，主要调用这个文件
            README.md                  #命名实体识别低资源使用例子的文档
            README_CN.md               #相应的中文文档
            requirements.txt           #需要的环境
            run.py                     #训练模型的主函数
        - multimodal                   #多模态的例子，和前面的例子类似，自行阅读
        - prepare-data                 #重要！关于如何准备数据的说明
            - pics                     #图片
            prepare_weaksupervised_data.py  #弱监督准备数据脚本
            READ.md                    #准备数据的文档，需要仔细阅读
            README_CN.md               #相应的中文文档
        - standard                     #常规例子，和前面的例子类似，自行阅读，里面包含
                                         数据，是可以直接用的
    - re                               #和命名实体识别的例子类似，不再赘述
    - triple                           #联合三元组抽取的例子，这里没有说明文档，需要
                                         特别注意
                                       #联合抽取可以看具体代码，和 ae  standard 的目录
                                         结构类似
```

上述例子中主要包含五个方面的内容，介绍如下：

（1）ae 是属性提取的例子，包含常规文件，主要是配置文件及启动的 Python 文件。

（2）ee 是事件提取的例子，和 ae 中的例子差不多，不同之处在于其增加了数据。

（3）ner 是命名实体识别的例子，包括低资源、多模态、常规等多个场景的例子，包含的文件与前面类似，主要不同在于其提供了说明如何准备数据的文件。

（4）re 是关系抽取的例子，和 ner 类似。

（5）triple 是联合三元组抽取的例子，没有说明文档。

以常规的关系抽取为例，DeepKE 的简单使用如下：

（1）首先，进入文件夹，其代码如下：

```
cd DeepKE/example/re/standard
```

（2）其次，需要在官网下载数据集，或者按照数据集说明进行数据集的标注，其代码如下：

```
wget 120.27.214.45/Data/re/standard/data.tar.gz
tar -xzvf data.tar.gz
```

其中，data 文件夹中包含四个 csv 文件，分别为 relation.csv（定义的关系集合）、test.csv（测试集）、train.csv（训练集）和 valid.csv（验证集）。

（3）然后，进行模型的训练，训练用到的参数可以在 conf 文件夹内修改，DeepKE 使用 wandb 工具，支持可视化调参，其代码如下：

```
python run.py
```

（4）最后，使用模型进行预测，预测用到的参数可以在 conf 文件夹内进行修改，若需要修改 conf/predict.yaml 中保存训练好的模型路径，具体代码如下：

```
python predict.py
```

3．DeepDive

DeepDive 是斯坦福大学信息实验室开发的开源知识提取系统。它利用弱监督学习从非结构化文本中提取关系数据，以网站为例，其具体的使用步骤如下。

1）数据处理

（1）下载巨潮资讯网提供的公告文章集的原始文本并将其加载到数据库的 articles 表格中。创建一个简单的 shell 脚本，以 tsv 格式下载和输出新闻文章。DeepDive 将自动创建表格，执行脚本并加载表格，如果将其保存为 input/articles.tsv.sh，上述脚本读取语料库的样本（作为 json 对象的行提供），然后使用 jq 语言提取字段 id（文档 id）和 content 的每个条目并将它们转换为 tsv 格式。接下来，需要声明本架构 articles 表格中的 app.ddlog 文件，其具体的代码如下：

```
articles(id text, content text)
```

（2）添加自然语言标记。DeepDive 默认用 Standford NLP 进行文本处理，可以返回句子的分词、lemma、词性标注、命名实体识别。

2）抽取候选关系

（1）想要从一堆文本里得到公司的名称，可以采用自然语言处理中的命名实体识别，将其中包含的实体识别出来，例如，公司名字是属于 ORG 类的实体，则只要在每个句子中找到连续 ORG 标记的 ner_tags 就可以了。

（2）找出文本中出现的公司名称后，接下来寻找公司之间的候选关系。简单来说，候选关系就是不同公司名称的两两组合，最终得到的关系表其实相当于两个候选实体表的笛卡尔积（当然，文本还需要一些简单的过滤处理，如两个公司名称不能相同等），其具体的代码如下：

```
A: a1,a2,a3 B:b1,b2
A×B:（a1,b1),(a1,b2),(a2,b1),(a2,b2),(a3,b1),(a3,b2)
```

然后定义一个表存储候选关系，代码如下：

```
transaction_candidate(p1_id text,p1_name text,p2_id text,p2_name text)
```

3）特征提取

对于前面提取出来的公司之间的候选关系，要使用机器学习算法，让计算机通过训练集进行分类，最终根据特征判断哪种关系可能有交易关系，其特征表如下：

```
transaction_feature(p1_id text,p2_id text,feature text)
```

最终得到的特征如下：

```
WORD_SEQ_[郴州市 城市 建设 投资 发展 集团 有限 公司]
LEMMA_SEQ_[郴州市 城市 建设 投资 发展 集团 有限 公司]
NER_SEQ_[ORG ORG ORG ORG ORG ORG ORG ORG]
POS_SEQ_[NR NN NN NN NN NN JJ NN]
W_LEMMA_L_1_R_1_[为]_[提供]
W_NER_L_1_R_1_[O]_[O]
W_LEMMA_L_1_R_2_[为]_[提供 担保]
W_NER_L_1_R_2_[O]_[O O]
W_LEMMA_L_1_R_3_[为]_[提供 担保 公告]
W_NER_L_1_R_3_[O]_[O O O]
W_LEMMA_L_2_R_1_[公司 为]_[提供]
W_NER_L_2_R_1_[ORG O]_[O]
W_LEMMA_L_2_R_2_[公司 为]_[提供 担保]
W_NER_L_2_R_2_[ORG O]_[O O]
#下面最长的就是左2右3，或者左3右2的格式，最长是五个
W_LEMMA_L_2_R_3_[公司 为]_[提供 担保 公告]
W_NER_L_2_R_3_[ORG O]_[O O O]
W_LEMMA_L_3_R_1_[有限 公司 为]_[提供]
W_NER_L_3_R_1_[ORG ORG O]_[O]
W_LEMMA_L_3_R_2_[有限 公司 为]_[提供 担保]
W_NER_L_3_R_2_[ORG ORG O]_[O O]
```

（1）给关系样本添加标签。监督学习需要标注数据，因此可以利用一些先验的数据（如人工标注的关系，还有先验的规则）对前面几步抽取出来的关系进行标注（标注出已知存在交易关系的候选关系，还有已知不存在交易关系的候选关系）。数据库中需要一个表来存储被标注的数据。在 app.ddlog 中定义一个表来存储关系的规则名和权重，代码如下：

```
transaction_label(p1_id    text,p2_id    text,label    int,rule_id text)
```

其中，rule_id 代表标注决定相关性的规则名称；label 为正值表示正相关，负值表示负相关，绝对值越大，相关性越强。初始化定义，复制 transaction_candidate 表到 transaction_label 中，label 均定义为 0。

（2）模型构建。DeepDive 运行过程中包括一个重要的迭代环节，即每轮输出生成后，用户需要对运行结果进行错误分析，通过调整特征、更新知识库信息、修改规则等手段干预系统的学习，这样的交互与迭代计算能使系统的输出不断得到改进。DeepDive 的算法原理主要分为以下三项内容，分别为因子图模型、吉布斯采样和权重学习。

①因子图模型。因子图是概率图模型的一种，DeepDive 的概率推测（Probabilistic Inference）就是在因子图上执行的。在因子图中，有两类节点，变量节点（Variables）和因子节点（Factor）。每一个变量节点表示一个特定事件发生的概率。例如，可以将小明是否抽烟看成一个变量节点，如果他抽烟，则节点值为 1，否则节点取值为 0。在 DeepDive 中，所有的变量节点都是布尔类型的。因子节点表示一种一阶谓词逻辑和其对应的特定权重 w，定义了变量节点之间的关系，可以把它们看成一些关于变量节点的函数。

（a）变量节点：如果变量节点的值已知，就可以当作证据变量（用来推断别的值）；如果变量节点的值未知，就可以当作查询变量，就是需要通过预测得到的值。

（b）因子节点：每个因子都可以连接到多个变量，并用因子函数定义它们之间的关系，每个因子（或者说因子函数）都用一个权重值来表示这个因子影响力的大小。换个说法，这个权重值表示某个因子的可信程度，权重值为正数，值越大则越可信，权重值为负数，值越小则越不可信（如一个人的亲儿子同时是他的亲兄弟，这显然是不可信的，所以这个因子的权重值应该是一个很小的负数）。因子的权重可以通过训练学习得到，也可以手动赋值（通过脚本或者 app.ddlog）。

②吉布斯采样。吉布斯采样是统计学中马尔科夫蒙特卡洛算法的一种，用于在难以直接采样时从某一多变量概率分布中近似抽取样本序列。该序列可用于近似联合分布、部分变量的边缘分布或计算积分（如某一变量的期望值）。某些变量可能为已知变量，这些变量并不需要采样。首先随机初始化一个组合，如新生代+多尼组+断裂。其次根据条件概率改变其中的一个变量。例如，假设我们知道多尼组+断裂，先生成一个变量，然后再根据条件概率改变下一个变量，根据新生代+断裂，把多尼组变成石炭系。按照同样的方法得到一个序列，每个单元包含三个变量，也就是一个马尔科夫链。最后跳过初始的一定数量的单元（如 100 个），隔一定的数量取一个单元（如隔 20 个取 1 个）。这样采样得到的单元是逼近联合分布的。具体的代码如下：

```
#吉布斯采样
def gibbs_sampling(conditional_prob, initial_state, num_samples):
    n = len(initial_state)
    #初始化状态序列
    state_sequence = np.zeros((num_samples, n))
    state_sequence[0] = initial_state
    #生成样本
    for i in range(1, num_samples):
        for j in range(n):
            #计算条件概率分布
            prob_distribution = conditional_prob[j](state_sequence[i-1])
```

```
#抽取新状态
new_state_j = np.random.choice([0, 1], p=prob_distribution)
#更新状态序列
state_sequence[i][j] = new_state_j
return state_sequence
```

③权重学习。首先，定义一个变量关系，具体代码如下：

```
@extraction
has_transaction?(p1_id text,p2_id text)
```

这里的变量关系结合了因子图，其中变量既可以包含已知的知识，也可以包含未知的要抽取的知识，所以这种变量关系其实定义了因子图中的一部分变量节点，而另一部分变量节点则通过定义因子函数和引入已知知识进一步完善。当然，一个 DeepDive 项目中可以有很多种变量节点，需要构建一个复杂的因子图来实现更准确的抽取。

其次，在前面已经对数据进行了简单的标注，相当于在机器学习任务中，文本有了已标注数据。把已经标注的数据输入 has_transaction 表中，就可以得到因子图中的已知变量节点。具体代码如下：

```
has_transaction(p1_id, p2_id) = if l > 0 then TRUE
        else if l < 0 then FALSE
        else NULL end :- transaction_label_resolved(p1_id, p2_id, l)
```

最后，编译执行这个表，可以得到带有已知结果的变量节点，具体代码如下：

```
deepdive compile && deepdive do has_transaction
```

4）因子图构建

（1）指定特征。前面已经定义了因子图中的基本节点，下面应该定义其中的因子，以及用来学习的特征。transaction_candidate 这个表中，存储了所有候选公司的匹配对，transaction_feature 中存储了每个公司对之间的语言特征。下面介绍因子图如何根据之前抽取到的特征来训练权重。

将每一个 has_transaction 中的实体对和特征表连接起来，通过特征的连接，全局学习这些特征的权重。在 app.ddlog 中进行定义，具体代码如下：

```
@weight(f)
    has_transaction(p1_id, p2_id) :-
        transaction_candidate(p1_id, _, p2_id, _),
        transaction_feature(p1_id, p2_id, f).
```

（2）指定变量间的依赖性。定义一个简单的因子，指定变量间的依赖性，即一个简单的推理规则。例如，在当前的工作中，甲公司和乙公司发生交易，那么乙公司和甲公司也必定发生了交易，因为交易是一种双向的关系，现在来定义一个推理因子表示这种关系，具体代码如下：

```
@weight(3.0)
has_transaction(p1_id, p2_id) => has_transaction(p2_id, p1_id) :-
    transaction_candidate(p1_id, _, p2_id, _).
```

其中，weight(3.0)中的 3.0 是赋予这个规则的权重，不用学习。

变量表间的依赖性使得 DeepDive 支持多关系下的抽取。最后编译并生成最终的概率模型，具体代码如下：

```
deepdive compile && deepdive do probabilities
```

5.3 Python 算法实现

5.3.1　BERT-BiGRU-CRF 模型

1. 数据获取

原数据文件为文本文件，将其转换为训练集和测试集，具体代码如下：

```python
#读取文本文件
def read_txt_file(file_path):
    with open(file_path, 'r', encoding='utf-8') as f:
        content = [_.strip() for _ in f.readlines()]

    labels, texts = [], []
    for line in content:
        parts = line.split()
        label, text = parts[0], ''.join(parts[1:])
        labels.append(label)
        texts.append(text)
    return labels, texts
#获取训练数据和测试数据，格式为 Pandas 的 DataFrame
def get_train_test_pd():
    file_path = 'data/train.txt'
    labels, texts = read_txt_file(file_path)
    train_df = pd.DataFrame({'label': labels, 'text': texts})

    file_path = 'data/test.txt'
    labels, texts = read_txt_file(file_path)
    test_df = pd.DataFrame({'label': labels, 'text': texts})

    return train_df, test_df
```

2. 数据预处理

使用 BERT 预训练模型对数据进行预处理，具体代码如下：

```python
train_df, test_df = get_train_test_pd()
bert_model = BertVector(pooling_strategy="NONE", max_seq_len=128)
print('begin encoding')
f = lambda text: bert_model.encode([text])["encodes"][0]
# train_df['x'] = train_df['text'][:10].apply(f)
# test_df['x'] = test_df['text'][:10].apply(f)
train_df['x'] = train_df['text'].apply(f)
```

```
test_df['x'] = test_df['text'].apply(f)
print('end encoding')
```

3．模型训练

模型主要采用 BERT 层、BiGRU 层、CRF 层及全连接层，具体代码如下：

```
inputs = Input(shape=(128, 768, ))
GRU = Bidirectional(GRU(128, dropout=0.2, return_sequences=True))(inputs)
crf = CRF(32)(GRU)
output = Dense(num_classes, activation='softmax')(crf)
output = Reshape((-1,))(output)
output = Dense(num_classes, activation='softmax')(output)
model = Model(inputs, output)
model.compile(loss='categorical_crossentropy',optimizer=Adam(),metrics=['accuracy'])
history = model.fit(x_train, y_train, validation_data=(x_test, y_test), batch_size=16, epochs=30)
model.save('people_relation.h5')
print('在测试集上的效果： ', model.evaluate(x_test, y_test))
```

4．模型预测

```
#输出每一类的 classification report
y_pred = model.predict(x_test, batch_size=32)
print(classification_report(y_test.argmax(axis=1), y_pred.argmax(axis=1)))
```

5.3.2　TPLinker 模型

TPLinker 模型中采用了一种握手序列编码器，其伪代码如下：

Algorithm 1 Handshaking sequence decoding
Input: The EH-to-ET sequence, S_e ;
　　　　The SH-to-OH sequences of relation r , $\{S_h^r, \ r \in R\}$, where R is the pre-defined relation set;
　　　　The ST-to-OT sequences of relation r , $\{S_i^r, \ r \in R\}$;
　　　　The map from sequence indices to matrix indices, M ;
Output: the predicted triplet set, T .
　1 Initialize　$D \leftarrow$ dict　　　　// the dictionary that maps entity head position to a set of entities that begin with this head position
　2 Initialize　$E \leftarrow$ dict　　　　// the set of (subject tail position, object tail position)
　3 Initialize　$T \leftarrow$ dict
　4 for　$i \leftarrow 1$　to tag sequence length do
　5　　if　$S_e[i] = 1$　then
　6　　　add　$M[i]$　to　$D[M[i][0]]$　　　// $M[i]$　is a tuple (entity head position, entity tail position)
　7　　end if
　8 end for
　9 for　$r \in R$　do
　10　　for　$i \leftarrow 1$　to tag sequence length do
　11　　　if　$S_i^r[i] = 1$　then
　12　　　　add　$M[i]$　to　E　　　// $M[i]$　is a tuple (subject tail position, object tail position)
　13　　　else if　$S_i^r[i] = 2$　then
　14　　　　add $\big(M[i][1], \ M[i][0]\big)$　to　E　　　// $M[i]$　is a tuple (object tail position, subject tail position
　15　　　end if
```
```

```
16      end for
17      for  i ← 1  to tag sequence length do
18          if  S_h^r[i] = 1  then
19              M[i]  is a tuple (subject head position, object head position)
20              Set_s ← D[M[i][0]]                    // Set_s  records the subjects beginning with  M[i][0]
21              Set_0 ← D[M[i][0]]                    // Set_0  records the subjects beginning with  M[i][0]
22          else if  S_h^r[i] = 2  then
23              M[i]  is a tuple (object head position, subject head position)
24              Set_s ← D[M[i][0]]
25              Set_0 ← D[M[i][0]]
26          end if
27          for  s ∈ Set_s  do
28              for  o ∈ Set_0  do
29                  if  (s[1], o[1]) ∈ E  then
30                      add  (s, r, o)  to  T
31                  end if
32              end for
33          end for
34      end for
35  end for
36 return  T
```

数据加载代码如下:

```
train_data = json.load(open(train_data_path, "r", encoding = "utf-8"))
valid_data = json.load(open(valid_data_path, "r", encoding = "utf-8"))
```

模型训练代码如下:

```
def train_step(batch_train_data, optimizer, loss_weights):
    if config["encoder"] == "BERT":
        sample_list, batch_input_ids, batch_attention_mask, batch_token_type_ids, tok2char_span_list,
                    batch_ent_shaking_tag, batch_head_rel_shaking_tag,
                    batch_tail_rel_shaking_tag = batch_train_data

        batch_input_ids, batch_attention_mask, batch_token_type_ids, batch_ent_shaking_tag,
                    batch_head_rel_shaking_tag, batch_
tail_rel_shaking_tag = (
            batch_input_ids.to(device),
            batch_attention_mask.to(device),
            batch_token_type_ids.to(device),
            batch_ent_shaking_tag.to(device),
            batch_head_rel_shaking_tag.to(device),
            batch_tail_rel_shaking_tag.to(device)
        )
    elif config["encoder"] in {"BiLSTM", }:
        sample_list, batch_input_ids, tok2char_span_list, batch_ent_shaking_tag,
                    batch_head_rel_shaking_tag, batch_tail_rel_shaking_tag =
batch_train_data
```

```
batch_input_ids, batch_ent_shaking_tag, batch_head_rel_shaking_tag, batch_tail_rel_shaking_tag = (
    batch_input_ids.to(device),
    batch_ent_shaking_tag.to(device),
    batch_head_rel_shaking_tag.to(device),
    batch_tail_rel_shaking_tag.to(device)
)

#参数梯度为 0
optimizer.zero_grad()

if config["encoder"] == "BERT":
    ent_shaking_outputs, head_rel_shaking_outputs, tail_rel_shaking_outputs = rel_extractor(
        batch_input_ids, batch_attention_mask, batch_token_type_ids
    )
elif config["encoder"] in {"BiLSTM", }:
    ent_shaking_outputs, head_rel_shaking_outputs, tail_rel_shaking_outputs =
        rel_extractor(batch_input_ids)

w_ent, w_rel = loss_weights["ent"], loss_weights["rel"]
loss = (
    w_ent * loss_func(ent_shaking_outputs, batch_ent_shaking_tag)
    + w_rel * loss_func(head_rel_shaking_outputs, batch_head_rel_shaking_tag)
    + w_rel * loss_func(tail_rel_shaking_outputs, batch_tail_rel_shaking_tag)
)
loss.backward()
optimizer.step()

ent_sample_acc = metrics.get_sample_accuracy(ent_shaking_outputs, batch_ent_shaking_tag)
head_rel_sample_acc = metrics.get_sample_accuracy(head_rel_shaking_outputs,
                                batch_head_rel_shaking_tag)
tail_rel_sample_acc = metrics.get_sample_accuracy(tail_rel_shaking_outputs,
                                batch_tail_rel_shaking_tag)
return (
    loss.item(),
    ent_sample_acc.item(),
    head_rel_sample_acc.item(),
    tail_rel_sample_acc.item()
)
```

5.3.3　GPLinker 模型

1. 数据获取

数据集格式为 json 格式, 数据集中主要包含文本及文本中所包含的三元组, 获取数据格式如图 5-12 所示。

图 5-12　获取数据格式

2. 数据预处理

使用 BERT 预训练模型对数据进行预处理，具体代码如下：

```
maxlen = 128
batch_size = 32
config_path = 'D:\\work\\论文\\关系抽取\\代码\\kg-2019-master\\chinese_L-12_H-768_A-12/bert_config.json'
checkpoint_path = 'D:\\kg-2019-master\\chinese_L-12_H-768_A-12/bert_model.ckpt'
dict_path = 'D:\\ kg-2019-master\\chinese_L-12_H-768_A-12/vocab.txt'
```

3. 模型训练

```
#加载预训练模型
bert = build_transformer_model(
    config_path=config_path,
    checkpoint_path=checkpoint_path,
    return_keras_model=False,
)

#预测主实体
output = Dense(
    units=2, activation='sigmoid', kernel_initializer=bert.initializer
)(bert.model.output)
subject_preds = Lambda(lambda x: x**2)(output)

subject_model = Model(bert.model.inputs, subject_preds)

#传入主实体，预测客实体
#通过 Conditional Layer Normalization 将主实体融入客实体的预测中
output = bert.model.layers[-2].get_output_at(-1)    #思考为什么是-2 而不是-1
subject = Lambda(extract_subject)([output, subject_ids])
output = LayerNormalization(conditional=True)([output, subject])
```

```
output = Dense(
    units=len(predicate2id) * 2,
    activation='sigmoid',
    kernel_initializer=bert.initializer
)(output)
output = Lambda(lambda x: x**4)(output)
object_preds = Reshape((-1, len(predicate2id), 2))(output)
object_model = Model(bert.model.inputs + [subject_ids], object_preds)
#训练模型
train_model = Model(
    bert.model.inputs + [subject_labels, subject_ids, object_labels],
    [subject_preds, object_preds]
)

AdamEMA = extend_with_exponential_moving_average(Adam, name='AdamEMA')
optimizer = AdamEMA(learning_rate=1e-5)
train_model.compile(optimizer=optimizer)
```

4．模型评估

GPLinker 模型最终采用精确率、召回率和 F1 指数进行评估，具体代码如下：

```
class Evaluator(keras.callbacks.Callback):
    """评估与保存
    """
    def __init__(self):
        self.best_val_f1 = 0.
    def on_epoch_end(self, epoch, logs=None):
        optimizer.apply_ema_weights()
        f1, precision, recall = evaluate(valid_data)
        if f1 >= self.best_val_f1:
            self.best_val_f1 = f1
            train_model.save_weights('best_model.weights')
        optimizer.reset_old_weights()
        print(
            'f1: %.5f, precision: %.5f, recall: %.5f, best f1: %.5f\n' %
            (f1, precision, recall, self.best_val_f1)
        )
```

5.3.4　CasRel 模型

1．数据获取

```
#训练模型
train_model = Model(
    bert.model.inputs + [subject_labels, subject_ids, object_labels],
    [subject_preds, object_preds]
)
AdamEMA = extend_with_exponential_moving_average(Adam, name='AdamEMA')
```

```
optimizer = AdamEMA(learning_rate=1e-5)
train_model.compile(optimizer=optimizer)
```

2. 数据预处理

```
os.environ["CUDA_VISIBLE_DEVICES"] = "1"
BERT_PATH = "./chinese_roberta_wwm_ext_pytorch"
maxlen = 256
```

3. 模型训练

```
class REModel(nn.Module):
    def __init__(self):
        super(REModel, self).__init__()
        self.bert = BertModel.from_pretrained(BERT_PATH)
        for param in self.bert.parameters():
            param.requires_grad = True
            self.linear = nn.Linear(768, 768)
            self.relu = nn.ReLU()
            self.sub_output = nn.Linear(768, 2)
            self.obj_output = nn.Linear(768, len(predicate2id)*2)
            self.sub_pos_emb = nn.Embedding(256, 768)            #主实体位置嵌入
            self.layernorm = BertLayerNorm(768, eps=1e-12)
            self.GRU = GRUnet(23922, 768, 1024, 6, 768)
            self.biaffine_weight = nn.Parameter(
                torch.nn.init.orthogonal_(torch.Tensor(768, 768))
            )
            self.concat_weight = nn.Linear(768*2, 1)
            self.GCN = GCN(hidden_size=768)
            def forward(self, token_ids, seg_ids, sub_ids=None):
            out, _ = self.bert(token_ids, token_type_ids=seg_ids,
                               output_all_encoded_layers=False)    #[batch_size, maxlen, size]
            print('out.shape:',out.shape)
            sub_preds = self.sub_output(out)                      #[batch_size, maxlen, 2]
            sub_preds = torch.sigmoid(sub_preds)
            if sub_ids is None:
                return sub_preds
            #融入主实体特征信息
            sub_pos_start = self.sub_pos_emb(sub_ids[:, :1])       #取主实体首位置
            sub_pos_end = self.sub_pos_emb(sub_ids[:, 1:])    # [batch_size, 1, size] #取主实体尾位置
            # 主实体开始的位置 id 重复字编码次数
            sub_id1 = sub_ids[:, :1].unsqueeze(-1).repeat(1, 1, out.shape[-1])
            #print (sub_id1)
            sub_id2 = sub_ids[:, 1:].unsqueeze(-1).repeat(1, 1, out.shape[-1])    #[batch_size, 1, size]
            #按照 sub_id1 位置索引去找 BERT 编码后的值，在列维度创建索引
            sub_start = torch.gather(out, 1, sub_id1)
            sub_end = torch.gather(out, 1, sub_id2)                #[batch_size, 1, size]
            sub_start = sub_pos_start + sub_start #位置编码向量+BERT 字编码向量
            sub_end = sub_pos_end + sub_end
            out1 = out + sub_start + sub_end
```

```
            out1 = self.layernorm(out1)
            out1 = F.dropout(out1, p=0.5, training=self.training)
            output = self.relu(self.linear(out1))
            output = F.dropout(output, p=0.4, training=self.training)
            output = self.obj_output(output)                    # [batch_size, maxlen, 2*plen]
            output = torch.sigmoid(output)
            obj_preds = output.view(-1, output.shape[1], len(predicate2id), 2)
            return sub_preds, obj_preds
DEVICE = torch.device("cuda" if torch.cuda.is_available() else "cpu")
net = REModel().to(DEVICE)
print(DEVICE)
optimizer = torch.optim.Adam(net.parameters(), lr=1e-7)
```

5.4 应用案例

5.4.1　面向地质报告的实体关系抽取

实体关系提取是构建知识图谱的重要基础,旨在准确高效地识别和提取地质数据中的实体和关系。然而,目前还缺乏专门用于中文地质实体关系识别的高质量注释语料库。同时,现有的实体与关系模型和技术(如流水线提取和联合关系提取)在支持地质关系提取方面存在局限性,因为它们侧重于利用有限的抽象数据集(如公开地质期刊数据的摘要,这些数据主要通过地质摘要文本描述简单的地质关系)。此外,由于地质实体错综复杂、数据类别不平衡、实体重叠关系复杂等,现有的模型和技术难以实现从如此复杂多变的文本中精确、全面地提取实体关系。与这些相比,从地质报告中自动提取关系更具挑战性,原因如下。

(1)实体较长:地质报告中的实体通常较长,存在大量嵌套实体及不常见的地名和地质术语,使其难以理解。

(2)地质报告文本的句子结构较为复杂,可能存在大量嵌套实体及实体之间的重叠关系。

(3)逐点阐述:地质报告文本有大量逐点阐述的内容,上下文语义关系薄弱。

因此,本节在预训练模型 RoBERTa 的基础上,提出了一种用于关系图的新型卷积指针网络模型,结合 Biaffine 网络来解决实体注释的边界问题,从而提高实体分类的准确性。此外,为了解决类别不平衡问题,对损失函数进行了改进;为了解决关系重叠的问题,加入了关系图卷积网络,以处理节点具有相同关系但又表现出差异的情况。

1. 数据集构建

本次实验的数据主要来自地质国家资料馆中的地质调查报告,共收集了七份区域地质调查报告,分别为陕西省商南县穆家河钒矿区勘探地质报告、新疆塔什库尔干县阿依里西铁矿详查报告、新疆西天山博乐—乌鲁木齐地区 2009 年和 2013 年的遥感地质综合调查成果报告、新疆西天山赛里木湖—阿吾拉勒地区 1:5 万航磁调查成果报告、新疆阿尔金山阔什布拉克地区四幅 1:5 万区域地质调查报告、内蒙古自治区 1:5 万区域矿产地质调查报告。地质调查报告统计信息如表 5-1 所示。

表 5-1 地质调查报告统计信息

序号	报告内容	报告年代	句子长度/字符			句子总数
			最长	最短	平均	
1	陕西省商南县穆家河钒矿区勘探地质报告	2019	1586	6	83	3316
2	新疆塔什库尔干县阿依里西铁矿详查报告	2010	1591	7	65	719
3	新疆西天山博乐—乌鲁木齐地区遥感地质综合调查成果报告	2013	886	8	68	1444
4	新疆西天山博乐—乌鲁木齐地区遥感地质综合调查成果报告	2009	1870	6	91	666
5	新疆西天山赛里木湖—阿吾拉勒地区 1∶5 万航磁调查成果报告	2010	4466	6	93	937
6	新疆阿尔金山阔什布拉克地区四幅 1∶5 万区域地质调查报告	2020	2642	6	84	3337
7	内蒙古自治区 1∶5 万区域矿产地质调查报告	2005	279	13	90	105

先将收集到的数据放入 csv 文件中，具体格式如图 5-13 所示。

	A	B	C	D	E	F
1	实体1		实体2		关系	文本
2	诺日巴尕日	地层	灰色灰绿色	岩石	岩性	诺日巴尕日保组原指灰色灰绿色厚层中－细粒岩屑长石砂岩长石石英砂岩长石砂岩偶夹粉砂岩，粘土岩及泥晶灰岩组成，仅见双壳类化石，与上覆九十道
3	诺日巴尕日	地层	长石石英砂	岩石	岩性	诺日巴尕日保组原指灰色灰绿色厚层中－细粒岩屑长石砂岩长石石英砂岩长石砂岩偶夹粉砂岩，粘土岩及泥晶灰岩组成，仅见双壳类化石，与上覆九十道
4	诺日巴尕日	地层	长石砂岩偶	岩石	岩性	诺日巴尕日保组原指灰色灰绿色厚层中－细粒岩屑长石砂岩长石石英砂岩长石砂岩偶夹粉砂岩，粘土岩及泥晶灰岩组成，仅见双壳类化石，与上覆九十道
5	诺日巴尕日	地层	粘土岩	岩石	岩性	诺日巴尕日保组原指灰色灰绿色厚层中－细粒岩屑长石砂岩长石石英砂岩长石砂岩偶夹粉砂岩，粘土岩及泥晶灰岩组成，仅见双壳类化石，与上覆九十道
6	诺日巴尕日	地层	泥晶灰岩	岩石	岩性	诺日巴尕日保组原指灰色灰绿色厚层中－细粒岩屑长石砂岩长石石英砂岩长石砂岩偶夹粉砂岩，粘土岩及泥晶灰岩组成，仅见双壳类化石，与上覆九十道
7	诺日巴尕日	地层	双壳类	类别	古生物	诺日巴尕日保组原指灰色灰绿色厚层中－细粒岩屑长石砂岩长石石英砂岩长石砂岩偶夹粉砂岩，粘土岩及泥晶灰岩组成，仅见双壳类化石，与上覆九十道
8	诺日巴尕日	地层	九十道班组	地层	整合接触	诺日巴尕日保组原指灰色灰绿色厚层中－细粒岩屑长石砂岩长石石英砂岩长石砂岩偶夹粉砂岩，粘土岩及泥晶灰岩组成，仅见双壳类化石，与上覆九十道
9	雀莫错组	地层	图幅西南角	地名	出露于	雀莫错组测区内只在图幅西南角色旺涌曲一带有少量出露，面积不足 10m2，厚度大于 29.25m。
10	雀莫错组	地层	10m2	数字	面积	雀莫错组测区内只在图幅西南角色旺涌曲一带有少量出露，面积不足 10m2，厚度大于 29.25m。
11	雀莫错组	地层	29.25m	数字	厚度	雀莫错组测区内只在图幅西南角色旺涌曲一带有少量出露，面积不足 10m2，厚度大于 29.25m。
12	新近纪曲果	岩石	37.63m	数字	厚度	新近纪曲果组灰色厚－巨厚层状砾岩 37.63m 平行不整合 雅西措组
13	新近纪曲果	岩石	雅西措组	地层	假整合接触	新近纪曲果组灰色厚－巨厚层状砾岩 37.63m 平行不整合 雅西措组
14	斑晶	矿石	斜长石	矿物	含有	斑晶主要为斜长石及少量石英黑云母。
15	斑晶	矿石	石英黑云母	矿物	含有	斑晶主要为斜长石及少量石英黑云母。
16	多彩蛇绿混	岩石	测区北部当	地名	出露于	多彩蛇绿混杂岩亚带火山岩位于测区北部当江－多彩一带，总体呈北西－南东向带状展布。
17	多彩蛇绿混	岩石	北西－南东	地名	分布形态	多彩蛇绿混杂岩亚带火山岩位于测区北部当江－多彩一带，总体呈北西－南东向带状展布。
18	灰岩	岩石	hecosmilia	地名	古生物	灰岩中采集到 hecosmilia sp.剑鞘珊瑚；Complexastraea sp.和 Radulopccten sp.刮具海扇；Oscillopha sp.，时代为中侏罗世。
19	灰岩	岩石	Complexas	地名	古生物	灰岩中采集到 hecosmilia sp.剑鞘珊瑚；Complexastraea sp.和 Radulopccten sp.刮具海扇；Oscillopha sp.，时代为中侏罗世。
20	灰岩	岩石	Radulopcc	地名	古生物	灰岩中采集到 hecosmilia sp.剑鞘珊瑚；Complexastraea sp.和 Radulopccten sp.刮具海扇；Oscillopha sp.，时代为中侏罗世。
21	灰岩	岩石	Oscillopha	地名	古生物	灰岩中采集到 hecosmilia sp.剑鞘珊瑚；Complexastraea sp.和 Radulopccten sp.刮具海扇；Oscillopha sp.，时代为中侏罗世。
22	灰岩	岩石	中侏罗世	地质年代	所属年代	灰岩中采集到 hecosmilia sp.剑鞘珊瑚；Complexastraea sp.和 Radulopccten sp.刮具海扇；Oscillopha sp.，时代为中侏罗世。

图 5-13 收集到的 csv 格式数据

然后将 csv 文件转换为 json 文件，关键代码如下：

```
area_data = pd.read_csv('test.csv',encoding='utf-8',sep=',')
jsonFile = io.open("GEO_test1.json","w+",encoding='utf-8')
a = []
for i in range(len(area_data)):
    area_dict = {}
    area_dict['text'] = area_data.iloc[i,5]
    area_dict['spo_list'] = []
    s_dict = {}
    s_dict['predicate'] = area_data.iloc[i,4]
    s_dict['object_type'] = {}
    s_dict['object_type']['@value'] = area_data.iloc[i,3]
    s_dict['subject_type'] = area_data.iloc[i,1]
    s_dict['object'] = {}
    s_dict['object']['@value'] = area_data.iloc[i, 2]
    s_dict['subject'] = area_data.iloc[i,0]
    area_dict['spo_list'].append(s_dict)
```

```
        jsonFile.writelines(json.dumps(area_dict,ensure_ascii=False)+'\n')
print(area_dict)
```

2．数据加载

```
for data in tqdm(train_data):
    print (data)
    flag = 1
    for s, p, o in data['triple_list']:
        s_begin = search(s, data['text'])
        o_begin = search(o, data['text'])
        if s_begin == -1 or o_begin == -1 or s_begin + len(s) > 250 or o_begin + len(o) > 250:
            flag = 0
            break
    if flag == 1:
        train_data_new.append(data)
print(len(train_data_new))
```

3．加载预训练模型

```
out, _ = self.bert(token_ids, token_type_ids=seg_ids, output_all_encoded_layers=False)
```

4．模型训练

```
out, _ = self.bert(token_ids, token_type_ids=seg_ids, output_all_encoded_layers=False
        out = self.attention2(out)
        sub_preds = self.sub_output(out)    # [batch_size, maxlen, 2]
        sub_preds = torch.sigmoid(sub_preds)

        if sub_ids is None:
            return sub_preds

        #融入主实体特征信息
        sub_pos_start = self.sub_pos_emb(sub_ids[:, :1])                         #取主实体首位置
        sub_pos_end = self.sub_pos_emb(sub_ids[:, 1:])        #[batch_size, 1, size] #取主实体尾位置

        #主实体开始的位置 id 重复字编码次数
        sub_id1 = sub_ids[:, :1].unsqueeze(-1).repeat(1, 1, out.shape[-1])
        #print (sub_id1)
        sub_id2 = sub_ids[:, 1:].unsqueeze(-1).repeat(1, 1, out.shape[-1])        #[batch_size, 1, size]
        #按照 sub_id1 位置索引去找 BERT 编码后的值，在列维度创建索引
        sub_start = torch.gather(out, 1, sub_id1)
        #print(sub_start.shape)
        sub_end = torch.gather(out, 1, sub_id2)                                  #[batch_size, 1, size]

        sub_start = sub_pos_start + sub_start                #位置编码向量+BERT 字编码向量
        sub_end = sub_pos_end + sub_end
        out1 = out + sub_start + sub_end

        out1 = torch.reshape(out1, (-1, 16, 16, 768))
        out1 = out1.permute(0, 3, 1, 2)
```

```
out1 = RGCN(in_channels=1, hideden_channels=5, out_channels=2, n_layers=2, dropout=
0.5)(out1)
out1 = self.cov(out1)
out1 = rearrange(out1, 'b c h w -> b c (h w)')
out1 = out1.permute(0, 2, 1)
out1 = self.layernorm(out1)
out1 = F.dropout(out1, p=0.5, training=self.training)
output = self.relu(self.linear(out1))
output = F.dropout(output, p=0.4, training=self.training)
output = self.obj_output(output)     # [batch_size, maxlen, 2*plen]
output = torch.sigmoid(output)
```

5. 实验结果

为了验证本节所提模型的有效性，将其与三种预训练模型进行了对比实验：BERT、ALBERT 和 SpanBERT，相应的实验结果如表 5-2 所示。从表中可以看出，当使用 BERT 作为预训练模型时，精确率、召回率和 F1 指数最高达到了 0.70、0.79 和 0.67。当使用基于 ALBERT 的预训练模型时，精确率、召回率和 F1 指数最高达到了 0.74、0.73 和 0.73。同样，当使用基于 SpanBERT 的预训练模型时，精确率、召回率和 F1 指数分别达到了 0.72、0.74 和 0.62。而使用 RoBERTa 作为预训练模型时，精确率、召回率和 F1 指数都有显著提高，最高达到 0.76、0.82 和 0.74。RoBERTa 模型表现出色是因为跨界目标的引入进一步提升了整体效果。此外，RoBERTa 模型在 BERT 模型中加入了额外的训练数据，并引入了其他方法来更好地完成下游任务。

表 5-2　不同预训练模型的对比实验结果

词向量表征	模型	精确率	召回率	F1 指数
BERT-based	TextCNN	0.68	0.63	0.63
	BiGRU	0.67	0.65	0.65
	BiLSTM	0.50	0.59	0.56
	BiLSTM-CRF	0.62	0.71	0.59
	RGCN-Biaffine-BiGRU-Attention	0.70	0.79	0.67
ALBERT-based	GCN-Biaffine-BiGRU-Attention	0.71	0.70	0.72
	RGCN-Biaffine-BiGRU-Attention	0.74	0.73	0.73
SpanBERT-based	RGCN-Biaffine-BiGRU-Attention	0.72	0.74	0.62
RoBERTa-based	RGCN-Biaffine-BiGRU-Attention	0.75	0.79	0.73
	RGCN-Biaffine-BiGRU-Attention (Focal Loss)	0.76	0.82	0.74

5.4.2　面向地质灾害的实体关系抽取

知识图谱（KG）可以更好地组织、管理和理解海量信息，以知识三元组的形式表达客观世界中的概念和实体及它们之间的语义关系，从而构成一个非常大的知识库，有助于知识的共享和重用（Fang, et al., 2020；Palumbo, et al., 2020；Ma, et al., 2022；Ma, et al., 2022）。自从谷歌提出知识图谱以来，它在学术界和工业界得到了广泛的关注和应用（Singhal, 2012）。信息提取（IE）是构建知识图谱的关键技术，信息提取被定义为从非结构化信息中获取结构化数据的过程（Fan, et al., 2020；Artstein, et al., 2008）。而命名实体识别（NER）和关系抽取

（RE）是信息提取任务中最重要的部分。命名实体识别是指通过自然语言处理技术从文本中提取实体元素，而关系抽取是指在实体识别的基础上结合语义环境抽取实体之间的关系（Oramas, et al., 2016；Artstein, et al., 2008）。因此，利用 BERT 预训练语言模型的优势，本节以地质灾害调查报告为数据源，提出了一种基于 BERT 预训练模型的命名实体识别模型和关系抽取模型，可以有效解决各种自然语言文本中的语言不规范问题，以及现有方法中存在的多义词及融合能力较差的问题。

1．数据集构建

数据主要来自中国国家地质档案馆公开的地质灾害报告。如表 5-3 所示，本次实验共收集了七份地质灾害报告。

例如，甘肃省积石山保安族东乡族撒拉族自治县地质灾害报告共分七章。第一章描述了该地区的自然地理和地质环境，第二章到第四章描述了地质灾害的分布和特征，第五章介绍了地质灾害的经济损失评估，第六章介绍了防治地质灾害的建议，最后一章给出了总结和建议。其中一段描述了以下有关地质灾害的信息："黄土-泥岩滑坡，其滑坡由各种成因的黄土和白垩以及新元古代砂岩和泥岩组成，主要分布在勘察区丘陵区较大冲沟的侧面，地形切割非常强烈。这种类型的滑坡通常为切割级滑坡。大多数滑坡发育在高、陡峭的气锋、舌状或半圆形平面，其形态相对完整，具有'椅状'地形和双沟同质现象，并保留了滑坡平台。"

表 5-3　七份地质灾害报告的统计信息

序号	报告内容	报告年代	句子长度/字符			句子总数
			最长	最短	平均	
1	渝东北山区地质灾害报告	2019	1586	6	83	3316
2	甘肃省兰州市皋兰县地质灾害报告	2010	1591	7	65	719
3	甘肃省灵台县地质灾害报告	2013	886	8	68	1444
4	甘肃省积石山保安族东乡族撒拉族自治县地质灾害报告	2009	1870	6	91	666
5	甘肃省迭部县地质灾害报告	2010	4466	6	93	937
6	陇南白龙河流域地质灾害报告	2020	2642	6	84	3337
7	青藏高原地质灾害报告	2005	279	13	90	105

本次实验对地质灾害报告中的相关地质灾害描述文本进行分析、分类和分组，以确定和提取地质灾害知识的实体类别和关系类别，如表 5-4 和表 5-5 所示。为了确定实体类别，在地质灾害标准信息描述模型的基础上，从地质灾害的定义和分类的角度确定相应的实体类别。为了确定关系类别，除了基本分层关系（如部分和种类），不同实体之间的关系可结合所识别的实体来确定。

表 5-4　不同类型的实体及样例

序号	实体	样例
1	滑坡	陆地滑坡、岩石滑坡、滑坡滑动方向、黄土滑坡、黏土滑坡、冲积层滑坡、滑坡滑动方向
2	崩塌	巨大规模的崩塌、大规模崩塌、中规模崩塌、小规模崩塌、倾斜崩塌、滑动崩塌、爆破崩塌、拉伸崩塌

续表

序号	实体	样例
3	泥石流	特大型泥石流、大型泥石流、中型泥石流、小型泥石流、山坡型泥石流、河谷型泥石流、山地泥石流
4	地裂	地面裂缝区的形成岩性、地面裂缝区的地质结构、地面裂缝区的水文地质、地面裂缝区的工程地质、地面裂缝的遗传机制
5	土地沉降	地面沉降区的形成岩性、地面沉降区的地质结构、地面沉降区的水文地质、地面沉降区的工程地质、地面沉降的分布范围
6	地面塌陷	岩溶塌陷、采空区和沉降、岩溶塌陷点、岩溶塌陷群、古岩溶塌陷
7	侵蚀	轻度侵蚀、中度侵蚀、重度侵蚀、极重度侵蚀
8	沙漠化	戈壁、砾石、石漠化、院落地貌、哈德逊河谷
9	特殊类型土壤	黄土、软土、膨胀土、冻土、砂岩
10	盐碱化和沼泽化	盐碱地、沿海地区盐碱地程度、非盐碱地、轻中度盐碱地、中重度盐碱地
11	河湖灾害	塌方、淤泥、渗漏、渗水

表5-5　部分实体的关系、关键触发词及样例

序号	关系	关键触发词	样例
1	因果关系	造成、导致、受控制的、容易形成等	云南省德宏傣族景颇族自治州芒市芒市镇下东村发生山洪泥石流灾害，造成2栋民房被埋
2	距离关系	深度、长度、宽度等	大巴山弧形构造带的长度大于300 km
3	空间关系	东、西、北、南、位于等	重庆的东北部属于四川盆地东部的山区，东北部是大巴山，东部是巫山，西北部是关眠山
4	属性关系	岩性、规模、归属、发展、坡度、高程、产量等	北部地区以古生代地层到志留纪地层为主，岩性为碎屑岩和碳酸盐岩的组合

2. 模型构建

（1）基于 BERT-BiGRU-CRF 模型的命名实体识别。实体是知识图谱三元组中的核心节点，其提取精度在构建知识图谱时发挥着重要作用。在本次实验中使用了一种地质科学领域的基于 BERT-BiGRU-CRF 模型的命名实体识别方法。如图 5-14 所示，该模型有六个主要层：输入层（第 1 层）、BERT 层（第 2 层）、BiGRU 层（第 3 层）、全连接层（第 4 层）、CRF 层（第 5 层）和输出层（第 6 层）。首先使用 BERT 预训练语言模型获取地质文本的特征，并将每个字符转换为向量形式，其次利用 BiGRU 模型进行处理，最后根据 CRF 模型计算标注序列的概率分布结果，以确定文本中包含的实体。

第 1 层输入层的输入为一系列段落（或句子）。第 2 层使用 BERT 预训练语言模型提取文本特征。每个字符的向量为字符的字向量、字符的句子向量及字符的位置向量的总和。使用多层双向编码器训练字符的向量表示，以获得文本的特征表示。

第 3 层 BiGRU 层的输入为 BERT 模型的文本特征输出，GRU 由一个重置门和更新门组成。重置门控制前一状态信息被遗忘的程度，更新门用于控制前一时刻的信息状态被带入当前状态的程度。BiGRU 模型由正向 GRU 和反向 GRU 进行训练，可以充分捕捉上下文信息并提取深层语义特征。

第 4 层为全连接层。在进行全连接之前使用参数正则化方法对 BiGRU 层的训练结果进行处理，可以有效防止模型的过拟合。第 5 层使用 CRF 模型，根据全连接层的输出计算出标注序列的概率分布，并考虑注释之间的转移特性，即输出注释之间的顺序，最后使用 Viterbi

算法计算出总体概率最高的序列集。第 6 层输出层根据 CRF 模型的输出，以最高概率的注释序列为基础，提取相应的实体。

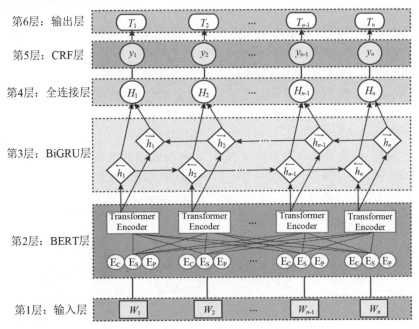

第6层：输出层

第5层：CRF层

第4层：全连接层

第3层：BiGRU层

第2层：BERT层

第1层：输入层

图 5-14　BERT-BiGRU-CRF 模型的结构图

数据处理代码如下：

```
#读取文件并进行转换
train_df, test_df = get_train_test_pd()
bert_model = BertVector(pooling_strategy="NONE", max_seq_len=128)
print('begin encoding')
f = lambda text: bert_model.encode([text])["encodes"][0]
train_df['x'] = train_df['text'].apply(f)
test_df['x'] = test_df['text'].apply(f)

#训练集和测试集
x_train = np.array([vec for vec in train_df['x']])
x_test = np.array([vec for vec in test_df['x']])
y_train = np.array([vec for vec in train_df['label']])
y_test = np.array([vec for vec in test_df['label']])

num_classes = 25
y_train = to_categorical(y_train, num_classes)
y_test = to_categorical(y_test, num_classes)
```

BERT-BiGRU-CRF 模型代码如下：

```
inputs = Input(shape=(128, 768, ))
GRU = Bidirectional(GRU(128, dropout=0.2, return_sequences=True))(inputs)
crf = CRF(32)(GRU)
output = Dense(num_classes, activation='softmax')(crf)
```

```
output = Reshape((-1,))(output)
output = Dense(num_classes, activation='softmax')(output)
model = Model(inputs, output)
```

（2）基于 BERT-BiGRU-Attention-CRF 模型的关系抽取。节点是构建知识图谱的另一个重要组件，它将两个实体连接起来，形成一个语义三元组。基于上述实体提取结果，BERT-BiGRU-Attention-CRF 模型用于关系抽取。如图 5-15 所示，该模型包括输入层、BERT 层、BiGRU 层、Attention 层、CRF 层和输出层。该模型使用 BERT 预训练语言模型提取文本特征，使用 BiGRU 模型学习上下文之间的关系从而提取文本的深层特征，通过使用注意力机制来增加重要影响词的权重系数，并将具有融合词级权重的句子或文本输入 Softmax 分类器中以完成关系提取。与命名实体识别模型不同，关系抽取模型添加了 Attention 层，将 BiGRU 层的输出作为输入，并计算应该分配给每个词向量的概率权重，即判断每个字符对关系抽取的重要性。在输出层中，基于全连接层的输出来确定关系类别。Softmax 函数用于计算从全连接层输出的句子向量，以实现关系抽取。

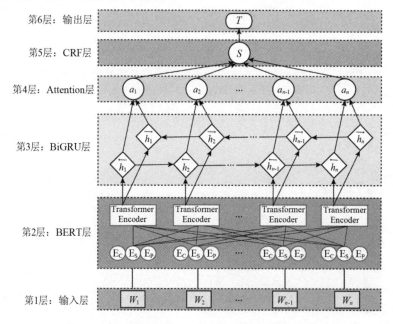

图 5-15　BERT-BiGRU-Attention-CRF 模型的结构图

模型代码如下：

```
inputs = Input(shape=(128, 768, ))
GRU = Bidirectional(GRU(128, dropout=0.2, return_sequences=True))(inputs)
attention = Attention(32)(GRU)
crf = CRF(32)(attention)
output = Dense(num_classes, activation='softmax')(crf)
output = Reshape((-1,))(output)
output = Dense(num_classes, activation='softmax')(output)
model = Model(inputs, output)
```

3．实验结果

在本次实验中，BERT-BiGRU-CRF 模型被用来识别 11 种地质灾害实体，并使用精确率、召回率和 F1 指数进行评价，识别结果如表 5-6 所示。命名实体识别的评判标准一般是实体的边界是否正确、实体的类型是否标注正确。精确率指的是识别出的正确实体数量与识别出的实体数量的比率；召回率指的是识别出的正确实体数量与样本实体数量之间的比率。两个数值都在 0 到 1 范围内，数值越接近 1，精确率和召回率就越高。如表 5-6 所示，这 11 种实体的精确率和召回率都达到了 87% 以上，其中大部分达到了 90% 以上。由于精确率和召回率有时不能完全评价命名实体识别的效果，因此，本次实验同时选择了 F1 指数进行评价，实验结果表明，F1 指数达到了 88% 以上。从实验结果可以看出，这 11 种实体的精确率、召回率和 F1 指数的平均值都达到了 90% 以上，这说明该模型能够准确识别这 11 种实体。

此外，本实验还使用其他主流的深度学习命名实体识别模型在同一语料库上进行了实验，识别结果如表 5-7 所示。实验结果表明，与其他实体识别模型相比，BERT-BiGRU-CRF 模型在精确率、召回率和 F1 指数方面都优于其他模型，三项指标均达到 90% 以上，明显优于其他命名实体识别模型，识别效果最好。

表 5-6　BERT-BiGRU-CRF 模型的识别结果

实体类型	精确率/%	召回率/%	F1 指数/%
滑坡	91.22	90.88	91.05
崩塌	90.22	91.33	90.77
泥石流	89.78	90.25	90.01
地裂	92.36	92.11	92.23
土地沉降	88.11	87.95	88.03
地面塌陷	89.58	90.25	89.91
侵蚀	90.25	91.03	90.64
沙漠化	91.25	92.03	91.64
特殊类型土壤	91.56	91.09	91.32
盐碱化和沼泽化	92.06	93.12	92.59
河湖灾害	92.14	91.33	91.73
非实体	93.88	93.11	93.49
平均值	90.78	91.03	90.90

表 5-7　其他主流的深度学习命名实体识别模型的识别结果

模型	精确率/%	召回率/%	F1 指数/%
ALBERT-BiGRU	80.98	79.04	80.00
ALBERT-BiLSTM-CRF	83.22	82.11	82.66
Word2vec-BiGRU-CRF	84.03	83.99	84.01
ELMo-BiGRU-CRF	87.78	86.86	87.32
BERT-BiGRU-CRF	91.20	90.80	91.00

参考文献

车万翔，刘挺，李生，2005. 实体关系自动抽取[J]. 中文信息学报，19(2)：2-7.

胡滨，汤保虎，姜海燕，等，2021. 家禽诊疗文本多实体关系联合抽取模型研究[J]. 农业机械学报，52(6)：268-276.

黄徐胜，朱月琴，付立军，等，2021．基于 BERT 的金矿地质实体关系抽取模型研究 [J]．地质力学学报，27(3)：391-399．

何阳宇，易晓宇，唐亮，等，2021．基于 BLSTM-ATT 的老挝语军事领域实体关系抽取 [J]．计算机技术与发展，31(5)：31-37．

陆亮，孔芳，2021．面向对话的融入交互信息的实体关系抽取[J]．中文信息学报，35(8)：82-88+97．

吕鹏飞，王春宁，朱月琴，2017．基于文献的地质实体关系抽取方法研究[J]．中国矿业，26(10)：167-172．

马建红，魏字默，陈亚萌，2021．基于信息融合标注的实体及关系联合抽取方法[J]．计算机应用与软件，38(7)：159-166．

邱芹军，王斌，徐德馨，等，2023．地质领域文本实体关系联合抽取方法[J]．高校地质学报，29(3)：419-428.DOI: 10. 16108/j. issn1006-7493. 2023026．

沈利言，姜海燕，胡滨，等，2020．水稻病虫草害与药剂实体关系联合抽取算法[J]．南京农业大学学报，43(6)：1151-1161．

唐晓波，刘志源，2021．金融领域文本序列标注与实体关系联合抽取研究[J]．情报科学，39(5)：3-11．

王立全，王保弟，李光明，等，2021．东特提斯地质调查研究进展综述[J]．沉积与特提斯地质，41(2)：283-296．

王庆棒，汪颢懿，左敏，等，2021．基于 CNN-BLSTM 的食品舆情实体关系抽取模型研究[J]．食品科学技术学报，39(2)：152-158．

王智广，文红英，鲁强，等，2021．地质领域开放式实体关系联合抽取[J]．计算机工程与设计，42(4)：996-1005. DOI: 10. 16208/j. issn1000-7024. 2021. 04.015．

谢腾，杨俊安，刘辉，2021．融合多特征 BERT 模型的中文实体关系抽取[J]．计算机系统应用，30(5)：253-261．

谢雪景，谢忠，马凯，等，2023．结合 BERT 与 BiGRU-Attention-CRF 模型的地质命名实体识别[J]．地质通报，42(5)：846-855．

赵鹏大，2019．地质大数据特点及其合理开发利用[J]．地学前缘，26(4)：1-5．

张心怡，冯仕民，丁恩杰，2020．面向煤矿的实体识别与关系抽取模型[J]．计算机应用，40(8)：2182-2188．

张雪英，叶鹏，王曙，等，2018．基于深度信念网络的地质实体识别方法[J]．岩石学报，34(2)：343-351．

朱月琴，谭永杰，吴永亮，等，2017．面向地质大数据的语义检索模型研究[J]．中国矿业，26(12)：143-149．

ARTSTEIN R，Poesio M，2008．Inter-coder agreement for computational linguistics[J]．Computational Linguistics，34(4)：555-596．

CAI R，ZHANG X，WANG H，2016．Bidirectional recurrent convolutional neural network for relation classification [C]．proceedings of the Proceedings of the 54th Annual Meeting of the Association for Computational Linguistics (Volume 1：Long Papers)，F．

CHEN J P，LI J，XIE S，et al，2017．Current status of geological big data research in

China[J]. Journal of Geology，41(3)：353-366.

CHEN Q，YAO H，ZHOU D，et al，2023. Extracting fact-condition relation from geological papers via deep structured semantic model with multi-grained representation[J]. Computers & Geosciences，178：105416.

FANG W，MA L，LOVE P E D，et al，2020. Knowledge graph for identifying hazards on construction sites: Integrating computer vision with ontology[J]. Automation in Construction，119：103310.

FAN J，SHEN S，ERWIN D H，et al，2020. A high-resolution summary of Cambrian to Early Triassic marine invertebrate biodiversity[J]. Science，367(6475)：272-277.

FENG J，HUANG M，ZHAO L，et al，2018. Reinforcement learning for relation classification from noisy data[C]. Proceedings of the aaai conference on artificial intelligence，32(1).

HAN X，GAO T，YAO Y，et al，2019. Opennre: An open and extensible toolkit for neural relation extraction[J]. Arxiv preprint arxiv：1909. 13078.

HOFFMANN R，ZHANG C，LING X，et al，2011. Knowledge-based weak supervision for information extraction of overlapping relations[C]. Proceedings of the 49th annual meeting of the association for computational linguistics: human language technologies：541-550.

LIN Y，SHEN S，LIU Z，et al，2016. Neural relation extraction with selective attention over instances[C]. Proceedings of the 54th Annual Meeting of the Association for Computational Linguistics (Volume 1：Long Papers)：2124-2133.

LIU C，SUN W，CHAO W，et al，2013. Convolution neural network for relation extraction[C]. proceedings of the International Conference on Advanced Data Mining and Applications，F，Springer.

LIU J，YANG Y，HE H，2020. Multi-level semantic representation enhancement network for relationship extraction[J]. Neurocomputing，403：282-293.

LI Y，CHEN X，BAO Y，et al，2019. Relation extraction of Chinese fundamentals of electric circuits textbook based on cnn[C]. 2019 IEEE 3rd Information Technology，Networking，Electronic and Automation Control Conference (ITNEC). IEEE：277-281.

MA K，TAN Y J，XIE Z，et al，2022. Chinese toponym recognition with variant neural structures from social media messages based on BERT methods[J]. Journal of Geographical Systems，24(2)：143-169.

MA K，TAN Y，Tian M，et al，2022. Extraction of temporal information from social media messages using the BERT model[J]. Earth Science Informatics，15(1)：573-584.

MA，K，TIAN，M，TAN Y，et al，2021. What is this article about? Generative summarization with the BERT model in the geosciences domain[J]. Earth Science Informatics，15-1.

MINTZ M ，BILLS S，SNOW R，et al，2009. Distant supervision for relation extraction without labeled data[C]. ACL 2009，Proceedings of the 47th Annual Meeting of the Association for Computational Linguistics and the 4th International Joint Conference on Natural Language Processing of the AFNLP，2-7 August 2009，Singapore. Association for Computational Linguistics.

ORAMAS S，OSTUNI V C，Noia T D，et al，2016．Sound and music recommendation with knowledge graphs[J]．ACM Transactions on Intelligent Systems and Technology (TIST)，8(2)：1-21．

PALUMBO E，MONTI D，RIZZO G，et al，2020．Entity2rec：Property-specific knowledge graph embeddings for item recommendation[J]．Expert Systems with Applications，151：113235．

QIU Q，XIE Z，WU L，et al，2019a．Bilstm-CRF for geological named entity recognition from the geoscience literature[J]．Earth Science Informatics，12：565-579．

QIU Q，XIE Z，WU L，et al，2019b．GNER：A generative model for geological named entity recognition without labeled data using deep learning[J]．Earth and Space science，6(6)：931-946．

RIEDEL S，YAO L，MCCALLUM A，2010．Modeling relations and their mentions without labeled text[C]．Joint European Conference on Machine Learning and Knowledge Discovery in Databases．Springer，Berlin，Heidelberg：148-163．

SINGHAL A，2012．Introducing the Knowledge Graph：Things，not strings[EB/OL]．（2012-05-XX）[2024-11-11]．https：//goo-gle blog. blogs pot. com/2012/05/intro duc-ing-knowledge-graph-things-not. html.

TAN Y J，WEN M，ZHU Y Q，et al，2017．Research on big data characteristics of geological data[J]．China Mining Industry，26(9)：67-71．

WANG B，WU L，XIE Z，et al，2022．Understanding geological reports based on knowledge graphs using a deep learning approach[J]．Computers & Geosciences，168：105229．

WANG C，HAZEN R M，CHENG Q，et al，2021．The deep-time digital earth program：data-driven discovery in geosciences[J]．National Science Review，8(9)：nwab027．

WAN Q，WEI L，CHEN X，et al，2021．A region-based hypergraph network for joint entity-relation extraction[J]．Knowledge-Based Systems，228：107298．

ZENG D，LIU K，CHEN Y，et al，2015．Distant supervision for relation extraction via piecewise convolutional neural networks[C]．Proceedings of the 2015 conference on empirical methods in natural language processing：1753-1762．

ZHANG M，ZHANG J，SU J，et al，2006．A composite kernel to extract relations between entities with both flat and structured features[C]．Proceedings of the 21st International Conference on Computational Linguistics and 44th Annual Meeting of the Association for Computational Linguistics：825-832．

ZHANG N，XU X，TAO L，et al，2022．Deepke：A deep learning based knowledge extraction toolkit for knowledge base population[J]．Arxiv preprint arxiv：2201．03335．

ZHAO K，XU H，CHENG Y，et al，2021．Representation iterative fusion based on heterogeneous graph neural network for joint entity and relation extraction[J]．Knowledge-Based Systems，219：106888．

ZHOU C H，WANG H，WANG C S，et al，2021．Research on geoscientific knowledge mapping in the era of big data[J]．Chinese Science：Earth Science，51(7)：1070-1079．

ZHOU P，SHI W，TIAN J，et al，2016．Attention-based bidirectional long short-term memory networks for relation classification[C]．Proceedings of the 54th annual meeting of the association for computational linguistics (volume 2：Short papers)：207-212．

ZHU Y Q，TAN Y J，WU Y L，2017. Research on semantic retrieval model towards geological big data[J]．China mining magazine，26(12)：143-149．

第6章
地质报告表格检测与内容识别算法及实现

6.1 相关分析

  地质报告提供了各类岩石形成、演化及矿床形成等重要的地质环境信息（Wang, et al., 2022），为实现绿色找矿和可持续地质勘探的目标提供了丰富的数据源。从海量的非结构化地质报告资料中提取结构化的地质信息，有利于勘探人员评估不同地质环境下的勘探风险，能有效减少矿产开发对环境的破坏（Liang, et al., 2021）。如果不对其进行信息抽取，这些大量留存的地质历史数据将难以得到充分利用。在地质报告中，数据除了以文本的形式存在，还以地质表格的形式存在，例如，各类矿石中的化学元素含量数据、地层详细信息数据均存在于地质表格中（李杨，等，2017）。充分利用地质报告中的信息，形成有关智能调查的知识，是地质调查行业长期规划的一项基础性任务。因此，迫切需要设计一种从地质报告中获取信息的方法，以促进地质知识的形成，提高地质调查过程中的智能分析水平，将分析结果反馈给相关部门，提高数据的价值（Qiu, et al., 2019）。

  地质找矿工作对矿产调查、人类地理活动和社会经济发展具有深远意义（McManus, et al., 2021；吕志成，等，2022），通过地质调查研究积累了各种类型的地质数据，包括文字、表格、图像等（Chen, et al., 2016）。这些数据大多数是非结构化数据，包含丰富的地质信息（Wei, et al., 2021）。这些信息的重要来源之一是公开的历史地质报告，例如，中国国家地质档案馆中公开提供了大量的各类地质报告，这些地质报告往往由地质调查者通过勘探记录所得，其中记录了不同地区的地质调查研究结果，包括矿产地质报告、水文地质报告、工程地质报告、环境地质报告等。例如，要确定矿石等级，就需要从矿产含量表中详细了解矿石的各类成分含量、厚度、色泽、长度和韧度等，以进行品级划分和综合工业品位的确立等。在进行地质勘探或找矿活动时，为实现科学绿色找矿（张福良，等，2018），需要从地层简介表上详细了解该地区的地层信息，包括地层名称、代号、厚度、所属年代、所含矿产资源等数据。以上信息的获取均离不开地质表格。

  另外，地质表格中包含各类岩石的多种地球化学元素含量等数据，是矿物等级的重要判断依据。地矿区层表作为地层图的详细说明，包含了大量的地质信息，是描述地层结构不可或缺的数据。然而，现阶段的研究者在对地质报告进行信息提取时，主要将研究工作集中在对地质文本或图像的理解上（张广宇，等，2020；王斌，2022），忽视了对地质报告中表格信息的提取，表格作为一种重要的数据展示方法，通常作为文本数据的补充和详细描述。

  目前，大多数利用文档构建知识图的研究是通过提取文档中的文本内容来实现的。然而，在地质文档中也可以找到包含表格的复杂文档，表格中包含许多有价值的信息。有效地挖掘表格中的语义信息，结合文本信息，可以使工程语料库中的知识更加完整。深度学习算法将表格作为图像，使用图像分割的方式对表格进行解析，但由于表格具有形态多样性和结构复杂性，不同领域中的表格解析差别较大，适用于地质领域表格的解析方法还有待研究。目前地质表格提取相对通用类表格提取仍存在一些挑战：含多条分割线的复杂表头难以提取；不同表格中单元格大小差异较大；部分地质表格缺失边框。

6.2 典型算法

6.2.1 基于 Mask RCNN 的目标检测模型

本书设计的基于 Mask RCNN 模型的地质表格结构解析过程如图 6-1 所示。根据需求选择并收集地质表格的图像，使用 LabelMe 注释工具标注表格中的单元格以生成数据集，将数据集输入 Mask RCNN 模型进行特征提取、分类预测和分割掩蔽，并输出表格中单元格的检测结果。

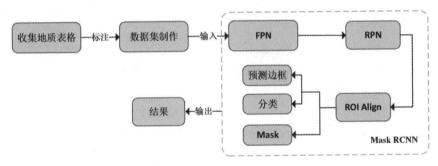

图 6-1 基于 Mask RCNN 模型的地质表格结构解析过程

Mask RCNN 是由 Faster RCNN 扩展而来的实例分割模型，其基本结构如图 6-2 所示。它分为两个阶段：第一阶段扫描图像并生成建议，第二阶段对建议进行分类并生成边界图。具体模块包括特征金字塔网络、区域建议网络、感兴趣区域推荐和三个分支。

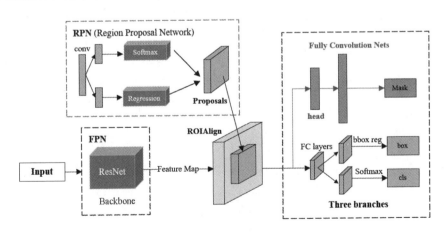

图 6-2 Mask RCNN 的基本结构

（1）特征金字塔网络（FPN）：将图像输入预训练的 FPN 网络模型（见图 6-3），得到相应的特征图。FPN 采用了自上而下的结构和横向连接，以此融合具有高分辨率的浅层和具有丰富语义信息的深层，从而实现了在单尺度的输入图像上快速构建在所有尺度上都具有强语义信息的特征金字塔，并且不产生明显的开销。FPN 也是一个窗口大小固定的滑动窗口检测器，在不同的层滑动可以增加其对尺度变化的鲁棒性。

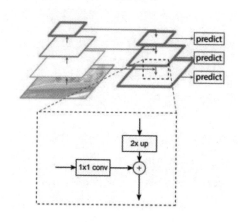

图 6-3　FPN 网络模型结构图

（2）区域建议网络（RPN）：RPN 是一个轻量的神经网络，它用滑动窗口来扫描图像，并寻找存在目标的区域，RPN 扫描的矩形区域被称为 anchor，这些 anchor 相互重叠，以尽可能地覆盖图像。滑动窗口是由 RPN 的卷积过程实现的，可以使用 GPU 并行扫描所有区域。此外，RPN 并不会直接扫描图像，而是扫描主干特征图，这使得 RPN 可以有效复用提取的特征，并避免重复计算。RPN 为每个 anchor 生成两个输出：用于区分前景和背景的 anchor 类别，以及更好地拟合目标的边框精度。通过 RPN 的预测，可以选出最好的包含目标的 anchor，并对其位置和尺寸进行精确调整。如果有多个 anchor 互相重叠，则通过非极大值进行抑制，保留拥有最高前景分数的 anchor。在图像经过 FPN 层通过主干网络进行特征提取后，将生成的特征图输入 RPN 进行子网络的选取。

（3）感兴趣区域推荐（ROIAlign）：在 RPN 的边框精调步骤中，边框可以有不同的尺寸，但是分类器只能处理固定的输入尺寸，并不能很好地处理多种输入尺寸，因此需要通过 ROI 池化来解决这一问题。ROI 池化是指先裁剪出特征图的一部分，然后将其重新调整为固定的尺寸，利用 Softmax 分类器对前景和背景进行二元分类，通过双线性插值（见图 6-4）和非极大值抑制的局部感兴趣区域滤波获得更准确的候选帧位置信息。

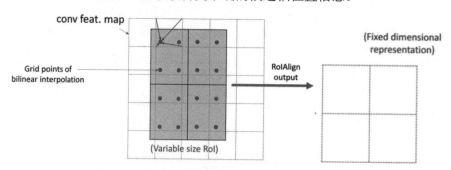

图 6-4　双线性插值过程示意图

（4）三个分支：流程的最后经过三个分支，一个分支进入全连接层进行掩码，其他分支进入全连接层进行对象分类并生成边界。

6.2.2　基于 Attention-Mask RCNN 的表格解析模型

在提取单元格时，将 Mask RCNN 模型作为基础并对其进行改进，形成了 Attention-Mask RCNN 模型，如图 6-5 所示。虽然 FPN 层能对输入的图片进行特征提取，但并非所有的特征都有助于提高目标检测的性能，边框的区域建议网络可能因为被冗余信息误导而导致精度降低。为了消除这些影响，进一步增强特征图的特征，捕获感兴趣区域之间的语义关系并增加上下文依赖，在 FPN 层后引入了一个基于注意力机制的上下文注意模块，即 CAM 模块（Cao, et al., 2020），其具体结构及实现过程如图 6-6 所示。

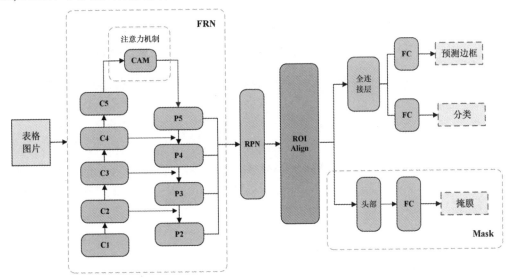

图 6-5　Attention-Mask RCNN 模型

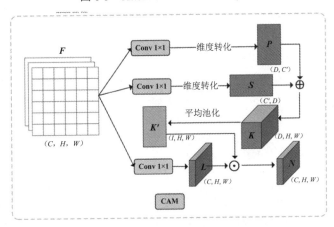

图 6-6　CAM 模块的具体结构及实现过程

如图 6-6 所示，判别特征图 $\boldsymbol{F} \in \boldsymbol{K}^{C \times H \times W}$，分别使用 $\boldsymbol{W}_p$ 和 $\boldsymbol{W}_s$ 对其进行维度转化，转化后的特征图计算公式如下：

$$\begin{cases} P = W_p^T F \\ S = W_s^T F \end{cases} \qquad (6\text{-}1)$$

式中，$\{P, S\} \in K^{C' \times H \times W}$。然后将 P 和 S 的维度转化为 $K^{C' \times D}$，其中 $D = H \times W$，为了捕获每个感兴趣区域之间的关系，计算相关矩阵

$$K = P^T S \qquad (6\text{-}2)$$

式中，$\{K\} \in K^{D \times D}$。接着将维度转化为 $\{K\} \in K^{D \times H \times W}$，在使用平均池对 K 进行归一化后，得到注意力矩阵 $K' \in K^{1 \times H \times W}$。

同时，使用卷积层 W_L 将特征图 F 转化为 L，具体计算公式如下：

$$L = W_L^T F \qquad (6\text{-}3)$$

最后求特征 K' 和 L 的张量积，从而获得注意力表征 N，计算过程如下：

$$N_i = K' \otimes L_i \qquad (6\text{-}4)$$

式中，N_i 指第 i 个特征图。

将 FPN 生成的特征输入 CAM 模块，由 CAM 模型输出处理后的特征，使其进入候选区域生成 RPN 网络。基于这些信息特征，CAM 模型更加关注感兴趣区域之间的关系，使输出的特征建立在上下文内容之上，解决了小面积数据单元格无法识别和大面积合并单元格难以完整识别的问题。

6.3 Python 算法实现

6.3.1 Mask RCNN 模型构建

构建 FPN 进行特征提取，解决多尺度问题，具体代码如下：

```python
def fpn_classifier_graph(rois, feature_maps, image_meta, pool_size, num_classes, train_bn=True,
                         fc_layers_size=1024):
    # ROI Pooling
    # Shape: [batch, num_rois, POOL_SIZE, POOL_SIZE, channels]
    x = PyramidROIAlign([pool_size, pool_size],
                        name="roi_align_classifier")([rois, image_meta] + feature_maps)
    # Two 1024 FC layers (implemented with Conv2D for consistency)
    x = KL.TimeDistributed(KL.Conv2D(fc_layers_size, (pool_size, pool_size), padding="valid"),
                           name="mrcnn_class_conv1")(x)
    x = KL.TimeDistributed(BatchNorm(), name='mrcnn_class_bn1')(x, training=train_bn)
    x = KL.Activation('relu')(x)
    x = KL.TimeDistributed(KL.Conv2D(fc_layers_size, (1, 1)),
```

```
                                                 name="mrcnn_class_conv2")(x)
        x = KL.TimeDistributed(BatchNorm(), name='mrcnn_class_bn2')(x, training=train_bn)
        x = KL.Activation('relu')(x)

        shared = KL.Lambda(lambda x: K.squeeze(K.squeeze(x, 3), 2), name="pool_squeeze")(x)

        # Classifier head
        mrcnn_class_logits = KL.TimeDistributed(KL.Dense(num_classes), name='mrcnn_class_logits')(shared)
        mrcnn_probs = KL.TimeDistributed(KL.Activation("softmax"),
                                                 name="mrcnn_class")(mrcnn_
class_logits)

        # BBox head
        # [batch, num_rois, NUM_CLASSES * (dy, dx, log(dh), log(dw))]
        x = KL.TimeDistributed(KL.Dense(num_classes * 4, activation='linear'), name='mrcnn_bbox_fc')(shared)
        # Reshape to [batch, num_rois, NUM_CLASSES, (dy, dx, log(dh), log(dw))]
        s = K.int_shape(x)
        mrcnn_bbox = KL.Reshape((s[1], num_classes, 4), name="mrcnn_bbox")(x)
        return mrcnn_class_logits, mrcnn_probs, mrcnn_bbox


    def build_fpn_mask_graph(rois, feature_maps, image_meta, pool_size, num_classes, train_bn=True):
        # ROI Pooling
        # Shape: [batch, num_rois, MASK_POOL_SIZE, MASK_POOL_SIZE, channels]
        x = PyramidROIAlign([pool_size, pool_size], name="roi_align_mask")([rois, image_meta] +
                                                 feature_maps)

        # Conv layers
        x = KL.TimeDistributed(KL.Conv2D(256, (3, 3), padding="same"),
                               name="mrcnn_mask_conv1")(x)
        x = KL.TimeDistributed(BatchNorm(),
                               name='mrcnn_mask_bn1')(x, training=train_bn)
        x = KL.Activation('relu')(x)

        x = KL.TimeDistributed(KL.Conv2D(256, (3, 3), padding="same"),
                               name="mrcnn_mask_conv2")(x)
        x = KL.TimeDistributed(BatchNorm(),
                               name='mrcnn_mask_bn2')(x, training=train_bn)
        x = KL.Activation('relu')(x)

        x = KL.TimeDistributed(KL.Conv2D(256, (3, 3), padding="same"),
                               name="mrcnn_mask_conv3")(x)
        x = KL.TimeDistributed(BatchNorm(),
                               name='mrcnn_mask_bn3')(x, training=train_bn)
        x = KL.Activation('relu')(x)

        x = KL.TimeDistributed(KL.Conv2D(256, (3, 3), padding="same"),
                               name="mrcnn_mask_conv4")(x)
        x = KL.TimeDistributed(BatchNorm(),
```

```
                                   name='mrcnn_mask_bn4')(x, training=train_bn)
    x = KL.Activation('relu')(x)

    x = KL.TimeDistributed(KL.Conv2DTranspose(256, (2, 2), strides=2, activation="relu"),
                           name="mrcnn_mask_deconv")(x)
    x = KL.TimeDistributed(KL.Conv2D(num_classes, (1, 1), strides=1, activation="sigmoid"),
                           name="mrcnn_mask")(x)
    return x
```

构建 RPN，输出推荐框，具体代码如下：

```
def rpn_class_loss_graph(rpn_match, rpn_class_logits):
    rpn_match = tf.squeeze(rpn_match, -1)
    anchor_class = K.cast(K.equal(rpn_match, 1), tf.int32)
    indices = tf.where(K.not_equal(rpn_match, 0))
    rpn_class_logits = tf.gather_nd(rpn_class_logits, indices)
    anchor_class = tf.gather_nd(anchor_class, indices)
    loss = K.sparse_categorical_crossentropy(target=anchor_class,
                                             output=rpn_class_logits, from_logits=True)
    loss = K.switch(tf.size(loss) > 0, K.mean(loss), tf.constant(0.0))
    return loss

def rpn_bbox_loss_graph(config, target_bbox, rpn_match, rpn_bbox):
    rpn_match = K.squeeze(rpn_match, -1)
    indices = tf.where(K.equal(rpn_match, 1))
    rpn_bbox = tf.gather_nd(rpn_bbox, indices)
    batch_counts = K.sum(K.cast(K.equal(rpn_match, 1), tf.int32), axis=1)
    target_bbox = batch_pack_graph(target_bbox, batch_counts, config.IMAGES_PER_GPU)

    loss = smooth_l1_loss(target_bbox, rpn_bbox)

    loss = K.switch(tf.size(loss) > 0, K.mean(loss), tf.constant(0.0))
    return loss
```

模型训练代码如下：

```
class CellDataset(mrcnn.utils.Dataset):

def load_dataset(self, dataset_dir, is_train=True):
    self.add_class("dataset", 1, "cell")

    images_dir = dataset_dir + '/images/'
    annotations_dir = dataset_dir + '/annots/'

    for filename in os.listdir(images_dir):
        image_id = filename[:-4]

        if image_id in ['00090']:
            continue
```

```
            if is_train and int(image_id) >= 150:
                continue

            if not is_train and int(image_id) < 150:
                continue

            img_path = images_dir + filename
            ann_path = annotations_dir + image_id + '.xml'

            self.add_image('dataset', image_id=image_id, path=img_path, annotation=ann_path)

# extract bounding boxes from an annotation file
def extract_boxes(self, filename):
    tree = ET.parse(filename)

    root = tree.getroot()

    boxes = list()
    for box in root.findall('.//bndbox'):
        xmin = int(box.find('xmin').text)
        ymin = int(box.find('ymin').text)
        xmax = int(box.find('xmax').text)
        ymax = int(box.find('ymax').text)
        coors = [xmin, ymin, xmax, ymax]
        boxes.append(coors)

    width = int(root.find('.//size/width').text)
    height = int(root.find('.//size/height').text)
    return boxes, width, height

# load the masks for an image
def load_mask(self, image_id):
    info = self.image_info[image_id]
    path = info['annotation']
    boxes, w, h = self.extract_boxes(path)
    masks = zeros([h, w, len(boxes)], dtype='uint8')

    class_ids = list()
    for i in range(len(boxes)):
        box = boxes[i]
        row_s, row_e = box[1], box[3]
        col_s, col_e = box[0], box[2]
        masks[row_s:row_e, col_s:col_e, i] = 1
        class_ids.append(self.class_names.index('cell'))
    return masks, asarray(class_ids, dtype='int32')

class CellConfig(mrcnn.config.Config):
```

```
    NAME = "cell_cfg"

    GPU_COUNT = 1
    IMAGES_PER_GPU = 1

    NUM_CLASSES = 2

    STEPS_PER_EPOCH = 970

train_set = CellDataset()
train_set.load_dataset(dataset_dir='cell', is_train=True)
train_set.prepare()

valid_dataset = CellDataset()
valid_dataset.load_dataset(dataset_dir='cell', is_train=False)
valid_dataset.prepare()

cell_config = CellConfig()

# define the model
model = mrcnn.model.MaskRCNN(mode='training', model_dir='./', config=cell_config)

model.load_weights(filepath='mask_rcnn_coco.h5', by_name=True,
                   exclude=["mrcnn_class_logits", "mrcnn_bbox_fc",  "mrcnn_bbox", "mrcnn_mask"])

model.train(train_dataset=train_set, val_dataset=valid_dataset,
            learning_rate=cell_config.LEARNING_RATE, epochs=1, layers='heads')

model_path = 'cell_mask_rcnn_trained.h5'
model.keras_model.save_weights(model_path)
```

模型预测代码如下：

```
class SimpleConfig(mrcnn.config.Config):
    # Give the configuration a recognizable name
    NAME = "coco_inference"

    # set the number of GPUs to use along with the number of images per GPU
    GPU_COUNT = 1
    IMAGES_PER_GPU = 1

# Number of classes = number of classes + 1 (+1 for the background). The background class is named BG
    NUM_CLASSES = len(CLASS_NAMES)

# Initialize the Mask R-CNN model for inference and then load the weights.
# This step builds the Keras model architecture.
model = mrcnn.model.MaskRCNN(mode="inference",  config=SimpleConfig(), model_dir=os.getcwd())

# Load the weights into the model.
```

```
# model.load_weights(filepath="mask_rcnn_coco.h5", by_name=True)
model.load_weights(filepath="cell-learning/lr=0.001/mask_rcnn_cell_cfg_0001.h5", by_name=True)

# load the input image, convert it from BGR to RGB channel
IMAGE_DIR = 'cell-learning/ls-test'
count = os.listdir(IMAGE_DIR)
for i in range(0,len(count)):
    path = os.path.join(IMAGE_DIR, count[i])
    if os.path.isfile(path):
        file_names = next(os.walk(IMAGE_DIR))[2]
        image = skimage.io.imread(os.path.join(IMAGE_DIR, count[i]))
        # Run detection
        results = model.detect([image], verbose=1)
        r = results[0]
        mrcnn.visualize.display_instances(count[i],image=image,boxes=r['rois'],
                                masks=r['masks'],class_ids=r['class_ids'],out_json=False,
                                class_names=CLASS_NAMES,scores=r['scores'])
```

6.3.2　表格内容识别

表格内容识别代码如下：

```
filename = 'ocr.json'
with open('result_json/sort.json', 'r', encoding='utf-8-sig', errors='ignore') as json_file:
    data = json.load(json_file, strict=False)

def get_file_content(filePath):
    with open(filePath, 'rb') as fp:
        return fp.read()

def image2text(fileName):
    image = get_file_content(fileName)
    dic_result = client.basicGeneral(image)
    res = dic_result['words_result']
    result = ''
    for m in res:
        result = result + str(m['words'])
    return result

def ocr(srcPath):
#读取图片
    img_1 = Image.open(srcPath)
    for i in range(len(data)):
        crop_box = (int(data[i]['x1']), int(data[i]['y1']), int(data[i]['x2']), int(data[i]['y2'])) #设置裁剪的位置
        img_2 = img_1.crop(crop_box)                                                                 #裁剪图片
        img_2.save("./img-ocr/1.png")
        time.sleep(1)
        getresult = image2text("./img-ocr/1.png")
```

```
            print(getresult)
            data[i]['content'] = getresult

        data2 = json.dumps(data, indent=4, ensure_ascii=False)
        with open(filename, 'w') as f:
            f.write(data2)
ocr("./img/011.png")
```

6.3.3　表格结构解析

表格结构解析代码如下：

```python
import json
filename = 'result_json/sort.json'
with open('result_json/local.json', 'r', encoding='utf-8-sig', errors='ignore') as json_file:
    data = json.load(json_file, strict=False)
err = 5
# flag = 0


def col_apart():
    flag = 0
    n = 1
    data.sort(key=lambda x: x["x1"])
    print(data)
    data2 = json.dumps(data, indent=4, ensure_ascii=False)
    with open(filename, 'w') as f:
        f.write(data2)
    for i in range(len(data)-1):
        a = int(data[i]['x1'])
        b = int(data[i - 1]['x1'])
        if (abs(int(data[i+1]['x1']) - int(data[i]['x1'])) > err):
            e = int(data[i]['x1']) - int(data[i - 1]['x1'])
            if flag == 1:
                n = n + 1
                flag = 0
            data[i + 1]['start_col'] = n
            data[i]['start_col'] = n - 1
            # data[i]['x2']
        else:
            data[i]['start_col'] = n
            flag = 1

    data[len(data) - 1]['start_col'] = n
    n = 1
    data.sort(key=lambda x: x["x2"])
    for i in range(len(data) - 1):
        if (abs(int(data[i + 1]['x2']) - int(data[i]['x2'])) > err):
            e = int(data[i]['x2']) - int(data[i - 1]['x2'])
```

```
                if flag == 1:
                    n = n + 1
                    flag = 0
                data[i + 1]['end_col'] = n
                data[i]['end_col'] = n - 1
                # data[i]['x2']
            else:
                data[i]['end_col'] = n
                flag = 1
    data[len(data) - 1]['end_col'] = n
    data2 = json.dumps(data, indent=4, ensure_ascii=False)
    with open(filename, 'w') as f:
        f.write(data2)


#行
def row_apart():
    flag = 0
    n = 1
    data.sort(key=lambda x: x["y1"])
    for i in range(len(data) - 1):
        if (abs(int(data[i + 1]['y1']) - int(data[i]['y1'])) > err):
            if flag == 1:
                n = n + 1
                flag = 0
            data[i+1]['start_row'] = n
            data[i]['start_row'] = n - 1
        else:
            data[i]['start_row'] = n
            flag = 1

    data[len(data) - 1]['start_row'] = n

    n = 1
    data.sort(key=lambda x: x["y2"])
    print(data)
    for i in range(len(data) - 1):
        num = i
        id = data[i]['id']
        if (abs(int(data[i + 1]['y2']) - int(data[i]['y2'])) > err):
            a = int(data[i]['y1'])
            b = int(data[i - 1]['y1'])
            if flag == 1:
                n = n + 1
                flag = 0
            data[i + 1]['end_row'] = n
            data[i]['end_row'] = n - 1
        else:
            data[i]['end_row'] = n
```

```
                flag = 1
        data[len(data) - 1]['end_row'] = n
        data2 = json.dumps(data, indent=4, ensure_ascii=False)
        with open(filename, 'w') as f:
            f.write(data2)
    col_apart()
    row_apart()
```

6.4 应用案例

将地球科学领域内的大量多源异构数据转化为地质知识正成为促进认知智能发展的热门研究课题（Wang, et al., 2021；Yu, et al., 2022）。地质多源异构数据主要以地质报告和地质图的形式存在，通过挖掘地质信息获取地质知识能满足自然资源管理、生态文明建设、可持续发展等知识服务需求（翟明国，等，2018；吴冲龙，等，2020）。文本信息在地质报告中主要以自然文本和表格的形式展示（Qiu, et al., 2019）。目前大多数研究者往往只注重对地质文本的抽取、理解与信息挖掘（张雪英，等，2018；谢雪景，等，2023；Lü, et al., 2022；邱芹军，等，2023；Qiu, et al., 2022），然而在地质报告中，除文本外，表格同样包含丰富的地质信息。由于单元格之间的联系非常紧密，表格信息比文本段落要更密集和规则。更准确地说，表格由多个行和列组成，这些行和列包含的信息比在文档中占据相同区域的文本段落所包含的信息多得多，因此，地质报告中表格信息的提取十分重要。在通用表格研究领域中，表格样式多变，部分表格框线不完整，存在诸多合并单元格，这些是表格结构解析工作中面临的主要问题。地质表格整体呈现的特点为大部分表格框线较为完整，但包含较多合并单元格和由斜线分割的复杂表头。具体难点有表头复杂难以解析、合并单元格较多、部分表格框线不完整、表格内容含特殊专业字符等。

因此，基于地质表格本身的特点，在 Mask RCNN 预训练模型的基础上，提出了基于 Attention-Mask RCNN 模型对表格进行单元格提取的方法、基于 OpenCV 对表格结构进行解析的方法和基于 OCR 与地质知识库的表格内容识别方法，能够有效解决上述问题。

1. 数据集构建

地质表格往往具有单元格密集且合并单元格多的特点。在本次实验中将地质表格分为以下三类。

（1）左右框线不齐全的表格，如图 6-7（a）所示。

（2）框线齐全但单元格密集，常含有被一条或多条斜线分割的表头的表格，如图 6-7（b）所示。

（3）框线齐全的常规地质表格。

由于被分割的单元格往往是表头所在的单元格，现对表头做出如下说明。在忽略误差的情况下，取左上角坐标最小、右下角坐标最大的单元格的纵坐标范围作为表格中表头单元格的纵坐标范围，满足条件的单元格如图 6-7（a）中蓝色部分所示，蓝色部分表头对应的单元格内容为图 6-7（a）中黑色箭头所指示的内容。当表头含被直线分割的单元格时，表头单元格中各部分对应的内容用相同的颜色标出，如图 6-7（b）所示。

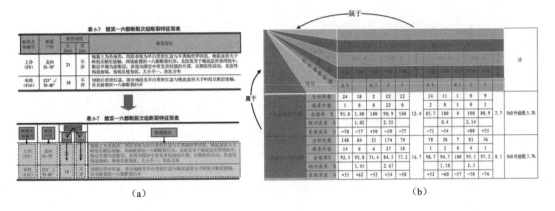

图 6-7　不同类型的地质表格示例

　　地质表格种类繁多，在矿产地质报告中，矿床中的矿石储量、矿物成分信息等以表格的形成呈现；在水文地质报告中，矿区含水层水质分析数据、坑道排水量数据以表格的形式呈现；在工程地质报告中，矿石物理力学性能实验结果主要以表格的形式呈现；在环境地质报告中存在大量的灾害情况表。为尽可能全面地覆盖所有的地质表格类型，通过统计分析不同类型的地质报告表格的数量，最终选取了 10 篇矿产地质报告、10 篇工程地质报告、8 篇水文地质报告、6 篇环境地质报告、6 篇其他类型的地质报告，以及来自全国地质资料馆的 40 篇地球科学学科的地质报告，通过裁剪得到 2000 个地质表格作为基本数据集，使用 LabelMe 对每个表格中的每个单元格进行位置标记，导出格式为 json 格式。将所标记表格总数的 80% 作为训练集，其余 20% 作为测试集，进行表格信息提取模型训练。表格信息提取分为 3 个部分，分别为使用深度学习算法进行单元格位置识别、使用 OCR 技术进行单元格内容识别，以及根据单元格位置对表格结构进行解析。在深度学习算法中，大量的数据集更有利于模型的训练，在提高模型精度的同时能有效防止过拟合。为此，在原始训练图像上应用图像增强技术，以扩大数据集。由于表格本身的对称性，使用常用的裁剪和旋转变换并不是一种有效的增强策略，可以使用膨胀变换技术对原始数据集进行增强，并将增强后的数据集添加到原始数据集中实现数据集扩展。其具体实现过程如下：首先将原始图像转换为二值图，在对表格图像进行二值化处理后，对二值图像应用一次迭代的 3×3 核均值滤波器来生成转换图像，从而达到扩大二值图像中为 1 的部分像素的效果。

2. 数据加载代码

```
def load_dataset(self, dataset_dir, is_train=True):
    self.add_class("dataset", 1, "cell")

    #遍历训练集文件
    images_dir = dataset_dir + '/images/'
    annotations_dir = dataset_dir + '/annots/'

    for filename in os.listdir(images_dir):
        image_id = filename[:-4]

        if image_id in ['00090']:
            continue
```

```
            if is_train and int(image_id) >= 150:
                continue

            if not is_train and int(image_id) < 150:
                continue

            img_path = images_dir + filename
            ann_path = annotations_dir + image_id + '.xml'

            self.add_image('dataset', image_id=image_id, path=img_path, annotation=ann_path)
```

3. 模型训练代码

```
model = mrcnn.model.MaskRCNN(mode='training', model_dir='./', config=cell_config)
#加载预训练模型
model.load_weights(filepath='mask_rcnn_coco.h5', by_name=True,
                    exclude=["mrcnn_class_logits", "mrcnn_bbox_fc",   "mrcnn_bbox", "mrcnn_mask"])

model.train(train_dataset=train_set, val_dataset=valid_dataset,
            learning_rate=cell_config.LEARNING_RATE,epochs=1, layers='heads')

model_path = 'cell_mask_rcnn_trained.h5'
model.keras_model.save_weights(model_path)
```

4. 模型预测代码

```
model = mrcnn.model.MaskRCNN(mode="inference",
                                config=SimpleConfig(),
                                model_dir=os.getcwd())

#设置模型学习率，加载模型
model.load_weights(filepath="cell-learning/lr=0.001/mask_rcnn_cell_cfg_0001.h5",
                    by_name=True)

#将输入图片转化为 RGB 格式
IMAGE_DIR = 'cell-learning/ls-test'
count = os.listdir(IMAGE_DIR)
for i in range(0,len(count)):
    path = os.path.join(IMAGE_DIR, count[i])
    if os.path.isfile(path):
        file_names = next(os.walk(IMAGE_DIR))[2]
        image = skimage.io.imread(os.path.join(IMAGE_DIR, count[i]))
        # Run detection
        results = model.detect([image], verbose=1)
        r = results[0]
        mrcnn.visualize.display_instances(count[i],image=image,boxes=r['rois'],masks=r['masks'],
                                          class_ids=r['class_ids'],out_json=False,class_names=
CLASS_NAMES,
                                          scores=r['scores'])
```

5．表格内容识别代码

```
#OCR 内容识别
def ocr(srcPath):
#读取图片
    img_1 = Image.open(srcPath)
    for i in range(len(data)):
        crop_box = (int(data[i]['x1']), int(data[i]['y1']), int(data[i]['x2']), int(data[i]['y2']))  #设置裁剪的位置
        img_2 = img_1.crop(crop_box)                                                #裁剪图片
        img_2.save("./img-ocr/1.png")
        time.sleep(1)
        getresult = image2text("./img-ocr/1.png")
        print(getresult)
        data[i]['content'] = getresult


    data2 = json.dumps(data, indent=4, ensure_ascii=False)
    with open(filename, 'w') as f:
        f.write(data2)
ocr("./img/011.png")
```

6．表格结构识别代码

```
#单元格所属列判断
def col_apart():
    flag = 0
    n = 1
    data.sort(key=lambda x: x["x1"])
    print(data)
    data2 = json.dumps(data, indent=4, ensure_ascii=False)
    with open(filename, 'w') as f:
        f.write(data2)
    for i in range(len(data)-1):
        a = int(data[i]['x1'])
        b = int(data[i - 1]['x1'])
        if (abs(int(data[i+1]['x1']) - int(data[i]['x1'])) > err):
            e = int(data[i]['x1']) - int(data[i - 1]['x1'])
            if flag == 1:
                n = n + 1
                flag = 0
            data[i + 1]['start_col'] = n
            data[i]['start_col'] = n - 1
            # data[i]['x2']
        else:
            data[i]['start_col'] = n
            flag = 1

    data[len(data) - 1]['start_col'] = n
    n = 1
```

```
        data.sort(key=lambda x: x["x2"])
        for i in range(len(data) - 1):
            if (abs(int(data[i + 1]['x2']) - int(data[i]['x2'])) > err):
                e = int(data[i]['x2']) - int(data[i - 1]['x2'])
                if flag == 1:
                    n = n + 1
                    flag = 0
                data[i + 1]['end_col'] = n
                data[i]['end_col'] = n - 1
                # data[i]['x2']
            else:
                data[i]['end_col'] = n
                flag = 1
    data[len(data) - 1]['end_col'] = n
    data2 = json.dumps(data, indent=4, ensure_ascii=False)
    with open(filename, 'w') as f:
        f.write(data2)


#单元格所属行判断
def row_apart():
    flag = 0
    n = 1
    data.sort(key=lambda x: x["y1"])
    for i in range(len(data) - 1):
        if (abs(int(data[i + 1]['y1']) - int(data[i]['y1'])) > err):
            if flag == 1:
                n = n + 1
                flag = 0
            data[i+1]['start_row'] = n
            data[i]['start_row'] = n - 1
        else:
            data[i]['start_row'] = n
            flag = 1

    data[len(data) - 1]['start_row'] = n

    n = 1
    data.sort(key=lambda x: x["y2"])
    print(data)
    for i in range(len(data) - 1):
        num = i
        id = data[i]['id']
        if (abs(int(data[i + 1]['y2']) - int(data[i]['y2'])) > err):
            a = int(data[i]['y1'])
            b = int(data[i - 1]['y1'])
            if flag == 1:
                n = n + 1
                flag = 0
```

```
                data[i + 1]['end_row'] = n
                data[i]['end_row'] = n - 1
            else:
                data[i]['end_row'] = n
                flag = 1
        data[len(data) - 1]['end_row'] = n
        data2 = json.dumps(data, indent=4, ensure_ascii=False)
        with open(filename, 'w') as f:
            f.write(data2)
col_apart()
row_apart()
```

7．实验结果

为验证 Attention-Mask RCNN 模型的有效性，在 P_Tab 数据集上分别使用 Mask RCNN 模型和 Attention-Mask RCNN 模型进行对比实验，其可视化结果如图 6-8 所示。在添加了 CAM 模块以后，整体模型对大面积单元格和小面积单元格的识别精确率有明显提升。除此之外，相对于 Mask RCNN 模型，Attention-Mask RCNN 模型对边框不齐全的表格中单元格的识别与划分也非常准确。

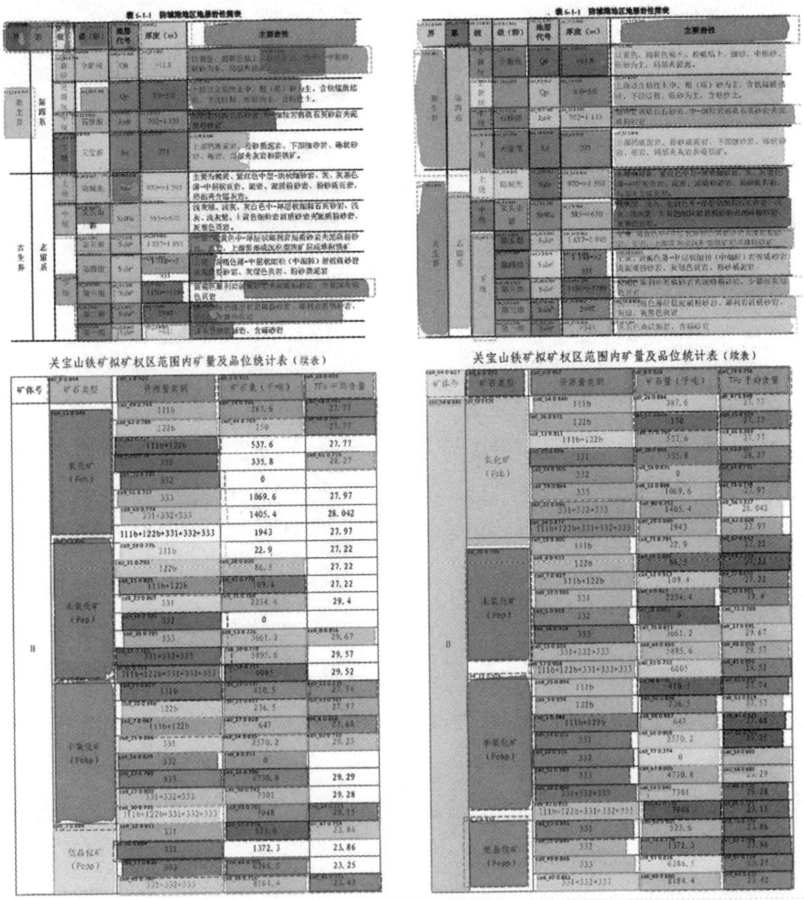

（a）P_Tab+Mask RCNN 模型的实验结果　　（b）P_Tab+Attention-Mask RCNN 模型的实验结果

图 6-8　P_Tab+Mask RCNN 模型和 P_Tab+Attention-Mask RCNN 模型对比实验的可视化结果

　　为验证增强数据集的有效性，在 Attention-Mask RCNN 模型上分别使用数据集 Tab 和增强后的数据集 P_Tab 进行实验，其可视化结果如图 6-9 所示。在使用了膨胀变化所得到的增强数据集 P_Tab 后，模型对单元格识别的兼容性和完整性得到了有效提升。同时，取 IoU（交并比）为 0.6，分别在 Mask RCNN 模型和 Attention-Mask RCNN 模型上使用数据集 Tab 和 P_Tab 进行指标计算，结果如表 6-1 所示。

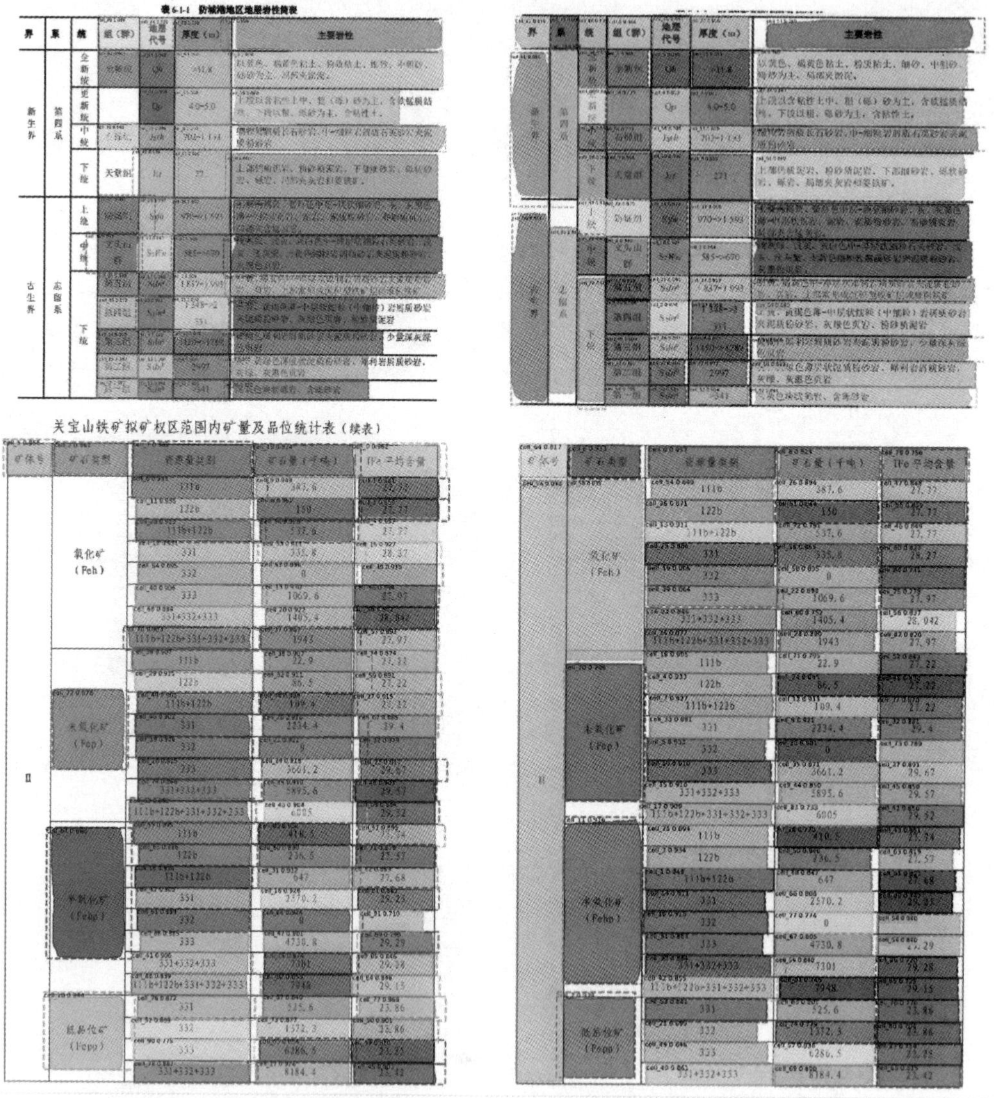

（a）Tab+Attention-Mask RCNN 模型的实验结果　　　（b）P_Tab+Attention-Mask RCNN 模型的实验结果

图 6-9　Tab+Attention-Mask RCNN 模型和 P_Tab+Attention-Mask RCNN 模型对比实验的可视化结果

表 6-1　单元格提取对比实验结果

模型	数据集	精确率	召回率	F1 指数
Mask RCNN	Tab	0.889	0.909	0.900
	P_Tab	0.898	0.916	0.907
Attention-Mask RCNN	Tab	0.954	0.948	0.951
	P_Tab	0.960	0.951	0.956

为验证 CAM 模块的有效性，分别在 Mask RCNN 模型和 Attention-Mask RCNN 模型上使用数据集 Tab 和 P_Tab 进行指标计算，设置 IoU 为 0.6，即当重合率大于 0.6 时判断预测结果为正确，结果如表 6-1 所示。当使用 Mask RCNN 模型时，使用 Tab 数据集测试的 F1 指数为 90%，使用 P_Tab 数据集后，F1 指数提高了 0.007；当采用 Attention-Mask RCNN 模型时，使用 Tab 数据集测试的 F1 指数为 0.951，使用 P_Tab 数据集后，F1 指数提高了 0.005，由此可见数据增强的有效性。同时，由表 6-1 所示的实验结果可知，在加入了 CAM 模块后，模型对单元格识别的精确率有了很大提升，在数据集 Tab 上使用 Attention-Mask RCNN 模型比使用原有 Mask RCNN 模型的 F1 指数提高了 0.051，在数据集 P_Tab 上使用 Attention-Mask RCNN 模型比使用原有 Mask RCNN 模型的 F1 指数提高了 0.049，综上可知，加入 CAM 模块后的 Attention-Mask RCNN 模型更有优势。

在表格结构解析工作中将本书提出的模型与 5 种常规的模型进行了比较，即 Split（Tensmeyer, et al., 2019）、LGPMA（Qiao, et al., 2021）、CascadeTabNet（Prasad, et al., 2020）、DeepDeSRT（Gilani, et al., 2017）、GraphTSR（Qasim, et al., 2019），这 5 种模型均为通用领域模型，大多使用 ICDAR（Yin, et al., 2013；Karatzas, et al., 2015）、SciTSR（Chi, et al., 2019）等数据集进行模型测试与评价。在这 5 种模型上对各类地质表格数据进行测试，通过精确率、召回率、F1 指数进行对比，结果如表 6-2 所示。

表 6-2　表格结构解析对比实验结果

序号	模型	表格类型	评分		
			精确率	召回率	F1 指数
1	Split	A_Tab	0.786	0.800	0.793
		B_Tab	0.734	0.665	0.698
		C_Tab	0.925	0.919	0.922
2	LGPMA	A_Tab	0.879	0.893	0.879
		B_Tab	0.787	0.819	0.787
		C_Tab	0.923	0.919	0.923
3	CascadeTabNet	A_Tab	0.890	0.851	0.870
		B_Tab	0.834	0.867	0.850
		C_Tab	0.943	0.894	0.918
4	DeepDeSRT	A_Tab	0856	0.845	0.850
		B_Tab	0.831	0.818	0.824
		C_Tab	0.885	0.864	0.874
5	GraphTSR	A_Tab	0.944	0.962	0.953
		B_Tab	0.870	0.858	0.864
		C_Tab	0.959	0.946	0.952
6	Ours	A_Tab	0.950	0.946	0.948
		B_Tab	0.941	0.939	0.940
		C_Tab	0.968	0.948	0.958

这里记左右框线不齐全的地质表格为 A_Tab，框线齐全但单元格密集且含有被一条或多条斜线分割的表头的表格为 B_Tab，框线齐全的常规地质表格为 C_Tab。分别选取 50 张 A_Tab、B_Tab、C_Tab 进行对比测试实验。由表 6-2 可以看出，本书提出的模型在各项指标上都优于其他模型，具体表现在：

（1）本书模型相对于模型 1，Split 模型使用了 Split 网络叠加启发式的后处理方式，并添加了 merge 模型，在私人数据集上表现出较好的效果。虽然 Split 模型能对合并单元格进行解析，但未将边框不齐全和包含特殊复杂表头的地质表格考虑在内，因此本书模型的 F1 指数在其基础上大大提高。

（2）本书模型相对于模型 2，LGPMA 模型以 Mask RCNN 模型为基础，采用局部和全局金字塔掩码学习方式，可预测可行的空白单元格划分。虽然 LGPMA 模型考虑了空白单元格对表格结构识别的影响，但是由于未考虑含斜线表头的情况，因此 F1 指数低于本书模型的结果。

（3）本书模型相对于模型 3，CascadeTabNet 模型使用了 Cascade Mask RCNN 模型来进行表格结构识别。但 CascadeTabNet 模型在表格边框缺失时会提取单元格内容位置来作为单元格的位置，在处理跨多行合并单元格时会解析出错误的结果，因此模型得分明显低于本书模型。

（4）本书模型相对于模型 4，DeepDeSRT 模型利用 Faster RCNN 模型对表格区域进行检测，利用全连接层对单元格进行分割检测。但 DeepDeSRT 模型无法识别合并单元格，而地质表格中含较多的合并单元格，因此其在总体得分上表现较差。

（5）本书模型相对于模型 5，GraphTSR 模型将图卷积神经网络应用于表格识别，但 GraphTSR 模型受到输入单元格的影响，由于缺少单元格误差判断机制，其得分略低于本书模型，并且在计算速度上整体慢于本书模型。

参考文献

黄健，张钢，2020．深度卷积神经网络的目标检测算法综述[J]．计算机工程与应用，56(17)：12-23.

李柯泉，陈燕，刘佳晨，等，2022．基于深度学习的目标检测算法综述[J]．计算机工程，48(7)：1-12.

李杨，朱月琴，李朝奎，等，2017.面向海量地质文档的表格信息快速抽取方法研究[J].中国矿业，26(9)：98-103.

吕志成，陈辉，宓奎峰，等，2022．勘查区找矿预测理论与方法及其应用案例[J]．地质力学学报，28(5)：842-865.

南晓虎，丁雷，2020．深度学习的典型目标检测算法综述[J]．计算机应用研究，37（增刊 2）：15-21.

邱芹军，吴亮，马凯，等，2023．面向灾害应急响应的地质灾害链知识图谱构建方法[J]．地球科学，48(5)：1875-1891.

王斌，2022．面向地质报告的图文信息抽取关键技术研究与实现[D]．北京：中国地质大学．DOI:10.27492/d. cnki. gzdzu. 2022.000228.

吴冲龙，刘刚，周琦，等，2020．地质科学大数据统合应用的基本问题[J]．地质科技通报，39(4)：1-11.

谢雪景，谢忠，马凯，等，2023．结合 BERT 与 BiGRU-Attention-CRF 模型的地质命名实体识别[J]．地质通报，42(5)：846-855.

张福良，薛迎喜，马骋，等，2018. 绿色勘查——新时代地质找矿新模式[J]. 中国国土资源经济，31(8)：11-15. DOI:10. 19676/j. cnki. 1672-6995. 0000118.

张广宇，付俊彧，欧阳兆灼，等，2020. 大数据时代基于 DGSS 系统下空间数据库建立的重要性[J]. 地球科学，45(9)：3451-3460.

翟明国，杨树锋，陈宁华，等，2018. 大数据时代：地质学的挑战与机遇[J]. 中国科学院院刊，33(8)：825-831.

张雪英，叶鹏，王曙，等，2018. 基于深度信念网络的地质实体识别方法[J]. 岩石学报，34(2)：343-351.

CAO J X，CHEN Q，GUO J，et al，2020. Attention-guided context feature pyramid network for object detection[J]. arXiv：2005. 11475. DOI: 10. 48550/arXiv. 2005. 11475.

CHI Z W，HUANG H Y，XU H D，et al，2019. Complicated table structure recognition[J]. arXiv：1908. 04729. DOI: 10. 48550/ arXiv. 1908. 04729.

GILANI A，QASIM S R，MALIK I，et al，2017. Table detection using deep learning[C]. 14th IAPR International Conference on Document Analysis and Recognition（ICDAR），Kyoto，Japan. 1：771-776. DOI：10. 1109/ ICDAR. 2017. 131.

HE K M，GKIOXARI G，DollÁR P，et al，2017. Mask R-CNN[C]. 2017 IEEE International Conference on Computer Vision（ICCV），Venice，Italy. 2980-2988. DOI：10. 1109/ICCV. 2017. 322.

HIRAYAMA Y，1995. A method for table structure analysis using DP matching[C]. Proceedings of 3rd International Conference on Document Analysis and Recognition，Montreal，QC，Canada. NW Washington，DC，United States：IEEE Computer Society. 2：583-586. DOI：10. 1109/ICDAR. 1995. 601964.

ITONORI K，1993. Table structure recognition based on textblock arrangement and ruled line position[C]. Proceedings of 2nd International Conference on Document Analysis and Recognition (ICDAR'93)，Tsukuba，Japan. 765-768. DOI: 10. 1109/ICDAR. 1993. 395625.

JIANPING C，JIE X，QIAO H U，et al，2016. Quantitative geoscience and geological big data development：a review[J]. Acta Geologica Sinica-English Edition，90(4)：1490-1515.

KIENINGER T G，1998. Table structure recognition based on robust block segmentation[J]. Proceedings of SPIE-The International Society for Optical Engineering，3305：22-32. DOI: 10. 1117/12. 304642.

LIANG R，TANG P，XIONG G，et al，2021. A Review on Sustainable Development of Geological Exploration Technology and Risk Management[J]. Recent Patents on Engineering，15(1)：45-52.

LIU H，LI X，LIU B，et al，2021. Show，read and reason：Table structure recognition with flexible context aggregator[C]. Proceedings of the 29th ACM International Conference on Multimedia. New York，United States：Association for Computing Machinery. 1084-1092. DOI：10. 1145/3474085. 3481534.

LI Y B，HUANG Y L，ZHU Z Y，et al，2021. Rethinking table structure recognition using sequence labeling methods[C]. Document Analysis and Recognition-ICDAR：16th International Conference，Lausanne，Switzerland. Berlin，Heidelberg：Springer. 12822：541-553. DOI：

10. 1007/978-3-030-86331-9_35.

LÜ X，XIE Z，XU D X，et al，2022. Chinese named entity recognition in the geoscience domain based on BERT[J]. Earth and Space Science，9（3）：e2021EA002166. DOI：10. 1029/2021EA002166.

MCMANUS S，RAHMAN A，COOMBES J，et al，2021. Uncertainty assessment of spatial domain models in early stage mining projects–A review[J]. Ore Geology Reviews，133：104098.

PRASAD D，GADPAL A，KAPADNI K，et al，2020. Cascade TabNet：An approach for end to end table detection and structure recognition from image-based documents[C]. Proceedings of the IEEE/CVF Conference on Computer Vision and Pattern Recognition （CVPR）Workshops，Seattle，WA，USA. 572-573. DOI：10. 48550/arXiv. 2004. 12629.

QASIM S R，MAHMOOD H，SHAFAIT F，2019. Rethinking table recognition using graph neural networks[C]. International Conference on Document Analysis and Recognition（ICDAR），Sydney，NSW，Australia. 142-147. DOI：10. 1109/ICDAR. 2019. 00031.

QIAO L，LI Z S，CHENG Z Z，et al，2021. LGPMA：Complicated table structure recognition with local and global pyramid　mask alignment[C]. Document Analysis and Recognition-ICDAR 2021：16th International Conference. Lausanne，Switzerland. Berlin，Heidelberg：Springer. 99-114. DOI：10. 1007/978-3-030-86549-8_7.

QIU Q J，XIE Z，Ma K，et al，2022. Spatially oriented convolutional neural network for spatial relation extraction from natural language texts[J]. Transactions in GIS，26（2）：839-866. DOI：10. 1111/tgis. 12887.

QIU Q J，XIE Z，WU L，et al，2019. Geoscience keyphrase extraction algorithm using enhanced word embedding[J]. Expert Systems with Applications，125：157-169. DOI：10. 1016/j. eswa. 2019. 02. 001.

RAJA S，MONDAL A，JAWAHAR C V，2020. Table structure recognition using top-down and bottom-up cues[C]//Computer Vision–ECCV 2020: 16th European Conference, Glasgow, UK, August 23-28, 2020, Proceedings, Part XXVIII 16. Springer International Publishing: 70-86.

RIBA P，DUTTA A，GOLDMANN L，et al，2019. Table detection in invoice documents by graph neural networks[C]. 2019 International Conference on Document Analysis and Recognition（ICDAR），Sydney，NSW，Australia. 122-127. DOI：10. 1109/ICDAR. 2019. 00028.

TENSMEYER C，MORARIU V I，PRICE B，et al，2019. Deep splitting and merging for table structure decomposition[C]. 2019 International Conference on Document Analysis and Recognition（ICDAR），Sydney，NSW，Australia. 114-121. DOI：10. 1109/ICDAR. 2019. 00027.

TUPAJ S，SHI Z W，CHANG C H，et al，1996. Extracting tabular information from text files[J]. Medford，USA：EECS Department，Tufts University.

WANG B，WU L，XIE Z，et al，2022. Understanding geological reports based on knowledge graphs using a deep learning approach[J]. Computers & Geosciences，168：105229.

WANG C S，HAZEN R M，CHENG Q M，et al，2021．The deep-time digital earth program：Data-driven discovery in geosciences[J]．National Science Review，8（9）：nwab027．DOI：10. 1093/nsr/nwab027．

WANG Y L，PHILLIPS I T，HARALICK R M，2004．Table structure understanding and its performance evaluation[J]．Pattern Recognition，37(7)：1479-1497．DOI：10. 1016/j. patcog. 2004. 01. 012．

WEI D，JIANG B，ZHANG J，2021．Research on Content Storage Method of Unstructured Geological Data[J]．Northwestern Geology，54(4)：266-273．

YIN F，WANG Q F，ZHANG X Y，et al，2013．ICDAR 2013 Chinese handwriting recognition competition[C]．2013 12th International Conference on Document Analysis and Recognition，Washington，DC，USA．1464-1470．DOI: 10. 1109/ICDAR. 2013. 218．

第7章
地质图中图例与字符自动识别算法及实现

7.1 相关分析

地质报告是地质调查工作的重要组成部分之一。长期积累的大量基础地质成果，如文本、图表、音频和空间数据库等，为地质数据信息挖掘和知识发现提供了丰富的数据源（Deng, et al., 2021；Li, et al., 2022）。地质资料包含各种类型的地质图，如平面地质图、地质剖面图、地质柱状图、大地构造图、古地理图等。地质图是在一定比例尺的地形图上用一定的图例表示沉积层、火成岩、地质构造等的形成时代及各种地质体和地质现象的一种地图。地质学家可以通过分析地质图来了解地球内部的构造和组成。例如，地层分布、断裂带、褶皱等地质结构的特征可以通过地质图清晰呈现，有助于研究地质过程和演化。同时，通过分析地质图中的地质构造、地层分布和地形特征，可以评估地质灾害的潜在风险和影响范围，为防灾减灾提供科学依据。地质图也是矿产资源勘查和评价的重要工具，可以通过地质图识别矿床的分布、规模和类型，为矿产资源勘查提供重要信息（Yao, et al., 2017；Wang, et al., 2022）。

地质图包含丰富的地质知识，这对于分析地层剖面方向、地形、岩性、厚度、年龄和产量具有重要意义。人工解读地质图可能会受到主观因素的影响，导致解读结果存在误差。而使用算法进行自动化解读，可以降低人为误差，提高解读结果的准确性和可靠性。自动化算法可以大大提高对地质图的解读效率。相比手动解读，算法能够更快速地处理大量的地质数据和图件信息，从而节省人力和时间成本。算法可以深度挖掘地质图中的隐藏信息和规律。通过机器学习和数据挖掘技术，算法能够发现地质图中的潜在关联关系、规律性分布等，为地质研究和勘探提供更深入的认识（成秋明，等，2019；Liu, et al., 2020）。

然而，当前识别并理解地质图的过程中存在以下问题。

（1）在地质图中，大量的地质符号被用来表示设计的细节。地质图例规定了地质图中使用的线条符号和颜色，以及沉积地层层序、岩浆岩、地质构造和其他地质现象的顺序。然而，在不同的地质领域中存在着各种各样的符号库。对于一个语义符号，由于地质标准的不同，可以存在多种表示形式。同时，由于设计师有自己的绘画方式，即使是相同的符号也会有微小的差异。

（2）从图例的组成特征来看，地质剖面图例包含文字、若干细实线或细虚线及若干几何形状。由于绘制地质剖面时图例符号通常采用规范附录中常用图例的近似形状，加之图例符号存在旋转、平移、噪声等情况，识别难度较大。因此，给识别领域带来了困难和挑战。

（3）背景复杂。许多地质图由于年代久远，存在磨损、褪色和文字模糊等问题。此外，不同的采集方法会对图像质量产生不同的影响；不均匀的光照会显著降低图像的清晰度。地质图背景越复杂，就越难以辨认。

（4）随机性。地质图的符号包括字母、下标、数字等。这些符号的大小可能因地质图而异。在识别过程中经常使用矩形方框将识别目标圈起来，但矩形方框内可能包含其他内容，会导致识别精度较差。

7.2　典型算法

7.2.1　地质图自动理解分析

传统的图像识别过程一般包括底层特征提取、特征编码、空间特征约束和分类器设计四个阶段（Luo, et al., 2021）。底层特征提取通常以固定的步长和尺度从图像中提取许多局部特征，常见的局部特征包括尺度不变特征变换（SIFT）（Lowe, 1999）、定向梯度直方图（HOG）（Dalal and Triggs, 2005）和局部二值模式（LBP）（Huang, et al., 2011）。例如，Sun 等（2014）设计了一种 Block-SIFT 方法，打破了在提取和匹配大型摄影测量图像特征时的内存限制，实现了对大型摄影测量图像的有效特征提取。Newell 和 Griffin（2011）使用 HOG 在多个尺度上提取特征，使用从图像和图形中获得的特征来评估其性能，实验表明，该方法在两个数据集上都实现了性能提升。特征编码是指将底层特征转换为一种更适合模型学习和分类的格式，包含特征表示转换、特征聚合、编码方法和特征增强四个方面。空间特征约束是指在一定空间范围内取各维度特征的最大值或平均值，从而得到特征不变性对应的特征表达式。最后通过分类器进行分类，常用的分类器包括支持向量机和随机森林。

传统的图像识别模型虽然功能强大、易于部署，但存在许多缺点。首先，对高分辨率图像的识别率不理想，因为节点之间的完全连接模式阻碍了模型的扩展。随着深度学习的不断发展，图像识别技术取得了长足的进步（Fan, et al., 2021）。与传统的图像识别模型相比，深度学习模型能够自动学习更加高级和语义化的特征表示，从而更好地捕捉图像中的信息和语义，而且，深度学习模型具有很强的适应性，可以处理各种不同类型、不同尺寸和不同复杂度的图像数据，在目标检测、分割、视频分类、目标跟踪等任务中取得了很好的效果。例如，Zhang 和 Wen（2021）将改进的 AlexNet 神经网络用于树叶图像识别，实验表明其平均精确率在 99% 以上。Patil 等（2022）使用 AlexNet 模型，提出了一种更有效的检测系统。VGGNet 模型由牛津大学的视觉几何组提出，比 AlexNet 模型具有更深层次的网络结构。VGGNet 模型提出了一种"块结构"，通过多次重用大小一致的卷积核来提取更复杂、更有表现力的特征。如 Qiu 等（2021）通过迁移学习方法将 VGG-16 卷积神经网络应用于水稻病害识别，解决了传统识别中速度慢、过拟合、识别效果不理想的问题。Yu 等（2021）提出了一种新的基于 GoogleNet 的人脸识别技术，并通过实验证明该模型的性能明显优于其他网络模型。Chen 等（2021）选择了一个带有挤压和激励（SE）块的 MobileNet 模型来识别植物病害，并在公开可用的数据集上对其进行了测试，平均精确率为 99.87%。Lin 等（2017）采用改进的 ResNet 骨干网和多径优化方法，逐步实现了不同分辨率水平下的组合输出；Raman 等（2021）使用 ResNet 模型在 5000 多只不同姿势的狗的图像数据集上进行了测试，并通过实验验证了该模型用于犬类图像分类的有效性。Shaikh 等（2022）通过 ResNet 网络实现了基于残差学习的实时入侵检测。Jaderberg 等（2014）提出了一种结合卷积神经网络（CNN）和条件随机场（CRF）的模型，该模型在识别字符后进行语法分析，并使用递归循环神经网络模型和注意力建模方法直接对图像进行词法字符串学习，从而实现对无约束自然场景文本的识别。Girshick 等（2014）提出的 R-CNN 算法是第一个将深度学习技术成功应用于目标检测领域的算法，是一种典型的两阶段目标检测算法。He 等（2015）提出了一种目标检测算法 SPP-Net，是对 R-CNN 算法的改进。该算法在空间金字塔匹配（SPM）算法的基础上，在第二阶段引入了空间金字塔池（SPP）层（Kleban, et al., 2008）。

随着深度学习的发展，地质图像识别技术有了很大的进步，但是对复杂背景图像的识别仍然存在很多问题。在文本检测领域，对于多方向文本、不规则文本、小文本，以及字体变化非常大的文本的检测非常困难，而且很难通过一种算法同时解决这些问题。在字符识别方面，对于形状多样的文本、不规则文本、弯曲文本和字体多样的文本，错误识别率较高。当图像中存在背景干扰、遮挡和焦点模糊等问题时，会大大增加识别的难度。在图例识别方面，地质图例通常具有复杂的结构和纹理，包括多样的岩石类型、地层构造等。这种复杂性可能使得模型难以准确地捕捉图例中的特征，并且可能需要更深层次的网络结构来处理。

7.2.2　基于 DT-SE-ResNet50 模型的地质图例识别

SE-ResNet50 地质图例识别模型采用迁移学习和注意机制相结合的方法对 ResNet50 模型进行优化，先在 ImageNet 1k 数据集上对 ResNet50 模型进行预训练，对得到的权值参数进行迁移学习，然后利用 SENet 架构对模型进行优化，得到 DT-SE-ResNet50 模型（见图 7-1），再利用自行构建的地质图例数据集对其进行训练，最终得到地质图例的识别结果。

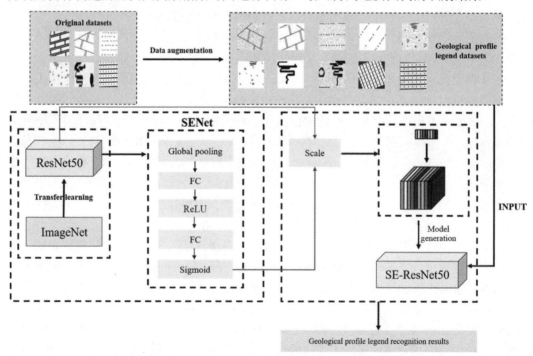

图 7-1　DT-SE-ResNet50 模型的地质图例识别流程图

使用深度学习算法将 SENet 模块嵌入 ResNet50 模型中，先使用全局池化操作作为挤压操作，然后将两个全连接层连接起来形成瓶颈，从而获得通道之间的相关性，最后输出与输入特征相同的权值。这是通过一个全连接层将特征维度降低到原始维度的 1/16 来实现的，然后通过 ReLU 激活函数和另一个全连接层将特征维度提升到原始维度。与使用单个全连接层相比，这样做的优点如下。

（1）操作增加了更多的非线性，从而可以更好地显示通道之间的相关性。

（2）将得到的权值通过 Sigmoid 函数进行归一化处理，通过尺度运算将归一化后的权值加权到每个通道的特征上，从而大大减少了参数的数量和计算量。

7.2.3　基于 CRNN 模型的地质图字符识别

图 7-2 所示为基于 CRNN 模型的地质符号识别流程。该流程的三个阶段为数据集自动构建、CRNN 模型训练和地学符号索引构建。

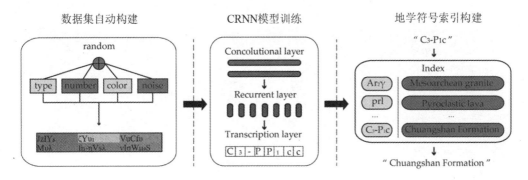

图 7-2　基于 CRNN 模型的地质符号识别流程

第一阶段是数据集自动构建。地学地图通常包含大量不同长度和类型的地学符号，这些符号分布在图像的不同区域。该阶段的目的是根据地质图的特征，自动生成包含地学符号的局部图像，用于模拟真实地质图，为后续的模型训练和地学符号识别做准备。

第二阶段是 CRNN 模型训练。传统的图像文本识别模型根据待识别字符的特点可分为定长字符识别和变长字符识别。由于地学符号的长度变化较大，从一个字符到六七个字符不等，传统的定长字符识别模型无法进行有效识别。同时，地学符号组成复杂，通常由希腊字母、英文大写和小写字母及下标数字组成，现有的 OCR 图像文本识别模型无法进行对齐，从而无法有效识别。因此，本书重新训练了 OCR 模型，专门用于地学符号识别。采用 CRNN 模型作为基础模型，通过卷积层从输入的地学符号图像中提取特征序列，通过循环层预测从卷积层获得的特征序列的标签分布，通过转录层获得最终的地学符号识别结果。用于 CRNN 模型训练的数据集采用本书构建的自动生成的地学符号图像数据集，该数据集共包含 20 万张图像。字符类型包括大小写字母、数字下标、部分希腊字母、特殊字符等，共 88 类。

第三阶段是地学符号索引构建。该阶段可以建立地学符号索引表和相应的描述，将识别到的地学符号转换成相应的名称，并输出最终结果。

7.3 Python 算法实现

7.3.1 基于 DT-SE-ResNet50 模型的地质图例识别算法实现

SENet 自注意力机制构建，具体代码如下：

```python
class SEAttention(nn.Module):
def __init__(self, channel=512, reduction=16):
    super().__init__()
    self.avg_pool = nn.AdaptiveAvgPool2d(1)                    #全局均值池化，输出的是 c×1×1
    self.fc = nn.Sequential(
nn.Linear(channel, channel // reduction, bias=False),
nn.ReLU(inplace=True),
nn.Linear(channel // reduction, channel, bias=False),         #还原
  nn.Sigmoid()
        )
def init_weights(self):
    for m in self.modules():
        print(m)
        if isinstance(m, nn.Conv2d):                           #判断类型函数：m 是 nn.Conv2d 类吗？
            init.kaiming_normal_(m.weight, mode='fan_out')
            if m.bias is not None:
                init.constant_(m.bias, 0)
        elif isinstance(m, nn.BatchNorm2d):
            init.constant_(m.weight, 1)
            init.constant_(m.bias, 0)
        elif isinstance(m, nn.Linear):
            init.normal_(m.weight, std=0.001)
            if m.bias is not None:
                init.constant_(m.bias, 0)
def forward(self, x):
    b, c, _, _ = x.size()    # 50×512×7×7
    y = self.avg_pool(x).view(b, c)    #①最大池化之后得到 50×512×1×1；②视图变换之后得到 50×512
    y = self.fc(y).view(b, c, 1, 1)                            #50×512×1×1
    return x * y.expand_as(x)                                  #根据 x.size 来扩展 y
```

利用 SENet 架构对 ResNet50 模型进行优化，得到 DT-SE-ResNet50 模型，具体代码如下：

```python
def DT-SE-ResNet50 ():
input_shape=(224, 224, 3)
inputs_dim = Input(input_shape)
base_model = ResNet50(weights='imagenet',
                      include_top=False,
                      input_shape=(224, 224, 3),
                      pooling = max)(inputs_dim)
x = GlobalAveragePooling2D()(base_model)
excitation = Dense(units=2048 // 16)(x)
print(x.shape)
```

```
print(excitation.shape)
excitation = Activation('relu')(excitation)
excitation = Dense(units=2048)(excitation)
print(2)
excitation = Activation('sigmoid')(excitation)
print(excitation.shape)
excitation = Reshape((1,1,2048))(excitation)
print(3)
print(excitation.shape)
scale = multiply([x, excitation])


x = GlobalAveragePooling2D()(scale)
dp_1 = Dropout(0.3)(x)
fc2 = Dense(18)(dp_1)
x = Activation('sigmoid')(fc2)
# predictions = Dense(18, activation='softmax')(x)
model = Model(inputs=inputs_dim, outputs=x)
model.compile(loss='categorical_crossentropy',
              # optimizer=optimizers.RMSprop(lr=1e-3),
              optimizer='adam', metrics=['acc'])
model.summary()
```

输入地质图例，加载训练模型进行识别，具体代码如下：

```
def regconizephoto():
#加载需要识别的图像
img = Image.open("E:/DeepLearning/ResNet-101/rose_test.jpg")
#将图像尺寸修改为 224 像素×224 像素
img = img.resize((im_width, im_height))
plt.imshow(img)
#对图像进行预处理
 _R_MEAN = 123.68
 _G_MEAN = 116.78
 _B_MEAN = 103.94
img = np.array(img).astype(np.float32)
img = img - [_R_MEAN, _G_MEAN, _B_MEAN]
img = (np.expand_dims(img, 0))
#class_indices.json 中存放的是标签字典
try:
json_file = open('./class_indices.json', 'r')
class_indict = json.load(json_file)
except Exception as e:
print(e)
exit(-1)
#网络模型的微调
feature = resnet50(num_classes=5, include_top=False)
feature.trainable = False
```

```
tf.keras.layers.GlobalAvgPool2D(),
tf.keras.layers.Dropout(rate=0.5),
tf.keras.layers.Dense(1024),
tf.keras.layers.Dropout(rate=0.5),
tf.keras.layers.Dense(5),
tf.keras.layers.Softmax()])
#加载训练好的模型参数
model.load_weights('./save_weights/resNet_101.ckpt')
result = model.predict(img)
prediction = np.squeeze(result)
predict_class = np.argmax(result)
print('预测该图像类别是：', class_indict[str(predict_class)], ' 预测概率是：', prediction[predict_class])
plt.show()
```

7.3.2　基于 CRNN 模型的地质字符识别算法实现

基于 CRNN 模型的地质字符识别代码如下：

```
def val(net, test_iter, ctc_loss, max_iter=100, device=None):
    net.eval()
    loss_avg = 0.0
    acc_val, n = 0, 0
    start = time.time()
    for images, labels, target_lengths, input_lengths in test_iter:
        images = images.to(device)
        labels = labels.to(device)
        target_lengths = target_lengths.to(device)
        input_lengths = input_lengths.to(device)
        preds = net(images)
        cost = ctc_loss(log_probs=preds, targets=labels, target_lengths=target_lengths,
                                    input_lengths=input_lengths)
        loss_avg += cost
        n += preds.shape[1]
        _, preds = preds.max(2)
        output=decode_out(str_index=preds.transpose(1,0),characters=args.characters)
        label = get_label(labels, target_lengths, args.characters)
        for ii in range(len(label)):
            assert len(output) == len(label)
            acc_val = acc_val + 1 if label[ii] == output[ii] else acc_val
    print("val loss: {} || val acc: {:.2f} || time:{:.4f}".format(loss_avg / max_iter, acc_val/n, time.time()-start))
net.train()

def train(net, optimizer, train_iter, test_iter, device):
    ctc_loss = CTCLoss(blank=0, reduction='mean')
    net.train()
    print('Loading Dataset...')
    print("Begin training...")
    for epoch in range(args.max_epoch):
```

```
            start = time.time()
            acc_sum, n, batch_count = 0, 0, 0
            for images, labels, target_lengths, input_lengths in train_iter:
                images = images.to(device)
                labels = labels.to(device)
                target_lengths = target_lengths.to(device)
                input_lengths = input_lengths.to(device)
out = net(images)
                optimizer.zero_grad()
loss=ctc_loss(log_probs=out,targets=labels,target_lengths=target_lengths, input_lengths=input_lengths)
                loss.backward()
                optimizer.step()
                batch_count += 1
                n += out.shape[1]
                _, preds = out.max(2)
            output=decode_out(str_index=preds.transpose(1,0),characters=
args.characters)
                label = get_label(labels, target_lengths, args.characters)
                for ii in range(len(label)):
                    assert len(output) == len(label)
                    acc_sum = acc_sum + 1 if label[ii] == output[ii] else acc_sum
                print('Epoch:{}/{} || Batch:{} || Loss: {:.4f}|| Acc:{:.2f} || time: {:.4f} s'.format
                        (epoch, args.max_epoch, batch_count, loss, acc_sum/n, time.time()-start))
            val(net, test_iter, ctc_loss, device=device)
        torch.save(net.state_dict(), args.weights_save)
        print('Finished Training')
```

7.4 应用案例

　　地质剖面中相应的地质图例如图 7-3 所示。从图例的组成特征来看，地质剖面图例包含文字、若干细实线或细虚线，以及若干几何形状。虽然现有方法在理论上完成了图例识别的任务，但这些方法在地质图例识别方面存在局限性：第一，由于符号的多样性、符号组成的复杂性及图例符号表示上下文的干扰，现有的基于规则的方法需要一套全面的有代表性的基于模式匹配的规则；第二，使用一次性学习方法进行图例识别只适用于训练好的定向任务，该方法对图像的变化更为敏感，而较大的图像变化会导致该方法的识别精度大大降低；第三，这些方法不能直接进行地质剖面图例识别，因为这项任务需要一套全面的有代表性的带注释的训练数据，以实现地质剖面图例数据集的数字化，但无法保证识别的高精度和高召回率。

　　针对上述知识缺口和需求，本书提出了一种将 SENet、迁移学习和 ResNet50 模型相结合的地质剖面图例自动识别方法，即 DT-SE-ResNet50 模型。该模型使用迁移学习策略，能够在通用领域和特定领域的注释数据上进行训练，处理图像之间的各种差异，从而提高模型图例识别的性能、灵活性和可扩展性。

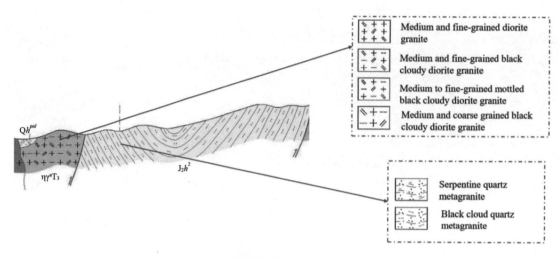

图 7-3　地质剖面中相应的地质图例

1. 数据集构建

当没有足够的图像来训练模型时，或者当图像类型存在很大的不平衡时，过采样是获得可接受的分类结果的最合适方法（Rose, et al., 2022）。通常，这种过采样是通过数据增强技术来实现的。数据增强是一种从现有数据样本中生成新的训练样本的技术，是在数据约束环境中提高模型性能和准确性的最有效和低成本的方法。在图像分类的深度学习模型中，需要保证足够的数据量以避免过拟合。如果数据量较小，可以对原始图像数据进行几何变换，改变图像像素的位置，保持特征不变。常用的数据增强方法包括平移变换、旋转变换和增加噪声。平移变换以随机或人为定义的方式指定平移范围和平移步骤，并沿水平或垂直方向平移，从而改变图像的位置。旋转变换是指将图像随机旋转一定角度，从而改变图像的方向。增加噪声是指对图像的每个像素进行随机置乱，常用的噪声有椒盐噪声和高斯噪声。

本次实验共收集了 18 类地质剖面图例作为数据集，由于收集的概要图例数量很少，每个类别只有 20～50 个，因此使用数据增强技术来扩展数据集。在已有数据集的基础上，进行平移变换、旋转变换和增加噪声，最终使每一类数据集的总数达到 500 个。地质剖面图例数据增强后的图像如图 7-4 所示。

（1）图像灰度化处理。由于原 18 类图像的部分背景是有颜色的，为了减少干扰，对图像进行灰度化处理。

（2）由于原始图像的分辨率太高，每张图像的分辨率约为 120DPI，无法直接加载到训练模型中，因此需要将每张图像的尺寸压缩到 224 像素×224 像素，同时不丢失特征信息。

（3）裁剪图像。使背景信息对剖面图例的干扰降到最低。

（4）平移图像。平移主要分为四种：向左、向右、向上和向下。在本次实验中，对每 100 个像素进行左右平移，对每 100 个像素进行上下平移，最终得到平移后的图像。

（5）旋转图像。在本次实验中，旋转角度设置在 15 度到 350 度范围内。

（6）给图像增加噪声。本次实验采用高斯噪声和椒盐噪声对图像进行处理。

（7）将地质剖面图例数据集按 4∶1 的比例划分为训练集和测试集。

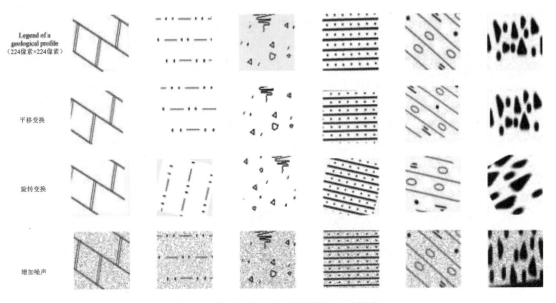

图 7-4　地质剖面图例数据增强后的图像

数据增强代码如下：

```
def rotate_image(image, angle):
    #旋转图像
    rows, cols, _ = image.shape
    rotation_matrix = cv2.getRotationMatrix2D((cols / 2, rows / 2), angle, 1)
    rotated_image = cv2.warpAffine(image, rotation_matrix, (cols, rows))
    return rotated_image
def scale_image(image, scale_factor):
    #缩放图像
    scaled_image = cv2.resize(image, None, fx=scale_factor, fy=scale_factor)
    return scaled_image
def add_gaussian_noise(image):
    #添加高斯噪声
    noise = np.random.normal(0, 1, image.shape).astype(np.uint8)
    noisy_image = cv2.add(image, noise)
    return noisy_image
def add_salt_and_pepper_noise(image, salt_ratio, pepper_ratio):
    #添加椒盐噪声
    salt_amount = int(image.size * salt_ratio)
    pepper_amount = int(image.size * pepper_ratio)
    #添加椒噪声
    salt_coords = [np.random.randint(0, i - 1, salt_amount) for i in image.shape]
    image[salt_coords[0], salt_coords[1], :] = [255, 255, 255]
    #添加盐噪声
    pepper_coords = [np.random.randint(0, i - 1, pepper_amount) for i in image.shape]
    image[pepper_coords[0], pepper_coords[1], :] = [0, 0, 0]
```

2. 模型训练代码

```
def train():
```

```
model.fit(X_train, Y_train,epochs=7,batch_size=32,validation_data=(X_test, Y_test))
#callbacks=[history])
#model.save('Xception.h5')
#history.end_draw()
#网络模型的微调
preds = model.evaluate(X_test, Y_test, batch_size=32)
print("loss=" + str(preds[0]))
print("accuracy=" + str(preds[1]))
# #
pre = model.predict(X_test)
prediction = np.argmax(pre, axis=1)
origin = np.argmax(Y_test, axis=1)
print('###################################')
cm = confusion_matrix(origin, prediction)
print(cm)
print('###################################')
cr = classification_report(origin, prediction)
print(cr)
```

3. 模型预测代码

```
def prediction():
img = Image.open("E:/DeepLearning/ResNet-101/rose_test.jpg")
#将图像尺寸压缩到 224 像素×224 像素
img = img.resize((im_width, im_height))
plt.imshow(img)
#对图像进行预处理
_R_MEAN = 123.68
_G_MEAN = 116.78
_B_MEAN = 103.94
img = np.array(img).astype(np.float32)
img = img - [_R_MEAN, _G_MEAN, _B_MEAN]
img = (np.expand_dims(img, 0))
#class_indices.json 中存放的是标签字典
try:
json_file = open('./class_indices.json', 'r')
class_indict = json.load(json_file)
except Exception as e:
print(e)
exit(-1)
#网络模型的微调
feature = resnet50(num_classes=5, include_top=False)
feature.trainable = False
model = tf.keras.Sequential([feature,
tf.keras.layers.GlobalAvgPool2D(),
tf.keras.layers.Dropout(rate=0.5),
tf.keras.layers.Dense(1024),
tf.keras.layers.Dropout(rate=0.5),
tf.keras.layers.Dense(5),
```

```
tf.keras.layers.Softmax()])
#加载训练好的模型参数
model.load_weights('./save_weights/resNet_101.ckpt')
result = model.predict(img)
prediction = np.squeeze(result)
predict_class = np.argmax(result)
print('预测该图像类别是：', class_indict[str(predict_class)], ' 预测概率是：', prediction[predict_class])
plt.show()
```

4．地质剖面图例识别代码

```
def recognize():
#计时
start = time.time()
#当前路径包含需要预测的图像、模型文件
execution_path = os.getcwd()
# execution_path = './data/test/9'
#创建预测类
prediction = ImagePrediction()
prediction.setModelTypeAsDenseNet()
prediction.setModelPath(os.path.join(execution_path, "DenseNet-BC-121-32.h5"))
prediction.loadModel()
#预测图像，以及结果预测输出数目
predictions,probabilities=prediction.predictImage(os.path.join(execution_path, "0490.png"), result_count=5 )
#结束计时
end = time.time()
#输出结果
for eachPrediction, eachProbability in zip(predictions, probabilities):
    print(eachPrediction," : ", eachProbability)
print ("\ncost time:",end-start)
```

5．实验结果

为更准确地评价基于迁移学习的 DT-SE-ResNet50 模型对地质剖面图例的识别效果，使用精确率、召回率和 F1 指数对 18 种地质剖面图例的识别效果进行评价，识别结果如表 7-1 所示。由表可知，本节提出的基于迁移学习的 DT-SE-ResNet50 模型对 18 种地质剖面图例具有较好的识别效果，其精确率、召回率和 F1 指数基本在 90%以上。这主要是由于该模型利用 ResNet50 模型、SENet 体系结构和迁移学习来进行地质剖面图例识别。首先，ResNet50 模型引入残差网络，使信息更容易在层间流动，包括在前向传播中提供特征重用和防止后向传播过程中的梯度消失。引入 ResNet50 模型可以更好地学习地质剖面图例的特征。其次，引入 SENet 体系结构可以获得更准确的地质剖面图例识别结果。最后，迁移学习的加入使模型的训练速度更快、效果更好。

表 7-1　基于迁移学习的 DT- SE-ResNet50 模型对 18 种地质剖面图例的识别结果

序号	精确率	召回率	F1 指数
1	1.00	0.99	0.99
2	1.00	0.88	0.92
3	0.90	1.00	0.95

序号	精确率	召回率	F1 指数
4	1.00	1.00	1.00
5	0.88	0.99	0.93
6	0.97	1.00	0.99
7	0.99	0.94	0.96
8	0.98	0.92	0.96
9	1.00	1.00	1.00
10	0.98	1.00	0.99
11	1.00	1.00	1.00
12	0.96	0.92	0.94
13	1.00	1.00	1.00
14	0.94	1.00	0.97
15	1.00	1.00	1.00
16	1.00	1.00	1.00
17	1.00	0.98	0.99
18	1.00	1.00	1.00

为了验证基于迁移学习的 DT-SE-ResNet50 模型的性能，选择当前主流的深度学习图像分类模型进行比较实验，它们是 VGG-16（Simonyan, et al., 2014）、MobileNet、MobileNetV2（Sandler, et al., 2018）、DenseNet121（Huang, et al., 2016）、InceptionV3、Inception-ResNet、Xception 和 ResNet50。在实验过程中，先使用 ImageNet 1k 数据集对所有模型进行预训练以获得新的权值，然后使用构建的地质剖面图例数据集对上述 9 个模型进行实验。如表 7-2 所示，基于迁移学习的 DT-SE-ResNet50 模型的精确率达到 0.98，明显优于其他模型，这表明基于迁移学习的 DT-SE-ResNet50 模型在地质剖面图例识别中取得了最好的效果。

表 7-2　与其他模型进行比较实验的定量评价结果

模型	精确率	召回率	F1 指数
VGG-16	0.88	0.89	0.89
MobileNet	0.85	0.78	0.76
MobileNetV2	0.74	0.65	0.65
DenseNet121	0.83	0.77	0.76
InceptionV3	0.76	0.68	0.68
Xception	0.77	0.68	0.68
Inception-ResNet	0.83	0.77	0.77
ResNet50	0.90	0.94	0.94
DT-SE-ResNet50	0.98	0.98	0.98

6．原型系统

本书采用前端网页设计和嵌入式算法，开发了一个用于地质剖面图例识别管理的原型系统。该系统分为四个模块：图像预处理、数据增强、数据训练、测试与分析。如图 7-5 所示，各模块相互连接，形成一个地质剖面图例自动识别系统。具体而言，先通过图像预处理和数据增强两个模块获得地质剖面图例数据集，然后通过 DT-SE-ResNet50 模型对数据进行训练，最后对数据进行测试和分析。

如图 7-5（a）所示，首先，通过图像预处理模块对地质剖面图例数据进行预处理。其次，通过数据增强模块对地质剖面图例数据集进行增强。再次，将构建好的地质剖面图例数据集放入 DT-SE-ResNet50 模型中进行训练，并进行一系列对比实验，验证模型的效果。最后，使用测试与分析模块对测试结果进行分析和评估。

图 7-5（b）所示为原始地质剖面图例数据集和最终识别结果。图的左侧为进行"打开文件"和"文件预览"操作后的样例数据集，右侧为地质剖面图例识别的最终结果。

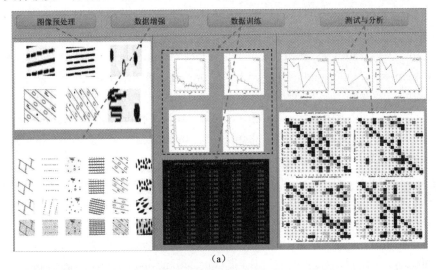

（a）

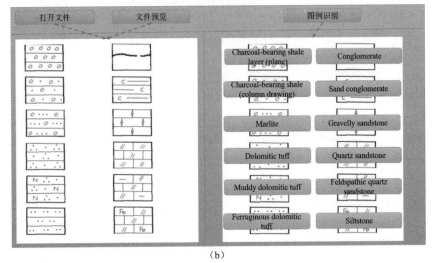

（b）

图 7-5　地质剖面图例自动识别系统

参考文献

成秋明，2019. 深时数字地球：全球古地理重建与深时大数据[J]. 国际学术动态，(6)：28-29.

CHEN J，ZHANG D，SUZAUDDOLA M，et al，2021. Identification of plant disease images via a squeeze-and-excitation MobileNet model and twice transfer learning[J]. IET Image Processing，15(5)：1115-1127.

DALAL N，TRIGGS B，2005. Histograms of oriented gradients for human detection[C]. 2005 IEEE computer society conference on computer vision and pattern recognition (CVPR'05). Ieee，1：886-893.

DENG C，JIA Y，XU H，et al，2021. Gakg: A multimodal geoscience academic knowledge graph[C]. Proceedings of the 30th ACM International Conference on Information & Knowledge Management：4445-4454.

FAN Y，LUO Y，CHEN X，2021. Research on face recognition technology based on improved YOLO deep convolution neural network[C]. Journal of Physics：Conference Series. IOP Publishing，1982(1)：012010.

GIRSHICK R，DONAHUE J，Darrell T，et al，2014. Rich feature hierarchies for accurate object detection and semantic segmentation[C]. In Proceedings of the IEEE conference on computer vision and pattern recognition. pp. 580-587.

HE K，ZHANG X，REN S，et al，2015. Spatial pyramid pooling in deep convolutional networks for visual recognition[J]. IEEE transactions on pattern analysis and machine intelligence，37(9)：1904-1916.

HUANG D，SHAN C，ARDABILIAN M，et al，2011. Local binary patterns and its application to facial image analysis：a survey[J]. IEEE Transactions on Systems，Man，and Cybernetics，Part C (Applications and Reviews)，41(6)：765-781.

HUANG G，LIU，Z，LAURENS V，et al，2016. Densely Connected Convolutional Networks [C]. IEEE Computer Society.

JADERBERG M，SIMONYAN K，VEDALDI A，et al，2014. Synthetic data and artificial neural networks for natural scene text recognition[J]. arXiv preprint arXiv：1406. 2227.

JESSELL M，OGARKO V，DE ROSE Y，et al，2021. Automated geological map deconstruction for 3D model construction using map2loop 1.0 and map2model 1.0[J]. Geoscientific Model Development，14(8)：5063-5092.

LIN G，MILAN A，SHEN C，et al，2017. Refinenet：Multi-path refinement networks for high-resolution semantic segmentation[C]. Proceedings of the IEEE conference on computer vision and pattern recognition：1925-1934.

LI S，CHEN J，LIU C，2022. Overview on the Development of Intelligent Methods for Mineral Resource Prediction under the Background of Geological Big Data[J]. Minerals，12(5)：616.

LOWE D G，1999. Object recognition from local scale-invariant features[C]. Proceedings of the seventh IEEE international conference on computer vision. Ieee，2：1150-1157.

LUO B，CHEN W，XIAO X，et al，2021. A Deep Learning Assisted Intelligent Monitoring System for Smart Grid[C]. Proceedings of the 2021 4th International Conference on Algorithms，Computing and Artificial Intelligence：1-6.

LU Q，CHEN L，LI S，et al，2020. Semi-automatic geometric digital twinning for existing buildings based on images and CAD drawings[J]. Automation in Construction，115：103183.

NEWELL A J，GRIFFIN L D，2011．Multiscale histogram of oriented gradient descriptors for robust character recognition[C]．2011 International conference on document analysis and recognition．IEEE：1085-1089．

PATIL R，VISHAL G N，SUNIL KUMAR G R，et al，2022．AlexNet Based Pirate Detection System[J]．SN Computer Science，3(2)：108．

QIU J，LU X，WANG X，et al，2021．Research on rice disease identification model based on migration learning in VGG network[C]．IOP conference series：earth and environmental science．IOP Publishing，680(1)：012087．

RAMAN S，MASKELIŪNAS R，DAMAŠEVIČIUS R，2021．Markerless dog pose recognition in the wild using ResNet deep learning model[J]．Computers，11(1)：2．

ROSA DE LA F L，G´OMEZ-SIRVENT J L，S´ANCHEZ-REOLID R，et al，2022．Geometric transformation-based data augmentation on defect classification of segmented images of semiconductor materials using a ResNet50 convolutional neural network[J]．Expert Systems with Applications：117731．

SANDLER M，HOWARD A，ZHU M，et al，2018．Mobilenetv2：Inverted residuals and linear bottlenecks[C]．Proceedings of the IEEE conference on computer vision and pattern recognition：4510-4520．

SHAIKH A，GUPTA P，2022．Real-time intrusion detection based on residual learning through ResNet algorithm[J]．International Journal of System Assurance Engineering and Management：1-15．

SIMONYAN K，ZISSERMAN A，2014．Very deep convolutional networks for large-scale image recognition[J]．arXiv preprint arXiv：1409.1556．

SUN Y，ZHAO L，HUANG S，et al，2014．L2-SIFT：SIFT feature extraction and matching for large images in large-scale aerial photogrammetry[J]．ISPRS Journal of Photogrammetry and Remote Sensing，91：1-16．

WANG B，MA K，WU L，et al，2022．Visual analytics and information extraction of geological content for text-based mineral exploration reports[J]．Ore Geology Reviews 144，104818．

WANYU L，ZHIJIAN T，YUEMIN Z，et al，2008．New Ultrasound Stereo Vision Data Enhancement Technology[J]．Optical Precision Engineering，16(9)：8．

YAO M，LIU J，FENG R，et al，2017．REST based integrated efficient drawing method for reservoir geological profile[C]．2017．In：6th International Conference on Measurement，Instrumentation and Automation (ICMIA 2017)．Atlantis Press，pp．170-173．

YU W，LV P，2021．An end-to-end intelligent fault diagnosis application for rolling bearing based on MobileNet[J]．IEEE Access，9：41925-41933．

ZHANG W，WEN J，2021．Research on leaf image identification based on improved AlexNet neural network[C]．Journal of Physics：Conference Series．IOP Publishing，2031(1)：012014．

第8章
栅格地质图自动分割算法及实现

8.1 相关分析

　　地质行业中积累的大量纸质地质图在地质环境保护（Do, et al., 2019）、矿产勘探（Rahimi, et al., 2021）、地质灾害检测（Ma, et al., 2021）等多个领域发挥了重要作用，然而这些纸质地质图扫描后常常以栅格格式（半结构化数据）存储，并不是结构化数据，无法直接用于数据分析。传统的方法是将其人工矢量化，这不仅需要大量的人力、物力，而且需要具有一定的专业知识储备和经验的技术人员进行操作。即便如此，数据成果难免存在不完整、不一致的问题，甚至出现逻辑错误。随着计算机技术的不断发展，深度学习等相关技术已经应用于各个领域。图像识别（Liu, et al., 2018；Yu, et al., 2022）及信息提取技术（Rauch, et al., 2019；Qiu, et al., 2020）为地质图信息的理解提供了思路，增加了地质科学研究的信息来源，对获取更多的数据，进一步展开地质科学分析与研究具有重要意义。

　　地质图像分割是实现地质图像智能分析和理解的关键技术之一，为地质领域的研究人员提供了重要的辅助信息。通过分析地质图像中的各要素信息可以得到区域矿产资源分布规律等信息。虽然通用领域的图像分割算法（如以深度学习为代表的一系列神经网络模型）取得了较大的突破，但这些算法无法直接应用到地质图像分割中，主要存在如下问题。

　　（1）目前，绝大多数图像自动识别与信息提取技术在工程图识别时能取得较好的效果，但对于地质图，效果很不理想，提取的数据需要经过加工才能使用。这主要是因为地质图中要素繁杂，存在相互叠压的情况，给地质图自动识别与信息提取增加了难度，而且，现在的地图信息提取方法都是针对地形图的，关于地质图信息提取的方法较少。

　　（2）扫描后的栅格彩色地质图存在各种各样的畸变，例如，地质图颜色出现色散、混淆色等，地质图要素出现噪声、毛刺、分叉等，这增加了地质图自动识别与信息提取的难度。

　　（3）图像分割是地质图自动识别与信息提取的关键。扫描后的栅格彩色地形图，对于人眼而言，只有四种颜色，但计算机却达不到同样的识别效果。国内外学者针对地形图的（颜色）分割，做了大量的实验研究，提出了一些能识别特定地形图要素的方法，但这些方法不具有通用性。同时，地形图最多只有四种颜色且颜色固定，即红、黄、青、黑，所以以地形图的分色（颜色分割）更为容易，信息提取也就更为方便，而地质图的颜色种类多且千变万化，这无疑增加了地质图颜色分割的难度。

　　（4）地质图中存在很多种要素，它们在空间上存在一定的重叠，如地质图上遍布的水系及方里网等线状要素、文字、各种符号的覆盖，这给地质图中线状要素的识别与提取带来了巨大困难。同时，各种要素交叉可能会在颜色分割后得到的单版图上留下许多断点，增加了线跟踪的速度与难度。

8.2 典型算法

8.2.1　基于 BP 神经网络的彩色地质图面-线-点要素信息智能提取

颜色是一张地质图最直观、最主要的特征，是彩色图像中目标提取的关键因素，通过颜色的不同，我们可以提取出不同的面状要素，从而构建出各面要素的信息图层。但在地质图数字图像的获取（如数字化扫描过程）和传输过程中容易造成颜色偏差与混淆，最棘手的是颜色的散射，使得一张地质图的 RGB 值出现成千上万种情况。虽然这些色彩差别不太影响人的肉眼观察，但给地质图信息的自动提取带来了极大的困难，所以，在要素信息提取之前要对图像进行颜色分割。

彩色图像的颜色分割算法归纳起来主要有以下几类：基于阈值的分割算法、基于边缘检测的分割算法、基于区域的分割算法、基于特征空间的分割算法、基于可变模型的分割算法、基于数学形态学的分割算法、基于神经网络的分割算法、基于遗传算法的分割算法等（张星明，1999；周蓓蓓，2008；邓开来，2009；盛宜韬，2010；陈强，2011）。这些算法对某些图像的分割能取得较好的效果，但对于内容繁多、颜色种类较多的地质图，这些算法都存在一定的局限性，无法得到满意的效果。考虑到实际工作中使用的地质图，由于纸张及扫描误差的影响，在数字化扫描过程中，几乎不可能实现精确量化描述，因而造成了栅格地质图的颜色具有模糊性（卢敏，2007），所以本书采用模糊 C-均值算法（FCM）对地质图进行颜色分割，同时，在进行颜色分割之前对地质图进行预处理，对分割的结果也进行处理，以达到较好的分割效果。徐彬等（2020）提出的面要素信息提取的流程图如图 8-1 所示。

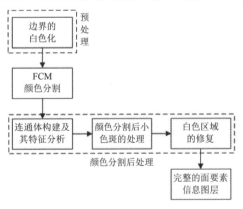

图 8-1　面要素信息提取的流程图

地质图中的线要素基本可以分为两类：一类是地层、岩浆岩、蚀变带等面要素区域的边界线；另一类是断层线、水系、方里网等。地层、岩浆岩、蚀变带、断层等与矿产的形成具有密切联系，是成矿预测中不可或缺的证据，因此，快速提取出地质图中的地层、岩浆岩、蚀变带等面要素区域的边界线和断层线在矿产预测中具有重要意义。对于地层、岩浆岩、蚀变带等面要素区域的边界线，可以通过追踪面要素区域的边界来提取，而断层线可通过颜色、形态等特征来达到自动识别的目的。下面具体介绍这两类线要素的识别与提取方法。

由于地层、岩浆岩、蚀变带等面要素区域的边界线为两个面要素区域的交界线，这些线要素与地质体面要素在空间位置上具有一致性，所以可以通过追踪面要素区域的边界来快速提取这些线要素，并组建多边形完成前面提取的面要素信息图层的矢量化，其算法流程图如图 8-2 所示。

图 8-2　面要素区域边界追踪算法流程图

点要素是指那些不依比例尺表示的地物符号及注记，如矿点、产状、地名点等，其尺寸大小通常能够反映地物的等级特征（杨品，2015）。根据彩色地质图中点要素的特点，可将其大致分为两大类：

（1）特征点，也称为独立点状地物，如矿点、至高点等；

（2）注记符号，如数字和文字注记。

目前，特征点符号的识别方法主要为统计方法，它对所识别的特征点符号的质量要求较高，如尽可能独立、噪声较小等。然而，在实际生活中，特征点符号不仅种类繁多，尺寸、位置也不固定，而且地质图要素复杂多样，不同的要素相互覆盖，甚至出现粘连、断裂的情况，这就导致特征点符号识别难度较大，传统的识别方法效果不好。从地质图的制图过程可以看出，特征点符号总是位于图层的最上层，并且在标准彩色地质图中，图例与地质图具有完备性和一致性。根据这些特点，徐彬等人采用改进的序贯相似性检测算法来提取栅格地质图中的特征点信息。

在分析各类特征点识别方法的优缺点的基础上，根据标准彩色地质图中特征点的特点，即图中所有出现的特征点与图例中的特征点的大小、颜色等特征都是一致的，且特征点符号总是位于图层的最上层，徐彬等人先自动提取出图例中的特征点符号，然后以提取的特征点符号为模板，通过改进的序贯相似性检测算法进行图像匹配，在地质图中找到相应特征点的位置，最后在相应位置处生成特征点，形成特征点信息图层。

8.2.2　基于 UNet 模型与 Felz 聚类算法的彩色地质图分割

本节提出了一种 UNet 模型与 Felz 聚类算法相结合的地质图像分割算法（见图 8-3）。为了减少地质图内部的背景噪声干扰，提高分割模型的特征提取能力，在对地质图进行预分割之前，采用数学形态学等预处理操作，降低图中噪声等因素对分割性能的影响。同时，在 UNet 模型中加入通道注意力机制 SENet，增强对目标信息的关注，抑制不必要的特征信息，提高模型的特征表达能力。在模型分割指标部分，选取像素级分割中常用的 PA（像素准确率）、MIoU（平均交并比）（Rahman, et al., 2016）、FWIoU（加权交并比）和 Dice 系数（Shamir, et al., 2019）来评价分割效果，从而更客观、直接地反映模型的分割精度。

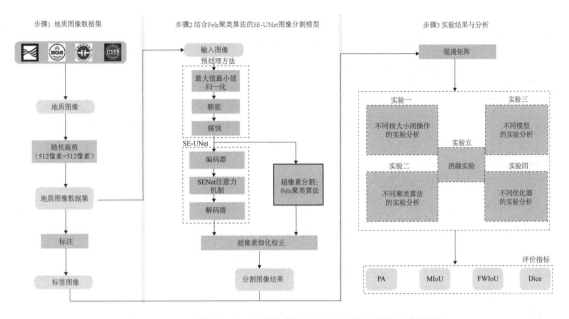

图 8-3　UNet 模型与 Felz 聚类算法相结合的地质图像分割算法

1．地质图像数据集

由于地球科学领域缺乏公开可用的彩色图像数据集，因此，本次实验使用的彩色地质图像数据集（命名为 Geo_Dataset）是从美国地质调查局、Geo Cloud（地质云）、国家地质资料数据中心、中国地质数据博物馆等网站及大量的区域地质报告中获取的，主要选取 1∶5 万、1∶20 万、1∶25 万比例的彩色平面地质图像数据，图像尺寸为 512 像素×512 像素，图像格式 RGB 格式。该数据集的地质图像涵盖了多个国家的地质特征，包括我国的开平幅地质图和星星峡幅地质图，以及美国的阿拉斯加地质图等。所构建的彩色地质地图集共包含 200 幅图像。本次实验采用一种不需要训练数据和标记数据的无监督图像分割方法，其训练过程也是预测过程，不需要将数据集划分为训练集和测试集。

由于采集到的地质图像具有不同的分辨率和尺寸，因此通过裁剪将图像尺寸统一调整为 512 像素×512 像素，以适应模型的输入尺寸。为了定量评价模型的分割结果，使用 Lableme 标注软件对采集到的数据进行标注，为每张原始图像生成相应的 json 文件，然后使用 Python 算法处理原始图像和 json 文件，生成与原始图像同名的掩码图像。

2．结合 Felz 聚类算法的 SE-UNet 图像分割模型

（1）图像预处理。在本次研究中采用最大值最小值归一化方法对输入图像进行归一化处理，公式如下：

$$\text{norm} = \frac{x_i - \min(x)}{\max(x) - \min(x)} \tag{8-1}$$

式中，x_i 表示图像的像素值；$\min(x)$、$\max(x)$ 分别表示图像像素的最小值与最大值。通过上述归一化公式将图像数据的数值范围转换到[0,1]，可以有效提高模型的收敛速度和准确性，并且可以避免在优化过程中因为图像的像素值过大或过小导致的梯度爆炸或梯度消失的问题。

（2）聚类算法。在介绍 Felz（Felzenszwalb, et al., 2004）聚类算法的基本思想和计算步骤

之前给出基于图表示（Graph-Based）的相关定义。

定义 1　$G=(V,E)$ 表示一个无向图，有 n 个顶点和 m 条边，由顶点集 V 和边集 E 组成，V 是要被分割的顶点集合，即图像中单个的像素点，$v_i \in V$，$(v_i, v_j) \in E$，E 表示相邻顶点 (v_i, v_j) 之间连接的边。

定义 2　图 G 中每条相连的边 $(v_i, v_j) \in E$ 都具有一个权值 $\omega = (v_i, v_j)$，表示的是顶点之间不相似度的非负测量（如亮度、颜色、运动、位置或其他自身属性），即权值越大，对应顶点越不相似。

定义 3　对图 G 进行分割得到 $S=(C_1, \dots, C_r)$，其中 C_i 表示分割后的互不相交的区域，$C_i \subseteq V (1 \leqslant i \leqslant r)$。

Felz 聚类算法是一种基于图表示的贪心聚类算法，图像分割的主要目的是将图像分割成若干个特定的、具有独特性质的区域，然后从中提取出感兴趣的目标。而图像区域之间的边界定义是图像分割算法的关键。该算法给出了基于图表示时图像区域之间边界定义的判断标准，基本思想就是通过区域间间距和区域内间距不相似度的判断标准进行区域合并，从而根据图像数据的局部特征自适应地调整阈值并使用贪心选择（Greedy Decision）算法来进行图像分割。

Felz 聚类算法图像区域之间边界定义的判断标准由区域间间距、区域内间距构成。区域内间距是指分割后的区域 C_i（$1 \leqslant i \leqslant r$）中最小生成树（MST）的最大权重，即对应区域中不相似度最大的一条边的权值，用 Int(C) 表示，即对任意的 $C_i \subseteq V(1 \leqslant i \leqslant r)$，有

$$\text{Int}(C) = \max_{e \in \text{MST}(C,E)} \omega(e) \tag{8-2}$$

即给定的区域 C 仅在权值至少为 Int(C) 时才会保持连通。

区域间间距是指属于两个区域且相互之间有边连接的点对之中的最小权值，即两个区域间不相似度最小的一条边的权值，用 $\text{Dif}(C_1, C_2)$ 表示，即对任意的 $v_i, v_j \in V (1 \leqslant i, j \leqslant r, i \neq j)$，有

$$\text{Dif}(C_1, C_2) = \min_{v_i \in C_1, v_j \in C_2, (v_i, v_j) \in E} \omega(v_i, v_j) \tag{8-3}$$

式中，当区域 C_1 与 C_2 之间无相连边时，$\text{Dif}(C_1, C_2) = \infty$。

通过比较区域内间距和区域间间距两者之间的差异，可以评估不同区域之间是否存在边界，边界（Boundary）判断函数用 $D(C_1, C_2)$ 表示：

$$D(C_1, C_2) = \begin{cases} \text{true}, & \text{Dif}(C_1, C_2) > \text{MInt}(C_1, C_2) \\ \text{false}, & \text{其他} \end{cases} \tag{8-4}$$

式中，最小内部差异 $\text{MInt}(C_1, C_2)$ 的定义为

$$\text{MInt}(C_1, C_2) = \min\left[\text{Int}(C_1) + \sigma(C_1), \text{Int}(C_2) + \sigma(C_2) \right] \tag{8-5}$$

在式（8-5）中，σ 是一个阈值函数，用来控制两个区域之间的差异大于区域内部差异的程度，以便证明它们之间存在边界，即边界判断函数 $D(C_1, C_2)$ 为真。对于小区域而言，Int(C)

并不能很好地反映其区域内间距，因为在极端情况下，区域 C 仅包含一个顶点，即区域为孤立的像素点时，$Int(C)=0$，不加以限制将会导致过分割，故加入基于区域大小的阈值函数：

$$\sigma(C)=\frac{k}{|C|} \tag{8-6}$$

式中，$|C|$ 为区域包含像素点的个数；k 是一个固定的参数，设置了观察范围，用来控制所形成区域的大小，当 $k=0$ 时，图中各个像素点均为独立的区域，而当 $k=+\infty$ 时，整张图会变成一块区域，故可以通过调节阈值函数 σ 来将图像分割成特定形状的区域。

该算法的时间效率基本上与图像对应的图表示的边的数量呈线性关系，而图表示的边的数量与像素点的个数成正比，也就是说，图像分割的时间效率与图像的像素点个数呈线性关系，所以该算法的实际运行速度较快。该算法的另外一个优势在于能保留低变化区域的细节，同时忽略高变化区域的细节，有利于找出视觉上一致的区域，对图像有着不错的分割效果。

（3）SENet 模型。SENet 模型包含三项操作，分别为 Squeeze 操作、Exciation 操作和 Reweight 操作。其核心思想是网络根据损失自主学习特征通道的重要性，依据特征通道的重要性提升较有效的特征信息的权重，降低不太有效的特征信息的权重，使模型达到更好的效果。SENet 模型的结构如图 8-4 所示，图中 F_{tr} 表示输入的残差数据，F_{sq} 表示压缩操作，F_{ex} 表示激发操作，F_{scale} 表示重新加权操作。

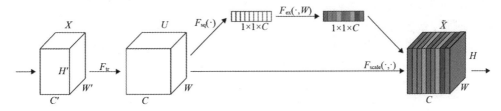

图 8-4　SENet 模型的结构

①Squeeze 操作。对 $C\times W\times H$ 大小的特征图进行全局平均池化，将每个通道上的空间信息压缩编码成全局特征，得到一个大小为 $1\times1\times C$ 的特征图。映射关系如下：

$$z_c = F_{sq}(u_c)=\frac{1}{HW}\sum_{i=1}^{H}\sum_{j=1}^{W}u_c(i,j) \tag{8-7}$$

式中，C、H、W 分别为特征图维度尺寸；u_c 为特征通道；F_{sq} 为 Squeeze 操作定义；i，j 为像素位置变量。

②Excitation 操作。将 Squeeze 操作得到的全局特征传入两个全连接层，用参数 W 表示不同特征通道的权重及通道相关性。映射关系如下：

$$s = F_{ex}(z,W)=\sigma[g(z,W)]=\sigma[W_2\delta(W_1,z)] \tag{8-8}$$

式中，F_{ex} 为 Excitation 操作定义；z 为 Squeeze 操作输出；W_1 和 W_2 为通道权重；$\delta(\cdot)$ 为激活函数；$\sigma[\cdot]$ 为归一化函数。

③Reweight 操作：将 Excitation 操作得到的权重 s 加权到原输入特征上，并将输出作为下一级的输入。

$$x_c = F_{\text{scale}}(u_c, s) = s_c u_c \qquad (8\text{-}9)$$

式中，F_{scale} 为 Reweight 操作定义；s_c 为 Excitation 操作的输出矩阵通道。

（4）UNet 网络架构。UNet 是一种用于图像分割任务的深度学习架构，由对称的编码器和解码器组成，其网络结构如图 8-5 所示。编码器主要负责提取输入图像的特征信息并将其抽象化，以便在解码器中进行精细的分割。编码器部分有四个下采样模块，每个模块由卷积层、修正线性单元 ReLU 及池化层组成。卷积层是对输入图像进行特征提取的主要工具，卷积核会对图像的不同区域使用滑动窗口，提取出图像局部的特征矩阵，其计算公式为

$$z_{i,j} = \sum_{m=0}^{M-1}\sum_{n=0}^{N-1} \omega_{m,n} x_{(i+m),(j+n)} + b \qquad (8\text{-}10)$$

式中，x 表示输入图像；ω 表示卷积核；b 表示偏置项；M、N 表示卷积核的大小；z 表示输出的特征图；i、j 表示输出张量的位置索引。修正线性单元 ReLU 是一种激活函数，对卷积层提取到的特征进行非线性映射，使特征更易于区分，其计算公式为

$$\text{ReLU} = \max(0, x) \qquad (8\text{-}11)$$

式中，x 表示卷积层的输出特征图。ReLU 函数将小于 0 的输入置为 0，大于等于 0 的输入不变，这种非线性变换有助于增强网络的非线性表达能力，解决模型训练中梯度消失的问题，加快收敛速度。最大池化层通过下采样的方式来压缩特征图的大小，将输入特征图按照指定的池化大小进行分块，只保留局部区域最强的特征，可以有效地减小特征图的维度和大小，减少计算量并防止过拟合，其计算公式为

$$c_{i,j} = \min_{m=0}^{M-1}\left[\max_{m=0}^{N-1} x_{(i+m),(j+n)}\right] \qquad (8\text{-}12)$$

式中，x 表示输入特征图；c 表示输出张量；i、j 表示输出张量的位置索引。

解码器采用跳跃连接的方式将编码器中的每个层与解码器中的对应层连接，将多尺度的特征信息从编码器传递至解码器，再通过上采样层将特征图的空间分辨率恢复到原始大小，输出与输入大小相同的分割结果。解码器部分的网络结构类似于编码器的对称结构，也分为四个层级，每个上采样模块由卷积层、修正线性单元 ReLU 及转置卷积构成。转置卷积通过上采样特征图恢复图像的位置信息，同时与编码器相对应的低层级特征结合，以利用多尺度特征信息，提高分割精度，其计算公式为

$$u(x, y) = \sum_{i=0}^{k-1}\sum_{j=0}^{l-1} v(x+i, y+j) w(i, j) + p \qquad (8\text{-}13)$$

式中，w 是转置卷积核；v 表示输入特征图；p 表示偏置项；k、l 分别表示转置卷积核在水平方向和垂直方向的大小；x、y 表示输出特征图的位置索引。

跳跃连接是 UNet 网络结构的关键所在。跳跃连接将编码器中的特征图与对应解码器中的特征图按通道进行拼接，构建更加丰富的特征表示，再通过卷积操作将其降维，以获取更为紧凑的特征表示作为解码器的输入。低层及高层特征的相互融合使得模型可以获取丰富的多尺度信息，从而更准确地还原原始图像的特征信息。

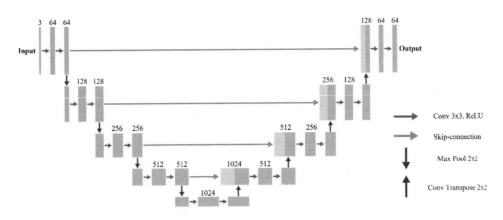

图 8-5　UNet 网络结构

（5）用于彩色地质图像分割的 SE-UNet 模型。本节提出的 SE-UNet 模型的网络结构如图 8-6 所示。该模型由 U 型卷积网络和注意力机制模块 SENet 组成。U 型卷积网络主要用于特征提取，它包含一个编码器和一个解码器。编码器由两个 3×3 卷积组成的模块重复组成，每个卷积层后面都会进行批量归一化和 ReLU 操作。每个模块后面接一个 2×2 最大池化层用于下采样，每次下采样特征图的尺寸会缩小一半，而通道数会增加一倍。解码器在每一个 3×3 卷积模块后面接一个 2×2 的反卷积层用于上采样，每次上采样特征图的尺寸会扩大一倍，而通道数会减少一半。编码器在多个尺度上提取的特征图通过跳跃连接与解码器的特征进行合并，以结合粗空间层和细空间层进行密集决策。U 型卷积网络中解码器的体系结构基于 VGGNet 体系结构，相较于原 UNet 网络，SE-UNet 模型去除了最后一个下采样层及上采样层，因为多次的下采样极易丢失图像的位置特征信息，不利于后续解码器中的特征恢复，并且卷积层过多会产生梯度消失的现象，而且通过对 UNet 网络的改进降低了网络的计算量，缩小了模型的大小，实现了对彩色地质图像的准确分割，满足了模型轻量化部署的实际需求。

注意力机制模块 SENet 主要用于对高低空间网络层的特征进行注意力机制处理。由于 U 型卷积网络提取的不同层次的语义信息差别较大，通过跳跃连接融合得到的特征图并不利于网络的学习。因此，在跳跃连接中加入注意力机制模块可以突出通过跳跃连接的显著特征，让网络学习到与任务相关的特征信息，忽略无关的特征信息干扰。通过注意力机制让网络学习到更有用的信息，提高网络对目标的敏感性，得到更好的分割精度。

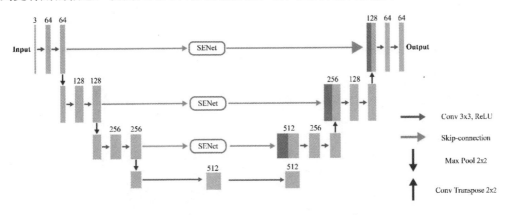

图 8-6　SE-UNet 模型网络结构

8.3 Python 算法实现

SENet 注意力机制构建，具体代码如下：

```python
class SEblock(nn.Module):
    def __init__(self, channel, r=0.5):   #channel 为输入的维度，r 为全连接层缩放比例
        super(SEblock, self).__init__()
        #全局均值池化
        self.global_avg_pool = nn.AdaptiveAvgPool2d(1)
        #全连接层
        self.fc = nn.Sequential(
            nn.Linear(channel, int(channel * r)),   #int(channel * r)取整数
            nn.ReLU(),
            nn.Linear(int(channel * r), channel),
            nn.Sigmoid(),
        )

    def forward(self, x):
        #对 x 分支计算权重，进行全局均值池化
        branch = self.global_avg_pool(x)
        branch = branch.view(branch.size(0), -1)

        #全连接层得到权重
        weight = self.fc(branch)

        #将维度为 b, c 的权重转换成 b, c, 1, 1 并与输入 x 相乘
        h, w = weight.shape
        weight = torch.reshape(weight, (h, w, 1, 1))

        #相乘获得结果
        scale = weight * x
        return scale
```

利用 SENet 注意力机制对 UNet 模型进行优化，并且裁剪 UNet 模型最后一个上下采样层，提升模型的特征提取能力。具体代码如下：

```python
class DoubleConv(nn.Module):

    def __init__(self, in_channel, out_channel, mid_channel=None):
        super(DoubleConv, self).__init__()
        self.in_channel = in_channel
        self.out_channel = out_channel
        if not mid_channel:
            mid_channel = out_channel

        self.double_conv = nn.Sequential(
            nn.Conv2d(in_channel, mid_channel, kernel_size=3, stride=1, padding=1, bias=False),
            nn.BatchNorm2d(mid_channel),
```

```python
                nn.ReLU(inplace=True),
                nn.Conv2d(mid_channel, out_channel, kernel_size=3, stride=1, padding=1, bias=False),
                nn.BatchNorm2d(out_channel),
                nn.ReLU(inplace=True)
            )

    def forward(self, x):
        return self.double_conv(x)

class Down(nn.Module):

    def __init__(self, in_channel, out_channel):
        super(Down, self).__init__()
        self.maxpool_conv = nn.Sequential(
            nn.MaxPool2d(kernel_size=2, stride=2),
            DoubleConv(in_channel, out_channel)
        )

    def forward(self, x):
        return self.maxpool_conv(x)

class Up(nn.Module):
    def __init__(self, in_channel, out_channel, bilinear=True):
        super(Up, self).__init__()

        if bilinear:
            self.up=nn.Upsample(scale_factor=2,mode='bilinear', align_corners=True)
            self.conv = DoubleConv(in_channel, out_channel, in_channel // 2)
        else:
            self.up = nn.ConvTranspose2d(in_channel, in_channel // 2, kernel_size=2, stride=2)
            self.conv = DoubleConv(in_channel, out_channel)

    def forward(self, x1, x2):
        x1 = self.up(x1)
        diffY = x2.shape[2] - x1.shape[2]
        diffX = x2.shape[3] - x1.shape[3]

        x1 = F.pad(x1, [diffX // 2, diffX - diffX // 2, diffY // 2, diffY - diffY // 2], mode='reflect')
        x = torch.cat([x2, x1], dim=1)
        return self.conv(x)

class OutConv(nn.Module):
    def __init__(self, in_channel, out_channel):
        super(OutConv, self).__init__()
        self.conv = nn.Conv2d(in_channel, out_channel, kernel_size=1, stride=1, padding=0)

    def forward(self, x):
        return self.conv(x)
```

```
class SE-UNet(nn.Module):
    def __init__(self, in_channel=3, out_channel=[64, 128, 256, 512, 1024], classes=64, bilinear=False):
        super(UNet, self).__init__()
        self.in_channel = in_channel
        self.classes = classes
        self.bilinear = bilinear
        if not out_channel:
            out_channel = [64, 128, 256, 512, 1024]

        self.inc = DoubleConv(in_channel, out_channel[0])
        self.se1 = SEblock(64)
        self.down1 = Down(out_channel[0], out_channel[1])
        self.se2 = SEblock(128)
        self.down2 = Down(out_channel[1], out_channel[2])
        self.se3 = SEblock(256)
        self.down3 = Down(out_channel[2], out_channel[3])
        factor = 2 if bilinear else 1

        self.up2 = Up(out_channel[3], out_channel[2] // factor, bilinear)
        self.up3 = Up(out_channel[2], out_channel[1] // factor, bilinear)
        self.up4 = Up(out_channel[1], out_channel[0] // factor, bilinear)

        self.out_conv = OutConv(out_channel[0], classes)

    def forward(self, x):
        x1 = self.inc(x)
        x1_se = self.se1(x1)
        x2 = self.down1(x1)
        x2_se = self.se2(x2)
        x3 = self.down2(x2)
        x3_se = self.se3(x3)
        x4 = self.down3(x3)
        x = self.up2(x4, x3_se)
        x = self.up3(x, x2_se)
        x = self.up4(x, x1_se)
        return x
```

输入地质图，加载训练模型进行分割，具体代码如下：

```
model.train()
    for batch_idx in range(args.train_epoch):
        optimizer.zero_grad()
        output = model(tensor)[0]
        print(output.shape)
        output = output.permute(1, 2, 0).view(-1, 64)
        target = torch.argmax(output, 1)
        print('target.shape', target.shape)
        im_target = target.data.cpu().numpy()
```

```
for index in seg_lab:
    u_labels, hist = np.unique(im_target[index], return_counts=True)
    im_target[index] = u_labels[np.argmax(hist)]


target = torch.from_numpy(im_target)
target = target.to(device)
loss = criterion(output, target)
loss.backward()
optimizer.step()


un_label, lab_inverse = np.unique(im_target, return_inverse=True, )
if un_label.shape[0] < args.max_label_num:
    img_flatten = image_flatten.copy()
    if len(color_avg) != un_label.shape[0]:
        color_avg = [np.mean(img_flatten[im_target == label], axis=0,
                             dtype=np.int32) for label in un_label]
    for lab_id, color in enumerate(color_avg):
        img_flatten[lab_inverse == lab_id] = color
    show = img_flatten.reshape(image.shape)
cv2.imshow("seg_pt", show)
cv2.waitKey(1)


print('Loss:', batch_idx, loss.item())
if len(un_label) < args.min_label_num:
    break
```

8.4 应用案例

本节的应用案例主要来源于 8.2.2 节中所提出的彩色地质图分割算法的实验效果及验证结果分析。

首先，由于地质图像的特殊性，即地质图像中包含的实体具有不同的颜色、形状、大小和纹理等特征且数目不一，无法对地质图像进行完全标注，只能利用图像自身的特征信息进行聚类来获取分割结果。通过 Felz 聚类算法获取超像素分割图，将其作为基准对深度学习网络获得的特征图进行细化修正，获取分割图像，故前文提出的无监督彩色地质图分割算法并不能对所有地质图像做到精确分割，受到聚类算法中参数设置及重启的影响。其次，彩色纸质地质图通过数字化处理之后，在其颜色非常相近的情况下，即便有相关预处理操作，可能仍会导致算法在识别时将其判定为同一种颜色，造成分割错误，这与聚类算法中像素特征相似性判定的阈值有关。由于无监督分割算法通常依赖于聚类算法的效果，其分割效果常受聚类算法中参数设置及重启的影响，不是特别稳健，需要根据地质图像的特点对参数进行设置，根据实验结果交互式地进行设定，如果设置不当，将导致分割结果不佳。今后可对这些参数进行进一步的研究，通过参数自适应调整来提高算法的智能化程度。接下来应该深入研究地质图中颜色提取的视觉算法及更适合的网络结构，以便更加精确地完成地质图像信息的提取工作。

　　在对彩色地质图像进行无监督语义分割时，由于地质图像的复杂结构和颜色分布的不均匀性，直接进行分割容易出现错误分割的情况，因此在地质图像预处理阶段引入数学形态学中的闭运算，即先对图像进行膨胀操作，再进行腐蚀操作。以地质形态学为工具从图像中提取表达和描绘区域形状的有用图像分量，如边界、骨架等（Gonzalez, et al., 2002）。通俗地说，膨胀和腐蚀操作就是将图像与对应的核进行卷积，利用数学形态学中的腐蚀和膨胀操作可以在一定程度上去除图像中的细小噪声，同时可以保留区域的连通性，从而更好地保留图像的结构信息及边缘信息，为后续的无监督分割提供更加准确的信息基础。此外，闭运算的处理过程简单，计算量较小，对于实际应用中的图像分割任务具有较好的适应性，对于提升分割准确性和保留图像结构信息具有重要作用。数学形态学预处理示意图如图 8-7 所示。

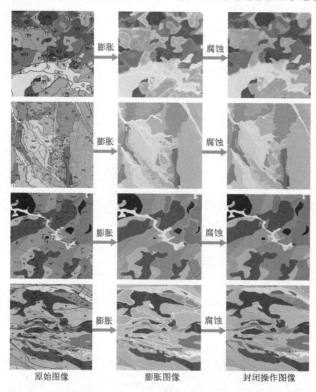

图 8-7　数学形态学预处理示意图（使用 5×5 的卷积核对图像进行封闭操作）

　　前文提出的无监督彩色地质图分割算法先通过 Felz 聚类算法得到超像素分割图，再利用不同分割模型得到地质图像的特征图，然后通过超像素分割图对特征图进行细化修正，最终得到分割图。Felz 聚类算法利用每个像素的灰度值与相邻像素的灰度值之差的边缘权重来组合成连通的区域，通过地质图像的像素之间的相似性进行分组，形成不同的区域，因此，Felz 聚类算法的性能直接影响到分割结果的质量，扮演着至关重要的角色。

　　为了更加全面地评估 Felz 聚类算法对地质图像的预分割效果，将其与 Slic 聚类算法（Achanta, et al., 2012）及 K-means（Likas, et al., 2003）聚类算法进行对比。相较于 Slic 聚类算法，由于 Felz 聚类算法中分割边界是根据区域内像素之间的差异度进行计算的，因此，Felz 聚类算法对于地质图像这类纹理丰富、目标大小不同的分割对象，能够更好地捕捉到区域要素的边界。K-means 聚类算法是一种基于原型的目标函数聚类方法，也是一种基本的聚类划分方法（Recky, et al.,2010；Hu, et al.,2010）。相较于 Felz 聚类算法，K-means 聚类算法严重依赖于聚类数目。在地质图像中，不同区域的特征数量和密度不同，难以确定合适的聚类数目。对于地质图像这类图像特征数目不一的情况，K-means 聚类算法需要多次尝试来确定聚类中心的个数，并且易受噪声和异常点的影响，因此，主要比较 Felz 聚类算法和 Slic 聚类算法。

为了测试不同聚类算法的性能对无监督地质图像分割效果的影响，使用 Slic 聚类算法与 Felz 聚类算法进行对比研究，实验结果如表 8-1 所示。实验结果表明，Felz 聚类算法在地质图像分割任务中的表现优于 Slic 算法，相较于 Slic 算法，Felz 聚类算法的分割性能有明显的提升，例如，PA 提高了 0.0304，MIoU 提高了 0.0745，FWIoU 提高了 0.0562，Dice 系数提高了 0.0681。为了更加直观地展现 Felz 聚类算法与 Slic 聚类算法的聚类效果，图 8-8 给出了两种算法图像分割的可视化结果。从图中可以看出，Felz 聚类算法对图像边缘条纹及边缘的分割更为准确，对图像中的字符及小区域要素的分割更为精细。因为它能够根据像素的颜色和空间距离进行分割，从而准确地捕捉到地质实体的形状和边界。相比之下，Slic 算法在小区域及边界的处理上粗糙一些，导致地质实体的分割不够精细，并且其计算效率不及 Felz 算法。由于地质图像通常具有较高的分辨率和复杂的纹理特征，故而计算量较大。相比之下，Felz 算法使用了基于图的分割策略，能够在较短的时间内完成分割任务，提高了处理效率。综上所述，通过实验对比，发现 Felz 算法相较于 Slic 算法在地质图像的无监督分割任务中表现更佳。它能够准确捕捉地质实体的形状和边界，具有较好的鲁棒性和计算效率，适合处理特征数目不一的地质图像。

表 8-1　Felz 聚类算法和 Slic 聚类算法的分割性能比较

聚类算法	PA	MIoU	FWIoU	Dice 系数
Felz	0.9189	0.7191	0.8563	0.7791
Slic	0.8885	0.6446	0.8001	0.7110

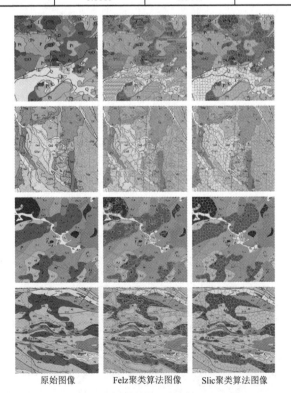

原始图像　　　　Felz聚类算法图像　　　　Slic聚类算法图像

图 8-8　Felz 聚类算法和 Slic 聚类算法图像分割的可视化结果

另外，为了验证 SE-UNet 模型的有效性，将该模型和 UNet、SegNet、CNN 及 FCN-8s 分割模型在自行建立的彩色地质图像数据集上进行对比实验，采用 PA、MIoU、FWIoU、Dice 系数作为评价指标。分割的可视化结果如图 8-9 所示。

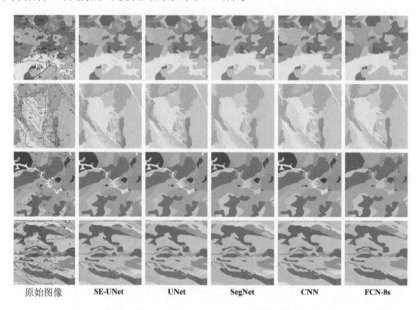

原始图像　　SE-UNet　　　UNet　　　SegNet　　　CNN　　　FCN-8s

图 8-9　不同模型对彩色地质图像进行分割的可视化结果

从图中可以看出，相较于 UNet、SegNet 等其他分割模型，经过 SENet 优化的 UNet 模型在区域边缘的细节处理，以及颜色相近区域位置的识别精确率上要好于其他模型，体现了 SE-UNet 模型处理边缘细节及结合多尺度信息的优势。从第 1 处地质图像可以看出，在多地质区域的处理上，SE-UNet 模型在多处区域识别和区域边界准确性上要稍好于其他模型，对于颜色相近的区域，SE-UNet 模型相较于其他模型能够更准确地识别。在颜色丰富及相近颜色较多的地质图像中，SE-UNet 模型相较于其他模型能更好地识别相近颜色区域且边缘细节较为准确，其他模型会出现将不同区域识别为同一区域及漏识别现象。总体来说，SE-UNet 模型对彩色地质图像的分割能力较强，整体识别更为精确，有利于实现彩色地质图像的自动识别，达到实时、智能、快速识别的效果，能够为研究人员分析区域矿产分布及预测灾害信息等提供一个合理的解决方案。

参考文献

陈强，2011．基于数学形态学图像分割算法的研究[D]．哈尔滨：哈尔滨理工大学．

邓开来，2009．基于 MicroStation 平台的彩色地图矢量化研究[D]．郑州：解放军信息工程大学．

卢敏，2007．土地利用基础图件矢量化关键技术研究[D]．武汉：华中科技大学．

刘苏庆，陈建平，徐彬，等，2020．基于 BP 神经网络与数学形态学的彩色地质图面要素信息智能提取[J]．地质通报，39(7)：1104-1114．

盛宜韬，2010．地形图矢量化设计及在三维重建中的应用[D]．广州：华南理工大学．

杨品，2015．基于 ArcGIS 的地质符号库的设计与实现[J]．测绘与空间地理信息，38(3)：161-162．

周蓓蓓，2008．彩色地形图点状地物符号的提取与识别[D]．苏州：苏州大学．

张星明，1999．地质图象处理算法的研究与实现[D]．北京：中国科学院计算技术研究所．

ACHANTA R，SHAJI A，SMITH K，et al，2012．SLIC superpixels compared to state-of-the-art superpixel methods[J]．IEEE transactions on pattern analysis and machine intelligence，34(11)：2274-2282．

ANGULO J，SERRA J，2007．Modelling and segmentation of colour images in polar representations[J]．Image and Vision Computing，25(4)：475-495．

DO VALLE JÚNIOR R F，SIQUEIRA H E，VALERA C A，et al，2019．Diagnosis of degraded pastures using an improved NDVI-based remote sensing approach：An application to the Environmental Protection Area of Uberaba River Basin (Minas Gerais，Brazil)[J]．Remote Sensing Applications：Society and Environment，14：20-33．

FELZENSZWALB P F，HUTTENLOCHER D P，2004．Efficient graph-based image segmentation[J]．International journal of computer vision，59(2)：167-181．

GONZALEZ R C，WOODS R E，2002．Digital image processing[M]．2nd ed．Beijing：Publishing House of Electronics Industry．

LIKAS A，VLASSIS N，VERBEEK J J，2003．The global k-means clustering algorithm[J]．Pattern recognition，36(2)：451-461．

LIU Y，WU L，2018．High performance geological disaster recognition using deep learning[J]．Procedia computer science，139：529-536．

MA Z，MEI G，2021．Deep learning for geological hazards analysis：Data，models，applications，and opportunities[J]．Earth-Science Reviews，223：103858．

PENCZEK J，BOYNTON P A，SPLETT J D，2014．Color error in the digital camera image capture process[J]．Journal of digital imaging，27(2)：182-191．

QIU Q，XIE Z，WU L，et al，2020．Dictionary-based automated information extraction from geological documents using a deep learning algorithm[J]．Earth and Space Science，7(3)：e2019EA000993．

RAHMAN M A，WANG Y，2016．Optimizing intersection-over-union in deep neural networks for image segmentation[C]．International symposium on visual computing．Springer，Cham：234-244．

RAUCH A，SARTORI M，ROSSI E，et al，2019．Trace Information Extraction (TIE)：A new approach to extract structural information from traces in geological maps[J]．Journal of Structural Geology，126：286-300．

RECKY M，LEBERL F，2010．Windows detection using k-means in cie-lab color space[C]．2010 20th International Conference on Pattern Recognition．IEEE：356-359．

SHAMIR R R，DUCHIN Y，KIM J，et al，2019．Continuous dice coefficient：a method for evaluating probabilistic segmentations[J]．arXiv preprint arXiv：1906．11031．

YU H，TAO J，QIN C，et al，2022．A novel constrained dense convolutional autoencoder and DNN-based semi-supervised method for shield machine tunnel geological formation recognition[J]．Mechanical Systems and Signal Processing，165：108353．

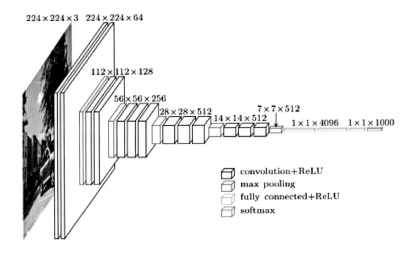

图 2-12　VGGNet 的网络结构

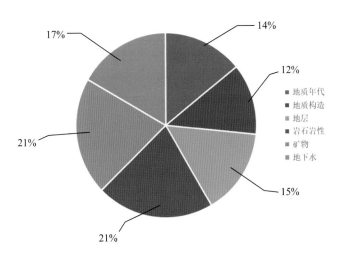

图 3-8　数据增强后工程地质命名实体占比

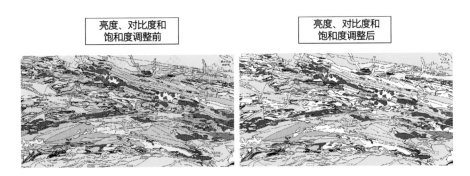

图 3-13　亮度、对比度和饱和度调整前后的图像

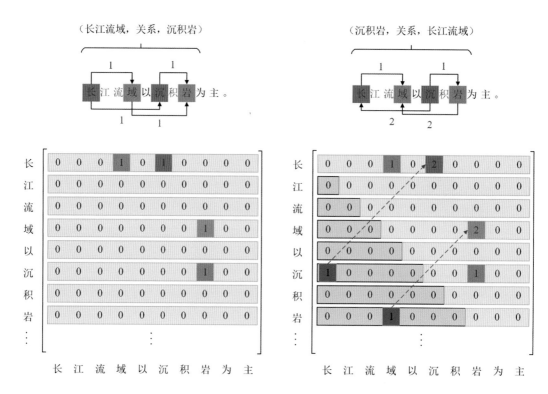

图 5-4　握手标记方案示例

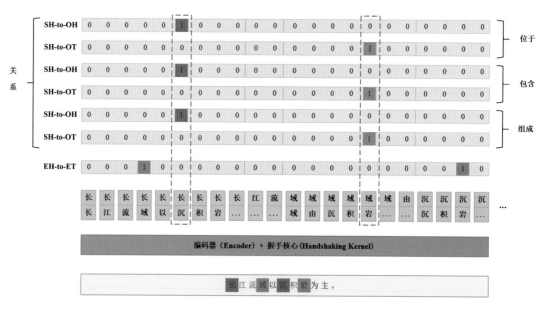

图 5-5　地质关系抽取架构

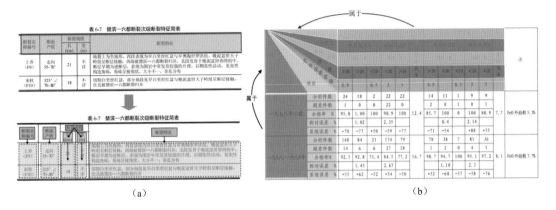

（a）　　　　　　　　　　　　　　　　　　（b）

图 6-7　不同类型的地质表格示例

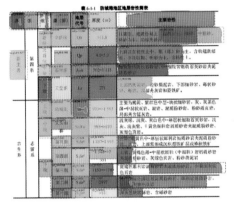

（a）P_Tab+Mask RCNN 模型的实验结果　　　　　　（b）P_Tab+Attention-Mask RCNN 模型的实验结果

图 6-8　P_Tab+Mask RCNN 模型和 P_Tab+Attention-Mask RCNN 模型对比实验的可视化结果

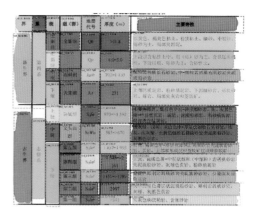

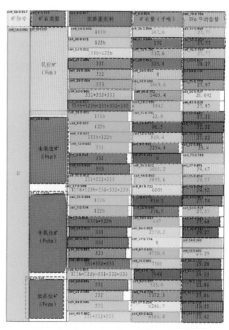

（a）Tab+Attention-Mask RCNN 模型的实验结果　　　　（b）P_Tab+Attention-Mask RCNN 模型的实验结果

图 6-9　Tab+Attention-Mask RCNN 模型和 P_Tab+Attention-Mask RCNN 模型对比实验的可视化结果

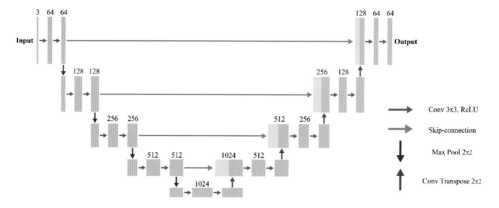

图 8-5　UNet 网络结构

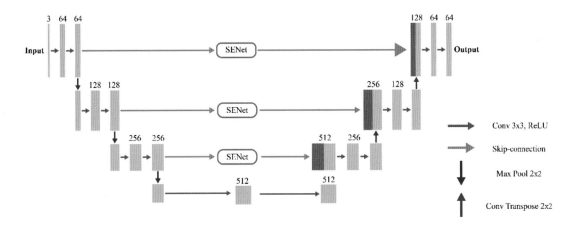

图 8-6　SE-UNet 模型网络结构

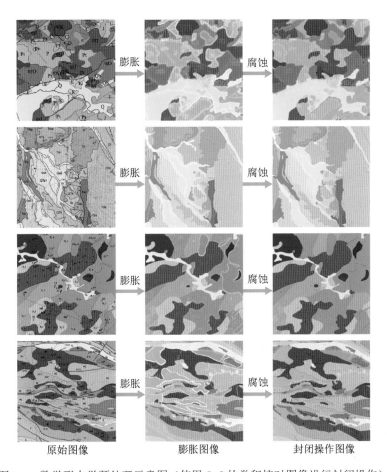

原始图像　　　　　　　　膨胀图像　　　　　　　封闭操作图像

图 8-7　数学形态学预处理示意图（使用 5×5 的卷积核对图像进行封闭操作）

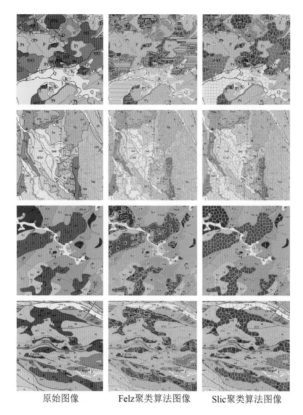

原始图像　　　　Felz聚类算法图像　　　　Slic聚类算法图像

图 8-8　Felz 聚类算法和 Slic 聚类算法图像分割的可视化结果

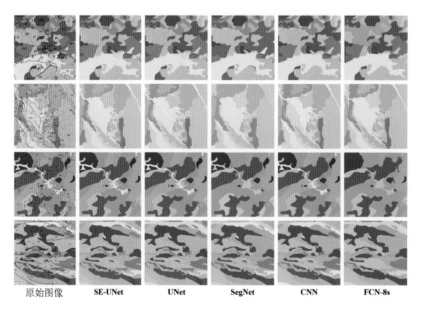

原始图像　　SE-UNet　　UNet　　SegNet　　CNN　　FCN-8s

图 8-9　不同模型对彩色地质图像进行分割的可视化结果